围填海工程生态环境影响评估方法和技术案例研究

叶　伟　李建华　秦菲菲　寿幼平　乔建哲　著

人民交通出版社
北　京

内 容 提 要

本书以沧州渤海新区围填海工程为例，依托交通运输部天津水运工程科学研究院多年在围填海项目、海洋工程生态环境影响方面的研究经验，结合沧州渤海新区海域的环境质量、生态和渔业资源现状，阐明了围填海工程对水动力环境、地形地貌与冲淤环境、海水水质和沉积物环境、海洋生物生态、渔业资源的影响，在此基础上，对围填海前后的海洋生态系统健康进行评价。

本书可供从事围填海工程建设海洋生态系统研究的科研人员和港口、海岸及近海工程专业高校师生学习参考。

图书在版编目(CIP)数据

围填海工程生态环境影响评估方法和技术案例研究/叶伟等著. —北京：人民交通出版社股份有限公司，2025.5. —ISBN 978-7-114-20062-5

Ⅰ. X820.3；X171.4

中国国家版本馆 CIP 数据核字第 2025SX3353 号

Weitianhai Gongcheng Shengtai Huanjing Yingxiang Pinggu Fangfa he Jishu Anli Yanjiu

书　　名： 围填海工程生态环境影响评估方法和技术案例研究
著 作 者： 叶　伟　李建华　秦菲菲　寿幼平　乔建哲
责任编辑： 崔　建
责任校对： 龙　雪
责任印制： 张　凯
出版发行： 人民交通出版社
地　　址： (100011)北京市朝阳区安定门外外馆斜街 3 号
网　　址： http://www.ccpcl.com.cn
销售电话： (010)85285857
总 经 销： 人民交通出版社发行部
经　　销： 各地新华书店
印　　刷： 北京科印技术咨询服务有限公司数码印刷分部
开　　本： 720×960　1/16
印　　张： 12.75
字　　数： 233 千
版　　次： 2025 年 5 月　第 1 版
印　　次： 2025 年 5 月　第 1 次印刷
书　　号： ISBN 978-7-114-20062-5
定　　价： 88.00 元

(有印刷、装订质量问题的图书，由本社负责调换)

编　委　会

著 作 者：叶　伟　李建华　秦菲菲　寿幼平　乔建哲

参与人员：李亚娟　邢承武　霍永伟　王　毅　袁嘉欣

刘竹铭　侯志勇　李广楼

前　言

2007年是我国围填海的高峰期，2008年围填海面积下降，2008—2014年，围填海面积在一定的合理范围内波动。2017年，国家海洋局组建国家海洋督察组，分两批对沿海11个省（区、市）开展了围填海专项督察，发现部分地区脱离实际需求盲目填海，填而未用、长期空置。2017年5月，国家海洋局印发《国家海洋局关于进一步加强渤海生态环境保护工作的意见》（国海发〔2017〕7号）（以下简称《意见》）。《意见》提出，要加强渤海生态环境保护关键问题研究和技术攻关。

党中央、国务院非常重视海洋生态保护和围填海管控，要求严格控制围填海活动，减少其对海洋生态环境的不利影响。多年来，沿海地区通过围填海拓展经济发展空间，但由于过度围填海，滨海湿地大面积减少，自然岸线锐减，对海洋和陆地生态系统造成损害。

沧州渤海新区位于环渤海地区的核心，渤海新区围填海面积约76.131km^2，围填海项目都在填海区域内交错分布。本次研究以沧州渤海新区为例，重点开展了沧州渤海新区围填海前后的水动力环境、地形地貌与冲淤环境、海水水质和沉积物环境以及对围填海的海洋生态环境影响进行了综合研究。

本书内容全面、专业性强，能为围填海的海洋生态环境影响研究提供参考。但由于作者水平有限，书中不足和错误之处在所难免，敬请广大读者批评指正。

作　者

2024年4月

目　　录

1 背　　景

沿海地区是人类从事海洋经济活动或发展旅游业的重要基地。由于经济的发展需要土地作为后盾，改革开放以来，随着海洋经济迅猛发展，我国人口密集的海湾地区面临“土地赤字”的巨大问题，围填海就成为其拓展发展空间的首要选择。自中华人民共和国成立至20世纪末，我国先后经历了3次大的围填海高潮：第一次为中华人民共和国成立初期，以围海晒盐为主要活动；第二次为20世纪60—70年代，主要活动为围垦海涂，将其扩展为农业用地；第三次为20世纪80—90年代，出现了滩涂围垦养殖热。从这3次大规模的围海造地来看，增加的土地面积约有120万km^2，超过现有滩涂面积的1/2。21世纪以来，在第二次工业化浪潮和土地紧缩的形势下，我国沿海省、市为了扩大发展空间，不断开发利用海洋，掀起了第四次围填海高潮。新一轮的围填海活动虽然主要是为了满足国家或省、市经济发展的需要而开展的，但同样也存在一些为谋求私利而违法进行的围填海工程。随着时间的推移，不合理的围填海产生的负面影响逐步暴露出来，因此，必须制定相应政策来控制围填海的趋势。2015年，十八届五中全会首次提出开展蓝色海湾整治行动，在我国海湾地区进行生态整治与修复。而对沿海地区的围填海的整治与修复正是蓝色海湾整治行动的重点，因此，顺应蓝色海湾整治的潮流，对围填海政策提出优化建议，有助于推动围填海更好地发展，为蓝色海湾整治行动打下基础。

1.我国围填海相关政策

大规模围填海对生态环境造成的负面影响日益显露，围填海管理政策也经历了从以资源利用为主到以环境保护为主的发展历程。20世纪80年代以前，我国尚无相关法律对围填海活动进行限制管理。为了发展经济，海湾地区大规模开展围填海活动，加速了岸滩的淤积，使大面积的近岸滩涂消失，甚至造成了近岸海域的水体富营养化。1982年，全国人大常委会通过的《中华人民共和国海洋环境保护法》在第二章“防止海岸工程对海洋环境的污染损害”中对围填海进行了规定，从此开启了围填海环境管理的先河。20世纪，我国以这一部法律为主对围填海进行管理，随后在海域使用和功能区划上作了相关规定。进入21世纪，围填海的第四次高潮引起的生态环境问题更加严重,严重影响着海洋功能的发挥。国家对于围填海的关注持续升温,先后制定了两部相关法律,根据法律又出台了相关法规及一系列政策。出台的政策可细分为海域使用管理、区域建设用海规划、围填海具体规划、海岸带整治修复、执法检查、管控要求等政策,见表1-1。

我国围填海相关法律、法规及政策 表1-1

时间	分类	基本法	相应的条例、通知等
20世纪	法律、法规	《中华人民共和国海洋环境保护法》(1982)	《中华人民共和国防治海岸工程建设项目污染损害海洋环境管理条例》(1990)
	海域使用管理	无	《国家海域使用管理暂行规定》(1993) 《海域使用可行性论证资格管理暂行办法》(1999)
21世纪	法律、法规	《中华人民共和国海洋环境保护法》(1999年第一次修订,2013年、2016年、2017年修正,2023年第二次修订)	《关于印发〈海洋工程环境影响评价管理暂行规定〉的通知》(2004)
			《关于印发〈国家海洋局海洋工程环境影响报告书核准程序(暂行)办法〉的通知》(2006)
			《防治海洋工程建设项目污染损害海洋环境管理条例》(2006)
			《国务院关于修改〈中华人民共和国防治海岸工程建设项目污染损害海洋环境管理条例〉的决定》(2007)
		《中华人民共和国海域使用管理法》(2001)	《关于印发海域使用权证书有关配套制度的通知》(2002)
			《关于印发〈海域使用权管理规定〉的通知》(2006)
			《关于印发〈海域使用权证书管理办法〉的通知》(2008)
			《关于印发〈2013年海域管理工作要点〉的通知》(2013)
		《中华人民共和国海岛保护法》(2009)	《关于在无居民海岛周边海域开展围填海活动有关问题的通知》(2012)
	区域建设用海规划	无	《关于加强区域建设用海管理工作的若干意见》(2006)
			《关于规范区域建设用海规划环境影响评价工作的意见》(2011)
			《关于进一步加强海洋工程建设项目和区域建设用海规划环境保护有关工作的通知》(2013)
			《区域建设用海规划管理办法(试行)》(2016)

续上表

时间	分类	基本法	相应的条例、通知等
21 世纪	围填海具体规划	无	《关于印发〈填海项目竣工海域使用验收管理办法〉的通知》(2007)
			《关于改进围填海造地工程平面设计的若干意见》(2008)
			《关于加强围填海规划计划管理的通知》(2009)
			《关于加强围填海造地管理有关问题的通知》(2010)
			《关于印发〈围填海计划管理办法〉的通知》(2011)
	海岸带整治修复	无	《关于开展海域海岛海岸带整治修复保护工作的若干意见》(2010)
	执法检查	无	《关于全面加强围填海造地执法检查工作有关问题的通知》(2012)
			《国家海洋局关于进一步加强渤海生态环境保护工作的意见》(2017)
	管控要求	无	《国务院关于加强滨海湿地保护严格管控围填海的通知》(2018)
		无	《关于贯彻落实〈国务院关于加强滨海湿地保护严格管控围填海的通知〉的实施意见》(2018)
		无	《关于进一步明确围填海历史遗留问题处理有关要求的通知》(2018)

由表 1-1 可知,我国围填海政策呈现出以下特点:其一,我国围填海管理政策在数量上呈现增长的趋势,20 世纪仅以《中华人民共和国海洋环境保护法》为基本法,制定少数相关法规及政策,主要涉及海域使用管理;21 世纪以后,出台的相关政策明显增多。其二,法律依据由单一的《中华人民共和国海洋环境保护法》,到《中华人民共和国海洋环境保护法》和《中华人民共和国海域使用管理法》《中华人民共和国海岛保护法》并用。其三,随着相关法律、法规及政策的增多,各部门的重视程度也有所提高,纷纷制定不同领域的围填海政策。其四,围填海管理政策趋势也发生了变化,由以往的以开发为主的政策到对围填海的控制的政策,现如今还制定了关于生态环境整治和修复的政策。由此可以看出,我国对围填海管理的关注度日益提高,政策数量随之增加,覆盖领域也更加广泛。

2. 我国围填海政策实施效果

经历了 4 次围海造地高潮后,围海造地的面积逐年增多,这对我国沿海地区的经济与发展起到了极大的促进作用。但是随着大规模围海造地的开展,生态环境逐渐遭到破坏,其负面影响也不断显现,引起了我国政府及有关专家的高度重视,根据围填海不同阶段,我国制定了海洋功能区划制度、海域权属管理制度、海域有偿使用制度、海域使用论证制度、环境影响评价制度。这有效地控制了我国围填海的数量与规模,围填海的面积逐渐减少,我国围填海由以往的高潮期进入了平稳期,国家海洋局《海域使用管理公报》披露,2007 年是我国围填海的高峰期,2008 年围填海面积下降,2008—2014 年,围填海面积在一定的合理范围内波动,如图 1-1 所示。但受限于日益紧张的土地资源,围填海依旧是发展沿海经济的首要选择。在经济利益的驱动下,有些地区甚至存在一些违法的围填海现象。因此,对于围填海的科学管理依旧是国家关注的重点话题。2015 年蓝色海湾整治行动的提出,又对围填海的管理提出了更高的要求,在控制围填海规模的同时,还要加大围填海生态环境的修复与保护力度。在此背景下,有必要提高对政策的重视程度,并开展分析研究。

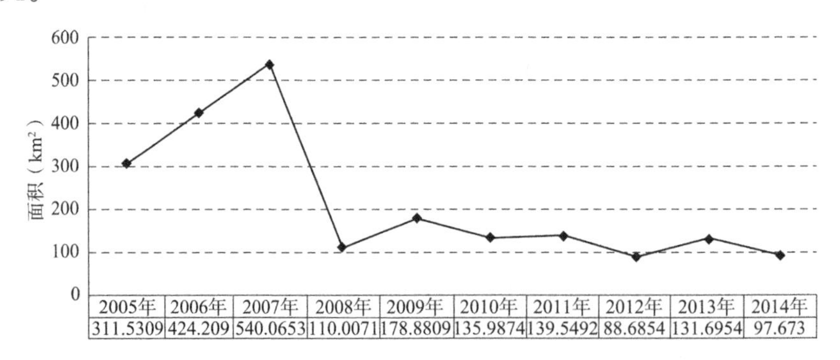

图 1-1　2005—2014 年我国围海造地总面积

3. 我国围填海政策存在的问题分析

围填海是我国沿海地区发展经济的重要方式,涉及海陆两种管理体制,而且涉及部门众多,不同部门主体以不同的利益为出发点制定的围填海政策的内容必然存在差异,政策执行中难免产生矛盾。尽管围填海的规模已得到了有效控制,但通过对现有的围填海政策进行分析,发现其还存在一定的问题,主要表现在以下几个方面。

(1)围填海政策制定主体较分散

我国分散的行政管理体制和海陆分离的管理体制,使得我国围填海政策制定主体比较分散。中央层面上,中央政府统筹围填海的管理,管理手段往往以制定法律为主;原国家海洋局作为最高的海洋行政主管部门,同样掌握着围填海的管理权;围填海的开发又会涉及原国土资源部及国家发展改革委;原中国海监总队也会对围填海进行监控。因此围填海政策制定涉及多个部门。而地方层面上,地方政府会仿照中央体制对围填海进行管理,如:省政府、地方海洋与渔业局、地方发展改革委甚至地方国土资源和房屋管理部门等都会对地方围填海进行管理,而且不同地方的围填海主管部门也不同。就我国围填海政策的发布单位看,围填海政策制定主体存在多元化的趋势,见表1-2。中央及地方管理部门都可能就其部门权限针对全国及当地的围填海制定政策,而多部门制定政策时往往以部门利益为主,在制定过程中缺少与其他部门的沟通与协调,可能会导致"政策打架"现象,出现围填海开发政策与环境保护政策的矛盾,而且还会造成政策重复浪费,最终可能导致围填海管理效果不佳。

我国围填海政策发布单位 表1-2

发布单位		政策
中央层面	全国人大常委会	《中华人民共和国海域使用管理法》
	国务院	《防治海洋工程建设项目污染损害海洋环境管理条例》
	原国家海洋局	《关于改进围填海造地工程平面设计的若干意见》
	国家发展改革委、原国家海洋局	《关于印发〈围填海计划管理办法〉的通知》
	原国土资源部、原国家海洋局	《关于加强围填海造地管理有关问题的通知》
	原中国海监总队	《关于全面加强围填海造地执法检查工作有关问题的通知》
地方层面	浙江省人民政府	《浙江省海域使用管理办法》
	原天津市国土资源和房屋管理局	《关于天津市填海项目海域使用审批与土地审批程序衔接有关问题的通知》
	原广东省海洋与渔业局、广东省发展改革委	《关于建立围填海年度计划管理制度的通知》
	原福建省海洋与渔业厅	《关于加强已批围填海项目海域使用监督管理的通知》
	原山东省海洋与渔业厅	《关于进一步加强区域用海规划实施管理的通知》

(2)缺乏专门的围填海法律体系

我国围填海的管理以法律政策为主要依据。20世纪80年代之前,对于围填海的管理政策还是以资源利用为主。1982年《中华人民共和国海洋环境保护法》的出台，标志着国家开始重视围填海对生态环境的影响，以《中华人民共和国海洋环境保护法》为法律依据，于1990年制定了《中华人民共和国防治海岸工程建设项目污染损害海洋环境管理条例》等，对于海岸工程中的围填海项目进行管理以达到保护海洋环境的目的。随着2001年《中华人民共和国海域使用管理法》和2002年《全国海洋功能区划》，以及2009年《中华人民共和国海岛保护法》的制定，中央各部门及地方政府以这些文件为依据，制定符合本部门及地方特色的围填海政策，以对本地区的围填海进行有效的管理。通过表1-3可以看出，目前我国还没有管理围海造地的专门法律，对围海造地的相关规定主要是作为《中华人民共和国海域使用管理法》的一部分，此外，《中华人民共和国海洋环境保护法》中对防治海岸和海洋工程建设项目对海洋环境的污染损害进行了相关规定。因此围填海政策制定的法律依据是海洋环境保护、海域使用、海岛开发法律中的一小部分，仅有的关于围填海的专门政策也就是原国家海洋局下发的通知，其被作为地方围填海政策制定的依据，但没有上升到法律层面，使政策的实施效果大打折扣。因此在我国尚缺乏一部专门的围填海管理的法律，对围填海的开发、生态环境的保护、围填海的审批、使用金的缴纳及其他有关问题进行详细的规定。要加强对围填海的管理，就必须制定一部专门的围填海法律。

我国围填海政策制定的依据 表1-3

依据	政策
《中华人民共和国海洋环境保护法》	《中华人民共和国防治海岸工程建设项目污染损害海洋环境管理条例》 《防治海洋工程建设项目污染损害海洋环境管理条例》
《中华人民共和国海域使用管理法》	《关于印发〈海域使用权管理规定〉的通知》 《海南省实施〈中华人民共和国海域使用管理法〉办法》 《广东省海域使用管理条例》 《浙江省海域使用管理条例》
《中华人民共和国海岛保护法》	《关于开展海域海岛海岸带整治修复保护工作的若干意见》 《关于在无居民海岛周边海域开展围填海活动有关问题的通知》 《关于印发山东省无居民海岛使用审批管理暂行办法和山东省无居民海岛使用权招标拍卖挂牌出让管理暂行办法的通知》
《关于加强围填海规划计划管理的通知》 《关于加强围填海造地管理有关问题的通知》	《关于进一步加强围填海项目海域使用管理有关工作的通知》

(3)围填海政策实施问题

围填海是沿海地区常见的做法,它以陆地为起点不断向海湾及海洋扩张,在沿海地区产生有价值的土地,能有效解决沿海城市面临的土地资源短缺问题,但负面影响也不容忽视。由于地方政府受利益的驱动,现代化的技术和设备又使得围填海容易进行,加之对海洋生态系统的服务功能与海洋开发利用之间的辩证关系认识不足,沿海不少地方出现了无度填海造地的情况。而中央政府站在宏观角度,着眼于长远利益,考虑到围填海带来的负面影响,发布了一系列法律、法规及政策来促使围填海活动规范化,2001 年,全国人大常委会通过《中华人民共和国海域使用管理法》,严格规定我国的海洋开发与海域使用,国家发展改革委与国家海洋局于 2009 年又联合发布《关于加强围填海规划计划管理的通知》,要求沿海省、自治区、直辖市各级发展改革部门及海洋厅(局)在国家宏观政策的指导下,切实履行自己的职责,做好围海造地规划的编制与论证实施工作,在围海造地的同时积极修复海洋生态,合理开发海域资源,保证经济社会的协调持续发展。但是地方政府往往受短期利益的驱使,偏向有利于提高经济效益的政策,有意愿通过围填海来实现财政收入的增长、土地资源的扩张,甚至鼓励企业围填海。地方在开展围填海前往往缺少充分论证、调研,即使进行海域论证的综合评价,也易于被眼前的经济发展目标迷惑,在论证评价中认为围填海项目规模不大,对生态的影响较小,放大经济效益,从而盲目审批通过围填海项目,而无度围填海活动进一步造成了海洋环境的破坏。在围填海项目上,中央长期利益与地方短期利益的矛盾,导致围填海政策的制定和实施在中央层面和地方层面出现差异,最终不利于围填海的管理与海洋生态环境的整治与修复。

(4)围填海政策中的监管处罚不明确

我国围填海需要管理,但围填海的管理更需要监督,以产生良好的效果,因此在围填海政策中要明确对围填海的监管处罚标准。我国在海域使用上实现了动态监测,不仅可以对围填海项目本身进行动态监测,还可以对地方政府围填海管理状况实施监督。但围填海的违法现象屡禁不止,2012 年中国海监总队印发了《关于全面加强围填海造地执法检查工作有关问题的通知》,对围填海的违法行为起到了一定的震慑作用,但"海盾 2012"行动全年立案 89 件,作出处罚决定 80 件,决定罚款 16.5 万元,却实际收缴罚款 15.6 万元,表明在围填海的处罚上存在漏洞,辽宁环渤海地区在处理违规围填海时也同样存在处罚无法执行与处罚透明度不高的问题。由于围填海政策中的监督处罚缺乏统一的标准及执法监管体制不完善,故各个部门配合不协调,监测发现的违法行为得不到及时且正确的处理,有时面对同一件围海造地的违法案子,不同的执法机构给出不同的处罚结果。另外,由于地方保护主义,涉案企业被查出违法问题时,地方政府往往会避重就轻,使涉案企业逃避重大处罚,存在执法不力的情况。再加上政策制定时很少有公众参与,公众对围填海项目实施过程及执法行为缺乏必要的监督,往往会出现重审批轻结果的现象,间接促使了大量填而不建、不使用的荒地的出现。从上述分析可以看出围填海政策在监督与处罚方面不明确,使得监督与处罚的效果不佳,会使违法企业有机可乘,不能真正有效遏制非法围填海行为。

4. 蓝色海湾整治背景下我国围填海政策的优化建议

尽管围填海政策制定和实施存在一定问题,但这些政策确实有效遏制了围填海盲目增长的趋势。另外,我们必须认识到,围填海对于沿海地区甚至全国的经济发展都有不可替代的作用。据国务院批复的 8 个省(区、市)海洋功能区划(2011—2020 年)(图 1-2)可以看出,虽然沿海各省(区、市)围海造地在总面积上有所控制,但各地方的围填海依旧不能中断。因此,我国要在蓝色海湾整治的背景下,解决围填海政策制定和实施中的种种问题,对围填海政策进行优化,使我国的围填海更加科学与合理,不仅要充分发挥围填海促进经济发展的功能,还要实现对围填海的良好整治效果。

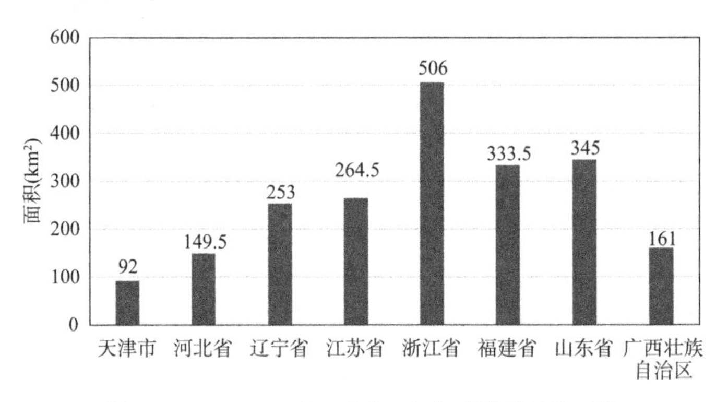

图 1-2　2011—2020 年 8 个省(区、市)围海造地总面积

(1)设立统一的围填海政策制定部门

目前我国的海洋管理还属于行业管理范畴,虽然国家制定了一系列的行业管理法规,但这些法规不太能体现与其他海洋资源开发利用的相互关系,导致行业用海矛盾普遍存在,这一点在围填海管理中表现明显。

荷兰也采用分散型的海洋管理体制,也曾进行大规模的围填海,值得我国借鉴的是荷兰建立了比较完善的海洋协调机制,以协调政策的制定与执行,如成立海洋协调管理机构 IDON(Interdepartmental Deliberations Over North Sea),主要负责协调、审议各部委制定的有关其北海的政策、指令和法律。2013 年,我国成立了国家海洋委员会,负责统筹海洋的重大事项。在蓝色海湾整治背景下,建议借鉴国外围填海管理及政策制定的先进经验,在我国海洋管理的基础上,统一围填海政策的制定部门即成立围填海综合管理委员会,负责协调各个部门的利益,无论是中央与地方还是陆地与海洋的层面,使政府内各个部门相互协调配合,以减少“政策打架”的现象,使我国围填海的整治产生良好的效果,以有利于我国围填海的可持续发展。

(2)建立专门的围填海法律体系

通过对我国围填海政策的梳理及分析,不难发现我国开展围填海涉及众多领域,如环境、土地、渔业等。其中对于围填海的环境保护依据的法律是《中华人民共和国海洋环境保护法》,对于围填海的管理依据的法律是《中华人民共和国海域使用管理法》,而围填海引起的环境问题是海洋环境问题的一小部分,且围填海只是海域使用的方式之一,两部法律都只对其某方面作出笼统的规定,难以涉及围填海管理方方面面的问题。针对此不足,我国出台了一系列有关围填海的行政规章、办法或条例等加以补充,但这些规定层次较低,威慑力不足,同时也过于分散,有可能会出现相关规定的冲突,给管理带来不便。

在蓝色海湾整治背景下,我国可借鉴韩国的《公有水面管理法》和《公有水面埋立法》,日本的《公有水面埋立法》,制定属于我国的专门针对围填海的法律,建立配套体系,系统规定围填海的法律责任主体、工程布局、申请审批程序、实施过程监管、环境影响评价、公众参与等相关内容,并解决相关法律间的协调统一问题。

(3)制定围填海规划与审批政策

我国围填海政策中关于规划与审批的很少,2009 年国家发展改革委与国家海洋局发布《关于加强围填海规划计划管理的通知》,对围填海的规划作出了规定,之后下达了关于围填海的计划管理问题的通知,如 2010 年的《关于加强围填海造地管理有关问题的通知》,2011 年《关于印发〈围填海计划管理办法〉的通知》。中央政府的围填海计划下达至地方后,地方政府受经济利益的驱使,可能不会严格依照计划实施围填海,从而出现上下行动脱节的现象。

国家提出蓝色海湾整治行动后,不论是国家层面还是地方层面,相关管理部门都必须重视围填海规划与审批政策。应制定相关政策,要求对围填海工程进行科学调研与规划,尽可能避免或降低围填海对环境的负面影响。在科学编制围填海规划的基础上,合理选择围填海方案,并对项目工程可能造成的环境影响和综合损益进行理性研究。对于围填海项目的海域使用论证必须严格把关,针对围填海项目制定更严格的海域使用论证政策,建立论证单位评审专家责任追究制,项目审批前，必须进行现场踏勘，充分征求有关部门意见，而且围填海的审批权限不得下放，这样就会减少地方政府因经济利益而盲目审批通过围填海项目的不良行为。围填海的规划与审批是相辅相成的，为避免中央和地方政策制定与实施不一致的情况，必须在审批前对围填海进行科学的规划，国家、地方应先把握好围填海项目的总体状况，再对其严格审批，从规划与审批两方面对围填海实行严格控制，以维护海洋的生态环境。

(4)加大围填海政策中的监督力度

一项政策要产生良好的效果，其制定和执行都必须到位。对围填海政策而言，首先在政策的制定上，要加大公众尤其是涉海人员的参与力度，因为围填海具有社会性，它不仅仅是政府与企业的事情，也关系到公众尤其是渔民的切身利益。韩国公众在围填海开始的时候同样不注重其带来的生态环境问题，但是 20 世纪 90 年代始华湖工程导致了严重的环境污染，由此公众才开始质疑围填海的做法。其次在政策执行上也要加强法律监管，切实做到有法可依、违法必究、执法必严，同时鼓励涉海人员参与政策执行的监督。

因此在蓝色海湾整治背景下，我国要不断强化公众参与围填海政策制定的意识，提高公众参与围填海政策制定的积极性，保证公众在我国围填海事业中的管理与决策地位；在当地政府的授权与协调下，鼓励公民尤其是沿海渔民和专家成立围填海建议监督与生态环境保护组织，积极参与围填海项目的前期论证研究，为围填海政策的制定贡献自己的一份力量。我国要建立健全对围海造地的执法管理机构，打造一支专门监管围填海项目及政策实施的执法、队伍，并严格依据有关法律、法规，利用动态监测系统对其进行定期或不定期的监督检查，同时还要鼓励涉海人员监督政策执行，这一举措不仅可以维护渔民等民众的自身利益，也有利于对违法行为的处罚落到实处，打击地方政府的保护主义，确保违法单位得到严惩，保证政策执行的有效性，防止违法行为再度发生。总之，蓝色海湾整治行动的提出，必须保证围填海政策制定的合理性与政策执行的有效性，因此加大对围填海政策的监督力度势在必行。

5. 结论

21 世纪是海洋的世纪，我国作为一个海洋大国，海洋为我国经济的发展提供了充足的动力，而且随着我国经济的飞速发展，我国尤其是沿海地区对土地的需求日益增大，围填海具有巨大的经济驱动力，是我国缓解人地矛盾、促进地区就业、发展海洋经济的有效途径。但大规模的围填海在一定程度上破坏了海洋生态环境，使得海域使用开发与海洋环境保护矛盾日益突出。基于此，关于围填海的政策随之增多,对我国围填海的数量及规模的管控起到了一定的作用,但通过对我国围填海政策的分析,可以看出在围填海政策的制定部门、法律体系、实施与监督方面还存在问题,直接影响我国围填海整治的整体效果。2015 年,十八届五中全会提出开展蓝色海湾整治行动,对我国的围填海的整治及生态环境的保护提出了更高的要求,因此,在蓝色海湾整治的背景下,首先要解决围填海政策存在的问题,提出围填海政策的优化路径,即统一围填海政策的制定部门,建立约束围填海的法律体系,加快制定围填海的规划、审批及执法监督政策,最终深入贯彻落实蓝色海湾整治行动,积极修复生态与保护环境,努力实现我国海洋经济的可持续发展,实现海洋资源的合理开发,打造蓝色海洋经济区。

2 沧州渤海新区围填海概况

2.1 围填海基本情况

2.1.1 地理位置

沧州渤海新区位于河北省与山东省交界处、沧州市区以东约 90km 的渤海之滨，陆上距黄骅市区约 45km，水上北距天津港 60n mile(1n mile = 1852m)、东距龙口港 149n mile。汇集漳卫新河与宣惠河的大口河在此入海。渤海新区是沧州市人民政府的派出机关，而黄骅市则是渤海新区内的重要县级市，也是渤海新区的核心城市之一。

2.1.2 围填海规划布局

1.《黄骅市城乡总体规划(2016—2030 年)》

2016 年 12 月 30 日，河北省人民政府对《黄骅市城乡总体规划(2016—2030 年)》进行了批复。

1)发展目标与战略

以绿色、转型为核心理念，推动黄骅市经济和社会持续、健康、稳定、快速发展。到 2030 年，把黄骅市建设成为生态环境优良、经济快速稳定增长、产业体系不断完善、城乡基础设施支撑能力显著增强、基本公共服务设施体系健全、资源高效集约利用、城乡空间布局合理的河北省沿海生态宜居现代化新城。

2)城镇空间布局结构

以大区域交通和城镇发展格局为基础，识别市域内不同地区的城镇发展动力，综合分析城镇开发建设条件，加强外部区域联动，优化内部城镇空间组织，构筑“一轴两带、一区双核”的城镇空间布局结构。

“一轴”指将串联中心城区和临港产业新城的东西向城市发展主轴，作为黄骅与沧州主城区联系的主要廊道，并充分对接省域“石衡沧”(石家庄、衡水、沧州)发

展轴。

“两带”指市域内部的西部城镇发展带和滨海特色发展带。西部城镇发展带是依托国道205线和津汕高速,向北对接天津,向南联动滨州,串联中心城区和多个重要工业型城镇的发展带,包括齐家务乡(2020年撤乡设镇)、吕桥镇、羊三木回族乡集镇等。滨海特色发展带是指沿海岸线布局,串联临港产业新城和滨海生态旅游、休闲度假、海产品养殖加工等特色功能城镇的发展带,包括岐口社区及生态旅游区、南排河镇和其他滨海乡村。

“一区”指由中心城区和临港产业新城共同构建的港城协调发展区,是黄骅市产业功能聚集和城市开发建设的主要载体。

“双核”指分别强化中心城区的城市综合服务功能和临港产业新城的产业集聚功能,作为引领市域各级城镇功能发展的两个核心。其中,中心城区强化全市综合服务核心功能和陆路客运交通组织枢纽的建设,临港产业新城强化临港型产业集聚功能和区域港口物流中心的建设。

3)产业空间布局

根据市域产业发展条件和资源环境承载力,为发挥产业集群优势、促进三次产业协调发展,规划确定六大产业分区。

①新型制造业及现代服务业发展区。依托中心城区,以现代服务业为先导,以汽车装备、通航产业、高新技术产业、高端装备制造和绿色工业为重点,打造区域性先进制造业中心和商贸服务中心。

②临港产业发展区。承接京津冀地区钢铁冶金产业转移和技术升级,重点延伸石油化工、煤化工、氯碱化工的产品链条,促进化工产业精细化发展。积极培育高新技术产业,重点发展装备制造、生物制药、现代物流和新型建材等产业。

③滨海特色产业发展区。依托海洋与滩涂资源,大力发展休闲养生、民俗体验和生态度假旅游等特色化产业。

④休闲旅游及精品农业发展区。依托南大港湿地、管养场水库和农场田园风光,重点发展生态观光旅游、高附加值精品农业和乡野休闲娱乐度假业以及特色农产品加工等产业。

⑤观光农业发展区。依托田园景观条件较好的乡村和骅南淀生态湿地等自然旅游资源,发展特色鲜明、参与性强的生态农业观光体验旅游产业。

⑥都市农业发展区。依托具备基础的乡镇,面向京津两地对鲜活农产品的消费需求,重点发展滨海水产养殖、牛羊养殖及屠宰加工和有机农产品种植等产业。

4)港城协调发展区发展指引

港城协调发展区是全市生产、生活功能建设的核心区,依托"石衡沧"发展轴,引导中心城区与黄骅港临港地区有序互动、整合发展。

到2030年,港城协调发展区人口规模控制在140万人左右,城乡居民点建设用地353.5km^2,其中城市建设用地346km^2,村庄建设用地7.5km^2。

引导港城协调发展区沿东西向交通和生态水系廊道呈带状布局。南部自港口向西至沧州主城区,构建功能联系紧密、产业类型复合、支撑体系高效、功能布局协调的"沧黄港"产业发展走廊。中部串联中心城区、"中捷盐场—范家堡"城区和生态隔离空间的康体休闲集中区,共同打造产城融合的现代服务功能发展带。北部依托南排河、新石碑河、廖家洼排干等水系,优化生态环境,完善休闲旅游功能,打造具有区域影响力的滨水生态旅游目的地和特色农业发展带。

培育中心城区、临港新城、"中捷盐场—范家堡"三大城市服务核心区,构建功能完善、特色突出、联系便捷、分工协作的城市综合服务体系。建设中心城区,完善城市主中心,重点发展高端商业服务、生产性服务及创新服务。建设临港新城核心区,面向港口运输、贸易、管理和临港产业功能,打造专业化生产性服务中心、航运管理中心。培育"中捷盐场—范家堡"综合服务核心区,使其成为远景港城功能拓展区服务次中心。

5)临港产业新城发展指引

(1)发展目标

以建成产业发达、服务完善、生态宜人、便捷高效的现代化临港新城为目标,打造河北省沿海重要的产业集聚区、环渤海港口物流基地与海陆联运枢纽。

(2)用地布局

①工业与物流仓储用地布局。

规划多片集中工业区,支撑河北省新型工业化基地建设。沿北疏港、中疏港、南疏港等集疏运通道,东西向依次布局先进制造产业园、重化工产业园、生物医药产业园等十大产业园区,以二类与三类工业用地为主。

结合主要交通设施与产业园区发展需求,严守安全底线,合理规划建设物流仓储用地。产业园区内沿中疏港路布局二类物流仓储用地,在综合保税区布局一类物流仓储用地。

②居住用地布局。

针对差异化居住需求布局三片生活居住区,均为二类居住用地。包括具有综合城市功能配套的港城区、服务于石材城和盐场的中捷盐场居住组团,以及满足5万名产业工人住宿需求、就近布局的工业园区服务基站。

③公共管理与公共服务设施用地布局。

加大公共管理与公共服务设施配套力度，扩大设施规模与提升服务水平。港城区沿沧海路建设市级公共服务副中心，集中布局港口管理、商贸办公、餐饮酒店等用地，完善综合性文化场馆、体育场馆等设施。在中疏港路和海防路交叉口以北地区建设片区级公共服务中心。增加产业服务基站文化设施规模和数量，满足基本休闲娱乐服务需求。

2. 沧州渤海新区近期工程区域建设用海总体规划

(1)规划目标

建成中国北方著名的国际性综合大港和能源、钢铁、原材料集散运转中心，使沧州渤海新区成为具有国际标准的重化工工业基地。

(2)区域功能定位

根据渤海新区核心区的功能定位、产业政策及产业布局，黄骅港、钢铁生产加工区、产业园区等区域的功能定位如下。

黄骅港是一个兼备水路、铁路、公路、管道等多种运输方式，集港口装卸及仓储、中转换装、临港工业、现代物流、通信信息服务、综合服务等功能于一体，由多个港口企业、多种临港产业有机结合的综合体，并将逐步发展成为设施先进、功能完善、运行高效、文明环保的现代化、多功能的综合性港口。

而黄骅港煤炭港区的发展和综合港区起步工程的实施，带动了以钢铁生产、装备制造业及钢材深加工为主的钢铁生产加工区和产业园区的建设。

钢铁生产加工区充分利用国外资源和沿海地区大面积的滩涂，减轻内陆地区特别是中心城市的环境压力，发展、壮大我国钢铁企业的实力，为国内市场提供优质的炼铁炉料及铁矿粉；依托该区域发展装备制造和钢材深加工，可以满足通信、交通、机械等行业对高性能钢材的需求。

产业园区是渤海新区的临港产业聚集地，具有港口功能、物流功能。

(3)空间结构与功能分区

根据2008年修订后的《黄骅港总体规划》，结合渤海新区近期工程区域建设计划、开发步骤和用地条件等因素，沧州渤海新区近期工程规划用海的区域有港口生产运输区(简称港区)、钢铁生产加工区、产业园区、综合服务区、综合物流园区、预留产业园区等六大功能区。

沧州渤海新区近期工程区域建设用海总体规划方案如下：以港前路为界，港前路以东为港口建设用海区域，其中码头及后方作业区、物流园区为填海造地用海，港池、航道为围海用海；港前路以西为各功能区及配套服务区建设用海区域，均为填海造地用海。

六大功能区及基础设施简要介绍如下。

①港口生产运输区：分为煤炭港区、综合港区和散货港区。煤炭港区指主要保障国家能源的运输，以煤炭外运二通道装船港为主的港区；综合港区指主要承担腹地综合物资中转运输的港口生产作业区，具有临港工业服务和物流服务功能；散货港区指主要承担腹地未来外贸进口矿石、原油的运输任务，具有大宗散货堆存、分拨、配送等功能的港区。

②钢铁生产加工区：包括中钢集团滨海基地建设用地、中铁装备制造建设用地和中信泰富北方基地建设用地三个钢铁生产加工区。

③产业园区：由渤海新区近期的加工业、装备制造业、机械加工业等组成的产业集聚区发展用地。

④综合服务区：为港口及临港产业发展提供配套服务的区域，包括电力站、加油站、办公场所等生产生活辅助用房区域。该部分结合港口建设同步启动，根据港口建设进度逐步拓展、完善服务功能。

⑤综合物流园区：河北渤海投资集团有限公司国际物流中心工程和渤海新区农业生产资料贸易城发展用地。

⑥预留产业园区：产业园区的预留发展用地。

⑦基础设施：主要为沧州渤海新区近期工程区域内建设配套的基础设施，包括集疏运通道和市政公用设施。

3.《黄骅港总体规划》(2008 年修订)

(1)性质

黄骅港是河北沿海重要的地区性港口；是我国北方主要的煤炭装船港之一，是“三西”(“三西”为山西、陕西、内蒙古西部)煤炭外运第二通道的重要出海口；是沧州市融入环渤海、京津冀经济圈，发挥沿海优势，促进临港产业开发，打造河北南部地区经济增长极的重要依托；是冀中南地区、神黄铁路沿线及鲁西北地区对外开放的窗口和经济发展的重要战略资源。其未来将以港口为基础平台，拓展综合运输、临港工业、仓储、物流等现代港口功能，逐步发展成为多功能、综合性的现代化港口，为“三西”煤炭基地能源外运服务，为冀中南部地区及沧州市经济社会发展和临港工业开发服务，为神黄铁路沿线等中西部地区及鲁西北地区经济发展和对外开放服务。

(2)布局规划

根据沧州市城市总体规划、腹地经济社会发展规划和产业布局，结合黄骅港的自然条件、性质及功能定位和发展方向，调整原规划中不适应发展需要的港区功能

和规划布局，使黄骅港形成以煤炭港区、散货港区、综合港区为主，以河口港区为补充，北翼保留远景发展空间的总体格局。

4. 黄骅港综合港区及散货港区控制性详细规划

1）港区发展功能定位

综合港区以一般散杂货、集装箱和成品油、液体化工品运输为主，承担临港工业服务、腹地物资中转运输和综合物流服务等功能，重点建设10万吨级以下的各类专业化和非专业化码头，形成大型综合性港区。

散货港区以铁矿石、原油等大宗散货物资运输为主，根据发展需要可适当兼顾煤炭、液体化工品等其他散货运输，满足临港工业和腹地大宗散货运输需求，并承担相应的专项物流服务功能，重点建设10万～20万吨级的大型专业化干散货和15万吨级以上液体散货码头，形成规模化、专业化散货港区。

综合港区和散货港区是黄骅港适应未来发展重点打造的两大主要港区，将成为黄骅港拓展综合运输功能、集聚临港产业和服务区域经济发展的核心载体。港区应具备装卸储运、中转换装、运输组织、商贸信息服务、现代物流、临港工业、综合服务等功能。

2）主要功能区布局

根据功能定位及服务和运输需求，综合港区及散货港区共分为四大功能区，分别是码头作业区、物流园区、综合服务区和预留港口发展区。

港区功能区按照以码头作业区为核心，以物流园区和综合服务区为依托的原则，依照辐射带理念，依次布置。

（1）码头作业区

码头作业区是港口核心功能区，主要包括码头前沿作业地带、堆场及仓库，还包括生产辅助设施、其他配套设施等。本港区码头作业区分为大型液体散货作业区、大宗干散货作业区、通用散杂货作业区、集装箱作业区和成品油及液体化工品作业区。

①大型液体散货作业区。

大型液体散货作业区以大型原油、成品油等液体散货的装卸、储存、转运等功能为主，服务港区后方大型石化产业布局和腹地外贸进口原油、成品油等运输。

②大宗干散货作业区。

大宗干散货作业区以大宗干散货的装卸、中转堆存等功能为主，近、中期主要为钢铁冶炼等产业所需各类原材料、辅料运输服务，远期承担部分腹地的煤炭下水任务。

③通用散杂货作业区。

通用散杂货作业区以少量集装箱和钢铁、设备、建材等普通散杂货的码头装卸、中转堆存、换装等功能为主，主要为临港工业原材料和产成品运输服务。

④集装箱作业区。

集装箱作业区以集装箱的装卸、堆存等功能为主，主要为腹地及后方工业园区各类适箱货提供运输、物流等服务。

⑤成品油及液体化工品作业区。

成品油及液体化工品作业区以成品油、液体化工品的码头装卸、储存、转运等功能为主，主要服务于后方化工园区，兼顾腹地相关货类的运输及物流需求。

(2)物流园区

根据港区功能的定位，本港区主要设置大宗散货物流园区、综合物流园区和铁路作业区等。其中大宗散货物流园区和综合物流园区功能如下。

①大宗散货物流园区。

大宗散货物流园区是港区大宗散货码头的有机组成部分，散货物流园区与散货港区相结合，实现功能互补、协调发展，使黄骅港从单一的货物装卸、中转运输功能向集运输、存储、配选加工、分拨、信息服务于一体的多功能发展。

②综合物流园区。

综合物流园区主要为集装箱物流服务。集装箱货物一般货值高，国际性贸易比例大，对时效性、集约性、增值性的要求高，成规模的集装箱港区会成为港口物流活动的主要依托，物流活动也日益成为集装箱港口生产流程中的重要环节。因此集装箱作业区与物流园区的紧密结合已逐渐成为港口基础设施建设与经济活动的发展方向，世界著名大港新建集装箱码头后方大多规划有相应的物流园区与其紧密联系。

(3)综合服务区

综合服务区主要包括公用配套设施区、港口商务区、支持系统区、口岸综合服务区和港前中心商务区等。

(4)预留港口发展区

预留港口发展区是考虑港区长远发展为港口预留的发展空间，其功能及相应作业区详细布置将结合港区开发进程、临港产业布局及工业企业进驻情况再行明确。

3)陆域平面布置

(1)码头作业区

①大型液体散货作业区。

大型液体散货作业区位于散货港区东端，紧邻防波堤口门处。作业区码头岸线长2658m，可顺岸布置4个大型散货泊位，码头作业区陆域纵深控制为800m，作业区面积约216万m^2。区内主要设置码头前方作业地带、罐区、通道、生产辅助设

施等。

②大宗干散货作业区。

大宗干散货作业区位于散货港区西侧及中侧。规划码头岸线长5560m，可顺岸布置干散货泊位18个，码头作业区陆域纵深控制为800m，作业区面积约446万m^2。区内主要设置码头前方作业地带、散货堆场、通道、生产辅助设施等。

③通用散杂货作业区。

通用散杂货作业区位于一港池南侧及底部。规划码头岸线长5292m，可顺岸布置散杂货泊位20个。码头后方陆域纵深控制为800m，作业区面积约458万m^2。区内主要设置码头前方作业地带、散杂货堆场、仓库、通道、生产辅助设施等。

④集装箱作业区。

集装箱作业区位于一港池北侧。规划码头岸线长3275m，共可布置3万～10万吨级集装箱泊位12个。码头作业区陆域纵深控制为800m，作业区总面积260万m^2。码头前方作业地带主要设置岸桥轨道、拖挂车通道和舱盖板堆存区；堆场区内主要包括重箱堆场、空箱堆场、冷藏箱堆场、危险品堆场、装卸设备通道、集装箱拖挂车停放场以及必需的生产辅助设施等。

⑤成品油及液体化工品作业区。

成品油及液体化工品作业区位于二港池南侧、西侧及一、二港池之间突堤堤头。规划码头岸线长4670m，可顺岸布置3万～10万吨级成品油及液体散货泊位19个，二港池南侧及突堤堤头码头作业区陆域纵深控制为600m，二港池西侧码头作业区陆域纵深控制为800m，作业区陆域面积约320万m^2。区内主要设置码头前方作业地带、罐区、通道、生产辅助设施等。

（2）物流园区

①大宗散货物流园区。

大宗散货物流园区位于大宗散货作业区后方、南疏港一路以南，主要包括矿石、煤炭的储运设施和相关配套设施，具有矿石、煤炭的专业化储存、输送及筛分、洗、配等增值服务功能，园区面积340万m^2。

②综合物流园区。

综合物流园区位于通用散杂货、集装箱和成品油及液体化工品作业区后方，东疏港路以东，主要包括仓库、场地及相关配套设施，以集装箱、粮食、钢材等中转、仓储物流为主，园区总面积515万m^2。

（3）综合服务区

①公用配套设施区。

公用配套设施区主要设置变电站、给水调节站、沉淀池、污水处理站、消防站、加油站、换热站等。

规划三处公用配套设施区,主要为码头作业区和物流园区服务:第一处位于大宗干散货作业区和通用散杂货作业区之间,为大宗散货作业区、通用散杂货作业区、大型液体散货作业区和大宗散货物流园区提供服务;第二处位于一港池西南通用散杂货作业区和集装箱作业区之间,为通用散杂货作业区、口岸综合服务区及综合物流园区提供服务;第三处位于集装箱作业区与成品油及液体化工品作业区之间,为集装箱作业区、成品油及液体化工品作业区和综合物流园区提供服务。公用配套设施区总面积约56.5万m^2。

②港口商务区。

港口商贸是港区必不可少的功能之一,作为码头作业区、物流园区联系的纽带,港口商务区布置在集装箱作业区后方综合物流园区、通用散杂货作业区和大宗干散货作业区之间,主要设置综合办公、金融服务和通信信息服务等设施。港口商务区面积约42万m^2。

③支持系统区。

支持系统区集中布置海事、导助航、救捞、海上消防等港口管理或服务设施。规划两处支持系统区:第一处位于大宗干散货作业区和通用散杂货作业区之间;第二处位于一突堤端部。也可视情况,利用集装箱作业区东侧735m岸线布置大型海事码头等公务码头。规划岸线820m,陆域面积15.5万m^2。

④口岸综合服务区。

口岸综合服务区主要设置海事、海关、检验检疫、边防等部门的监管设施和办公场所,主要包括行政办公场所、查验平台、仓库、停车场等设施。

口岸综合服务区设置在港口商务区南侧,另外在集装箱作业区西侧集中布置口岸查验区,方便整个作业区统一查验。服务区总面积70万m^2。

⑤港前中心商务区。

在中疏港路外侧设立黄骅港港前中心商务区,面积50万m^2,减少港区作业影响,营造美好办公氛围,通过中疏港路与港内便捷联系。

(4)预留港口发展区

预留港口发展区共三处:第一处位于大宗干散货作业区与大型液体散货作业区之间,岸线长4490m,码头作业区陆域纵深控制为900m,陆域总面积约415万m^2;第二处位于散货港区南侧、南疏港一路以南,可利用煤炭港区航道以北水域和现有防沙堤填筑陆域形成码头作业区,作业区岸线长约8.6km,面积约610万m^2,该作业区将视散货港区开发进程和集疏运通道能力等择机开发;第三处位于二港池以北,规划码头岸线长约13.6km,陆域面积约2550万m^2,该功能区主要发展通用杂货、液体散货码头和需近岸布局的临港工业，其功能布局可根据港区后续建设及招商引资情况适时细化。

2.1.3 围填海过程

沧州渤海新区于2007年2月15日经河北省人民政府批准成立，2007年7月20日正式揭牌。

1992年，党的十四大正式确定黄骅港为西煤东运第二条大通道出海口，神华集团从1997年开始在黄骅建港，渤海新区成立前(2007年前)，神华集团在黄骅港已建设黄骅港一期工程和黄骅港二期工程并投入使用，黄骅港煤炭港区初见雏形。为了对航道形成有效掩护，在航道两侧建设了防波堤(即黄骅港外航道整治工程)。沧化灌区堆场于2003年登记，围填海面积0.277km²；黄骅港多用途堆场于2004年登记，围填海面积0.2344km²。截至2006年底，围填海面积总计1.1711km²。

2007年，黄骅港综合服务区南疏港路工程开工建设，意味着渤海新区大规模围填海工程开始实施。2007—2008年，黄骅港综合服务区南疏港路工程建成，南疏港路与海岸线之间形成围填海面积8.8804km²，黄骅港综合港区中疏港路工程和东疏港路工程建成，这两条路与之前建成的南疏港路以及海岸线之间形成围填海面积15.3025km²，另外在河口港区形成围填海面积0.9156km²。据统计，2007—2008年围填海面积为25.0985km²。

2009—2011年，港池南岸围堰起步工程和综合港区航道南侧围堰工程建成，这两条围堰与神华航道北侧防波堤之间形成围填海面积13.3555km²，东疏港路东侧以及南疏港路的北侧新增围填海面积3.1606km²，另外河口港区Ⅴ区码头群一期及其改扩建工程形成围填海面积0.5002km²，则在2009—2011年间共计围填海面积为17.0163km²。

2012—2014年，黄骅港综合港区北围堰工程建成，北围堰工程以南、南疏港路以北、东疏港路以东区域形成围填海面积15.2382km²，另外，在此期间黄骅港综合港区南防沙堤工程建成，南防沙堤工程和航道南侧围堰以及神华航道北侧防波堤之间形成围填海面积12.3326km²。据统计，2012—2014年共计围填海面积为27.5708km²。

2015—2016年，在中疏港路工程北侧新增围填海面积5.2332km²。

至2016年围填海活动基本停止，累计围填海面积76.0899km²。

根据统计结果分析，2007—2014年是渤海新区大规模围填海阶段，2014年以后围填海规模明显减小，至2016年围填海活动基本停止，其中2007—2008年和2012—2014年是围填海活动强度最大的时段。

渤海新区各阶段围填海情况统计如表2-1所示。

渤海新区各阶段围填海情况统计 表 2-1

围填海阶段	主要围填区域	围填海面积（km^2）	备注
2007 年前	沧化罐区堆场	0.2770	2003 年取得海域使用权证
	黄骅港多用途堆场	0.2344	2004 年取得海域使用权证
	神华筒仓项目（港口码头、仓储）	0.6597	2004 年取得海域使用权证
小计		1.1711	
2007—2008 年	南疏港路以北、中疏港路以南、东疏港路以西至海岸线之间区域	15.3025	
	南疏港路以南、海岸线以北区域	8.8804	
	河口港区 5 号、6 号码头工程和沧州渤海新区陆源石油化工仓储有限公司（现河北陆源物流有限公司）修船厂工程	0.9156	
小计		25.0985	
2009—2011 年	港池南岸围堰起步工程、综合港区航道南侧围堰工程与神华航道北侧防波堤之间区域	13.3555	
	东疏港路东侧及南疏港路北侧区域	3.1606	
	河口港区Ⅴ区码头群一期及其改扩建工程	0.5002	
小计		17.0163	
2012—2014 年	北围堰工程以南、南疏港路以北、东疏港路以东区域	15.2382	
	南防沙堤工程、航道南侧围堰以及神华航道北侧防波堤之间区域	12.3326	
小计		27.5708	
2015—2016 年	中疏港路工程北侧	5.2332	
小计		5.2332	
总计		76.0899	

综合以上对渤海新区围填海项目建设过程的分析，确定本研究时间段为 2007

年开始至2022年,研究前后边界模拟如图2-1所示。

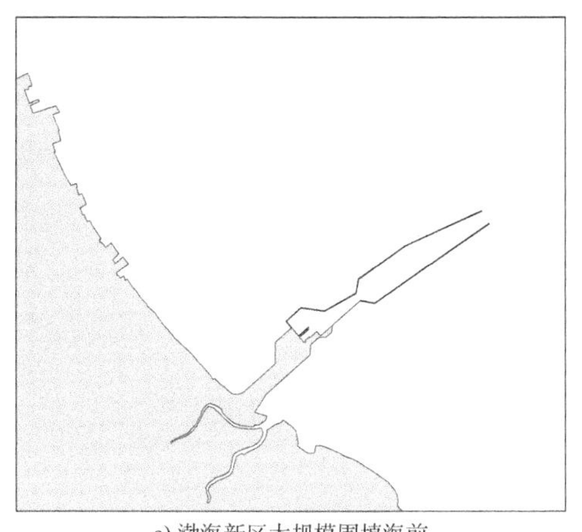

a) 渤海新区大规模围填海前

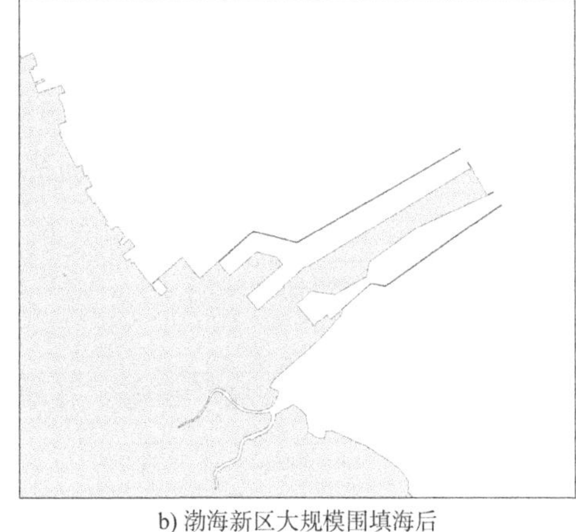

b) 渤海新区大规模围填海后

图2-1 围填海前后边界模拟图

2.2 围填海建设情况

1. 围海造地吹填工艺

沧州渤海新区近期工程围海造地吹填主要采用以下几种工艺。

(1)绞吸挖泥船直接吹填工艺

绞吸挖泥船在取砂区取砂并利用吹填管线将吹填砂直接吹填至成陆区域。该工艺适用于外海吹填,生产效率高,对土的适应性强。投入市场的大型绞吸挖泥船抗风性能较好,绞吸挖泥船挖泥速度一般是980～3500m^3/h,最大排距6～7km。渤海新区围海造地吹填工程大部分采用该工艺。

(2)耙吸挖泥船自挖自吹工艺

耙吸挖泥船在取砂区取砂,装仓运送至成陆区域附近,然后利用自带的吹填设备吹填。耙吸挖泥船船型较大,该工艺对风浪条件有较强的适应性,适宜在开阔海域施工,但耙吸挖泥船满载吃水较深。渤海新区少部分围海造地吹填工程采用该工艺。

2. 围堤结构及施工工艺

填海工程围堤采用斜坡堤式结构,其中浅滩区域围堤为袋装砂斜坡堤结构,防沙堤、防波堤等为抛石斜坡堤结构。常用堤体结构有袋装砂方案和抛石方案两种。

(1)袋装砂斜坡堤

袋装砂斜坡堤施工内容主要为铺设砂垫层、袋装砂,打设塑料排水板,铺设土工布软体排,大型充填袋施工,铺设土工布倒滤层,最后抛填袋装碎石护面。施工工艺流程见图2-2。

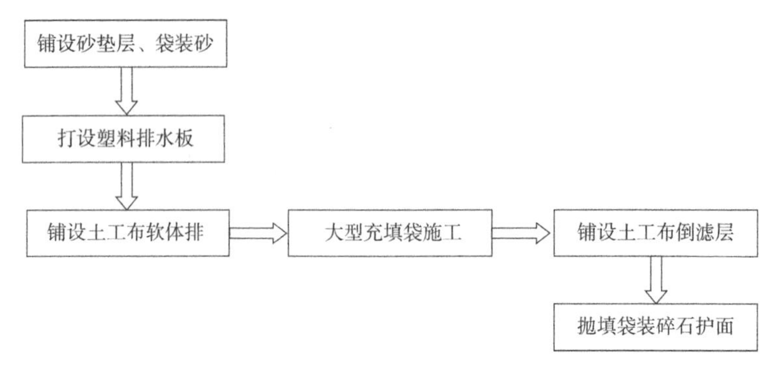

图2-2　袋装砂斜坡堤施工工艺流程

首先由水上驳船抛填砂垫层及袋装砂,方驳组装的排水板作业船组水上打设塑料排水板,土工布软体排可由作业船乘高潮水上定位铺设。

大型充填袋施工主要采用人力配合小型船机进行。施工时首先由人工按照设计位置铺放加工缝制好的砂袋,所需砂性土可根据砂源条件由驳船运至现场附近,使用专用水力充填机组直接取砂向砂袋内充填。充填袋施工采用逐层阶梯式推进的方式进行。充填袋堤身形成后,由人工铺设土工布倒滤层。

袋装碎石由自航驳船运至现场,人工进行铺筑。

(2)抛石斜坡堤

抛石斜坡堤施工内容主要为铺设砂垫层、袋装砂,打设塑料排水板,铺设土工布和土工格栅,抛填碎石垫层和堤心块石,抛填垫层块石,预制、安装抛填扭王字块体,施工工艺流程见图2-3。

砂垫层施工首先由方驳现场定位,自航抛砂驳船靠定位方驳水上抛填砂垫层及两侧袋装砂棱体。

塑料排水板使用专用船舶打设机水上打设,按常规方法进行施工。

土工布及土工格栅应在塑料排水板打设完成后及时铺设,减少波浪、海流对砂垫层的淘刷。土工织物铺设前应根据设计要求缝制以具有适合的幅宽和长度,并卷在卷筒上,现场铺设使用方驳起重机定位,将卷筒放至安装位置,潜水员协助固定土工织物起点,拉动卷筒,展开土工织物,并抛压块石防止土工织物上浮。

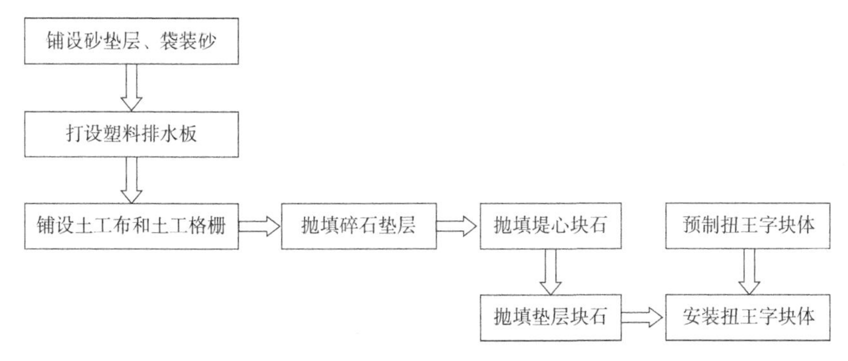

图 2-3 抛石斜坡堤施工工艺流程

土工织物铺设完毕后，应立即抛填碎石垫层及堤心块石，抛石施工全部采用自航驳船运输，靠泊现场的定位方驳，或利用现场定位设施系缆定位，驳船上设反铲挖掘机抛石理坡。对于高程较高的抛石，施工时应乘高潮进行。

堤心块石抛填完成后应立即抛填垫层块石，并按照设计要求安放钢筋混凝土扭王字块体，钢筋混凝土扭王字块体在预制场进行预制，装方驳运至现场，使用方驳起重机进行安装。

沧州渤海新区近期工程区域建设主要在现有滩涂上围填海造陆形成。港池航道疏浚挖沙可满足部分建设用地填海要求。

黄骅港综合港区及散货港区陆域由吹填港池、航道疏浚土形成。综合港区依托东疏港路、北防波堤形成陆域，所需土方总量约为 16806 万 m^3。散货港区依托神华北防波堤、综合港区东防波堤形成陆域，所需土方总量约为 26610 万 m^3。围填区域所需总土方量约为 43416 万 m^3。其中一港池、二港池及散货港区水域总疏浚量约为 34173 万 m^3，缺口通过港池超挖和口门外一定长度航道疏浚土方解决一部分，其余采用汽车或火车陆运山皮石和采矿剥离土回填到填海区域。

3 围填海实施生态影响研究

3.1 水动力环境影响研究

3.1.1 采用实测资料分析围填海实施前后的潮流影响

为了研究渤海新区围填海实施前后潮流的影响,采用围填海实施前的 2006 年 4 月和实施后的 2017 年 3 月流速流态实测资料进行对比分析,其中 2006 年 4 月大潮流速矢量图见图 3-1。由于两次潮流测站位置不完全对应,研究中选取位置相近测站进行比较,其中 2006 年潮流测站标号用 1 号 ~ 11 号表示,2017 年潮流测站标号用 V1 ~ V9 表示。各测站大致对应位置见表 3-1。

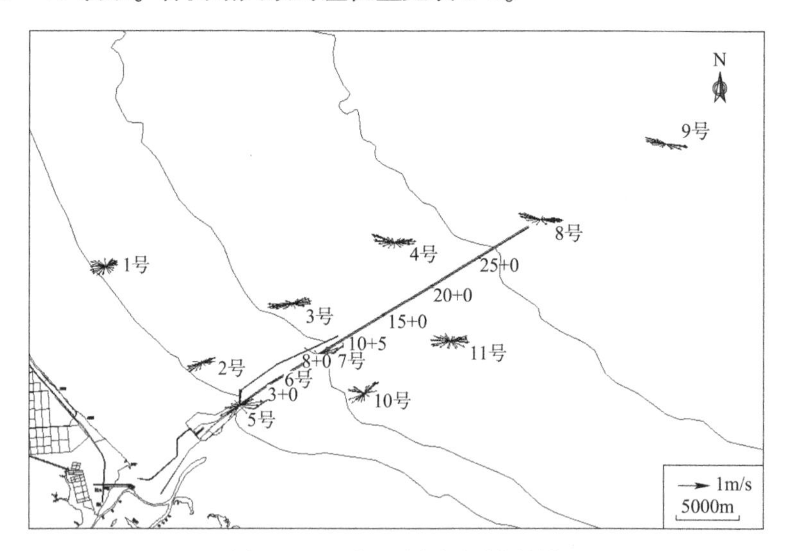

图 3-1 2006 年 4 月大潮流速矢量图

从流速大致正比于潮差的角度,统计并对比了两次测量资料的潮差比值和大潮流速比值,初步研究渤海新区围填海实施对周边海域潮流的影响,统计结果见表 3-2。

2006 年 4 月和 2017 年 3 月实测潮流测站位置 表 3-1

序号	位置	2006 年测站标号	2017 年测站标号
1	-2m 等深线附近	1 号	V1
2		2 号	V2
3	-10m 等深线附近	4 号	V4
4		11 号	V6
5	-15m 等深线附近	9 号	V8

2006 年 4 月和 2017 年 3 月实测大潮流速、潮差比较 表 3-2

序号	大潮最大流速(cm/s)		2006 年与 2017 年的最大流速比	2006 年与 2017 年的最大潮差比	大潮平均流速(cm/s)		2006 年与 2017 年的平均流速比	2006 年与 2017 年的平均潮差比
	2006 年	2017 年			2006 年	2017 年		
1	48	56	0.86	2.8/2.74 =1.02	34	25	1.36	2.25/2.23 =1.01
2	48	35	1.37		33	11	3.00	
3	72	68	1.06		43	45	0.96	
4	61	68	0.90		41	42	0.98	
5	66	69	0.96		43	41	1.05	

经分析,渤海新区围填海前后的大潮流速关系具有以下特征。

2006 年的 9 号测站和 2017 年的 V8 测站位于 -15m 等深线附近黄骅港主航道周围,2006 年和 2017 年涨落潮主流向分别为西偏北和东偏南。此测站 2006 年与 2017 年的平均流速比和相应平均潮差比大致相近,表明此处涨落潮性质相同,量值基本一致。

2006 年的 4 号、11 号测站和 2017 年的 V4、V6 测站位于 -10m 等深线附近黄骅港主航道两侧,2006 年和 2017 年涨落潮主流向分别为西偏北南和东偏北。2017 年流向受黄骅港港区建设影响,落潮流流向东偏北的角度变大。此两测站 2006 年与 2017 年的平均流速比和相应平均潮差比大致相近,表明此处涨落潮量值基本一致。

2006 年的 1 号测站和 2017 年的 V1 测站位于 -2m 等深线附近黄骅港北防沙堤以北海域,2006 年和 2017 年涨落潮主流向表现出一定的旋转流特性。2017 年流向受渤海新区和南港工业区围填海建设影响,涨潮流主流向指向岸边,落潮流主流向指向离岸方向。此测站 2006 年与 2017 年的平均流速比大于平均潮差比,最大流速比小于最大潮差比,表明此处涨落潮流速变化不同,涨潮期流速增大,落潮期流速减小。

2006 年的 2 号测站和 2017 年的 V2 测站位于 -2m 等深线附近黄骅港防波堤内航道区域,2006 年涨潮流主流向指向岸边,落潮流主流向指向离岸方向;2017 年主流向沿防沙堤的走向往复运动。此测站 2006 年与 2017 年的平均流速比、最大流速比均大于相应潮差比，表明此处涨落潮流速减小。

综合以上分析，在 -15m 等深线往外，围填海实施前后潮流流速和流向基本没有变化；在 -10m 等深线附近，围填海实施前后潮流流速基本没有变化，流向逆时针偏北旋转；在黄骅港围填海附近海域，流速、流向有一定变化。后文将通过潮流数学模型来进一步计算渤海新区围填海引起的流速、流向变化及其范围。

3.1.2 水文动力环境影响研究

1. 预测模型

水文动力环境影响分析是在 MIKE21 模型的基础上建立二维潮流数学模型。MIKE21 是专业的二维自由水面流动模拟系统工程软件包，适用于湖泊、河口、海湾和海岸地区的水力及其相关现象的平面二维仿真模拟。MIKE21 采用标准的二维模拟技术为设计者提供独特灵活的仿真模拟环境，可进行水利、港口工程设计及规划，复杂条件下的水流计算、洪水淹没计算，泥沙沉积与传输模拟，水质模拟预报，以及环境治理规划等多方面研究应用。

(1)二维潮流及扩散基本方程

①连续方程：

$$\frac{\partial h}{\partial t}+\frac{\partial(Hu)}{\partial x}+\frac{\partial(Hv)}{\partial y}=0 \tag{3-1}$$

②运动方程：

$$\begin{cases}\dfrac{\partial u}{\partial t}+u\dfrac{\partial u}{\partial x}+v\dfrac{\partial u}{\partial y}+g\dfrac{\partial h}{\partial x}-fv+g\dfrac{u\sqrt{u^2+v^2}}{C^2H}=0\\[2ex]\dfrac{\partial v}{\partial t}+u\dfrac{\partial v}{\partial x}+v\dfrac{\partial v}{\partial y}+g\dfrac{\partial h}{\partial y}+fu+g\dfrac{v\sqrt{u^2+v^2}}{C^2H}=0\end{cases} \tag{3-2}$$

式中：h——水位，m；

H——水深，m；

u、v——x、y(即东、北)方向的流速分量，m/s；

f——柯氏力系数，s^{-1}，$f=2\omega\sin\varphi$，其中 ω 为地球自转角速度，φ 为计算域平均纬度；

C——谢才系数，$m^{1/2}/s$，$C=H^{16}/n$，n 为曼宁系数；

t——时间，s；

g——重力加速度，m/s^2。

(2)定解条件

①初始条件：

$$\begin{cases}u(x,y)\mid_{t-0}=u_0(x,y)\\v(x,y)\mid_{t=0}=v_0(x,y)\\h(x,y)\mid_{t=0}=h_0(x,y)\end{cases}\tag{3-3}$$

②边界条件：

岸边界：法向流速为0。

水边界：$h_w=h_w(t)$。

(3)水动力条件模拟与验证

①资料选取及控制条件。

为了保证工程海域流场计算的准确性，本次模拟的计算域取自东经117°32′～119°13′，北纬37°50′～39°22′的区域，包括了黄骅港港池、天津港、曹妃甸的海湾海域，最小网格空间步长为50m。通过对该计算域的模拟得到该海区的整体流场特性，并对流速与流向进行了验证。

水下地形采用2015年海军司令部航海保证部海图，水陆边界根据工程建设情况予以修正，模拟流场以此修正后地形为准。

水文资料采用2017年3月27日0:00至4月10日23:50的现场实测潮流潮位资料，共设9个潮流测站和3个潮位测站，计算域及潮流、潮位测站模拟示意图见图3-2。

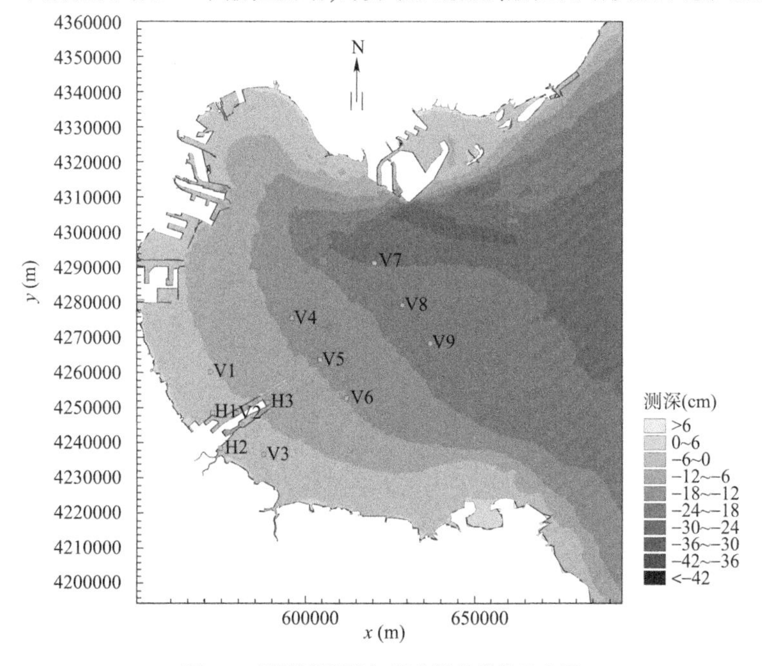

图3-2 计算域及潮流、潮位测站模拟示意图

②验证计算。

由图 3-3 ~ 图 3-6 可知,计算流速值与实测流速值基本吻合,误差控制在 10% 以内,而且流态也较合理,基本能够反映出黄骅港港区附近海域的水流状况,可以作为进一步分析计算的基础资料。

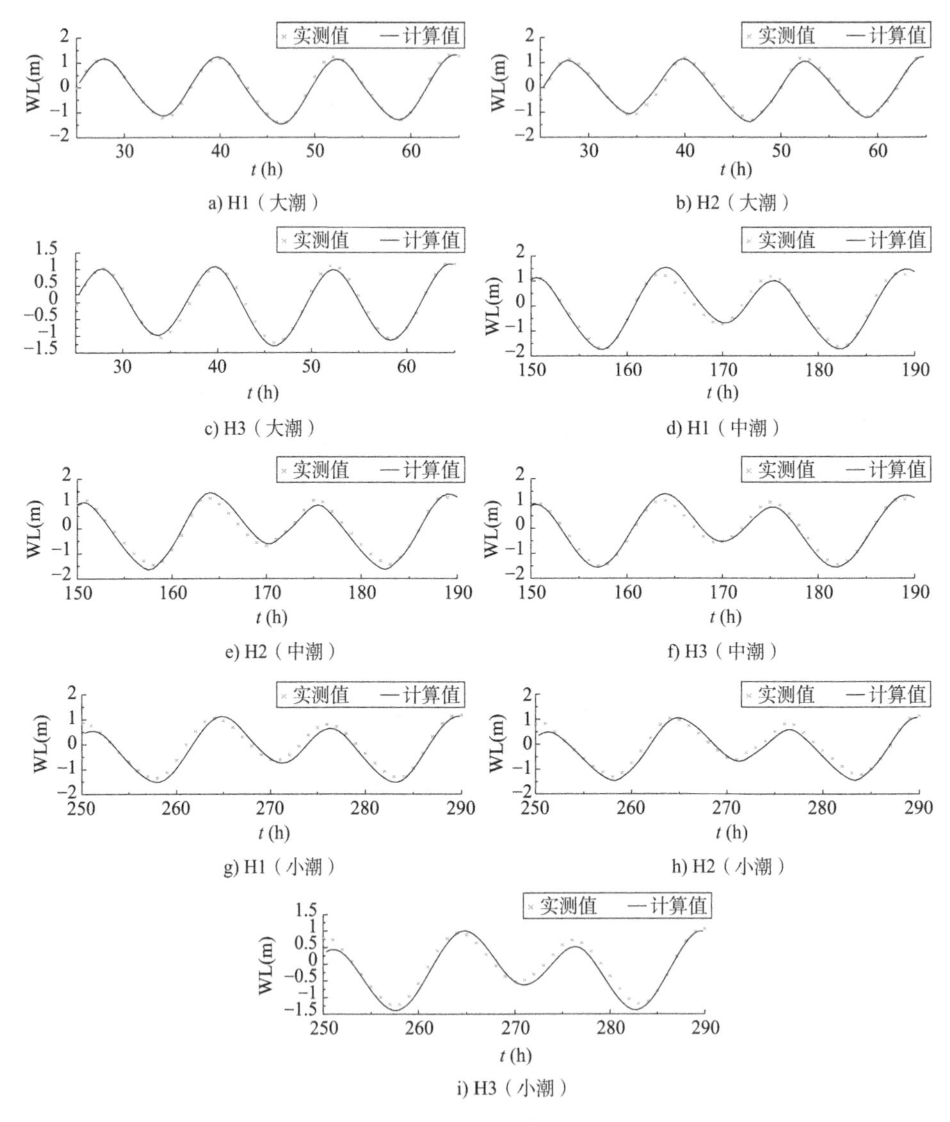

图 3-3 潮位验证曲线图

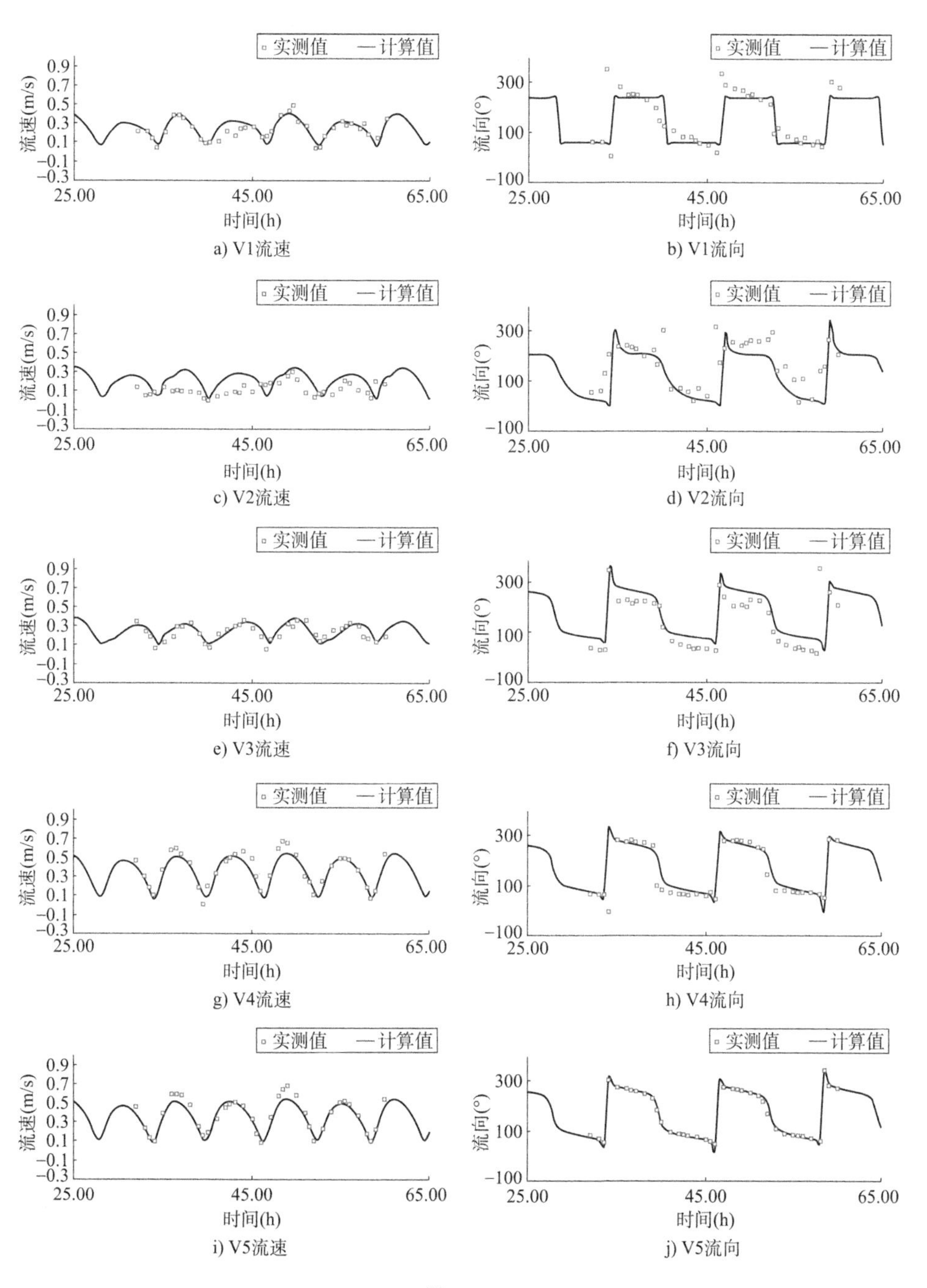

实测值
计算值
流速(m/s)
流向(°)
时间(h)
25.00
45.00
65.00
a) V1流速
b) V1流向
c) V2流速
d) V2流向
e) V3流速
f) V3流向
g) V4流速
h) V4流向
i) V5流速
j) V5流向

图 3-4

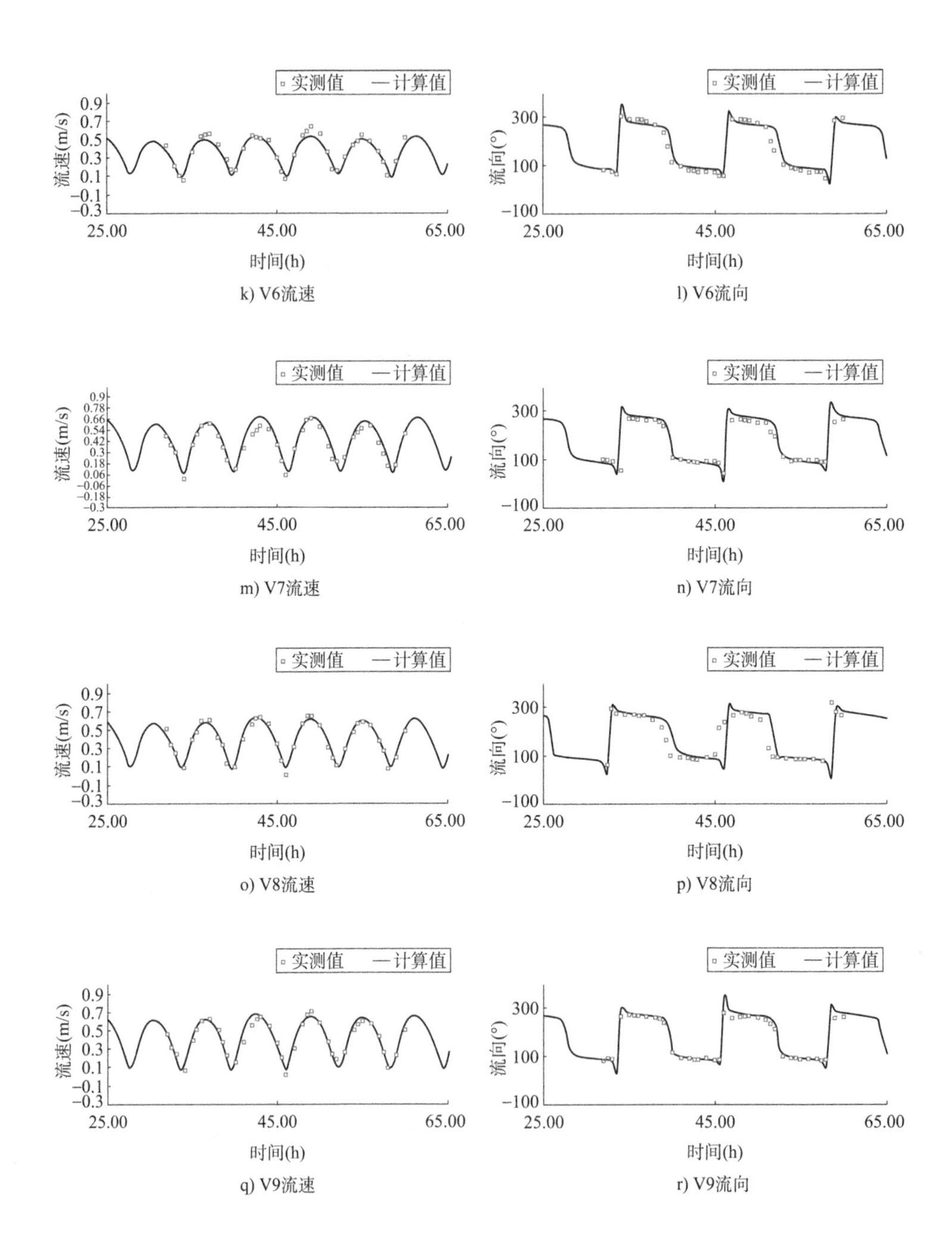

图 3-4　大潮的潮流验证曲线

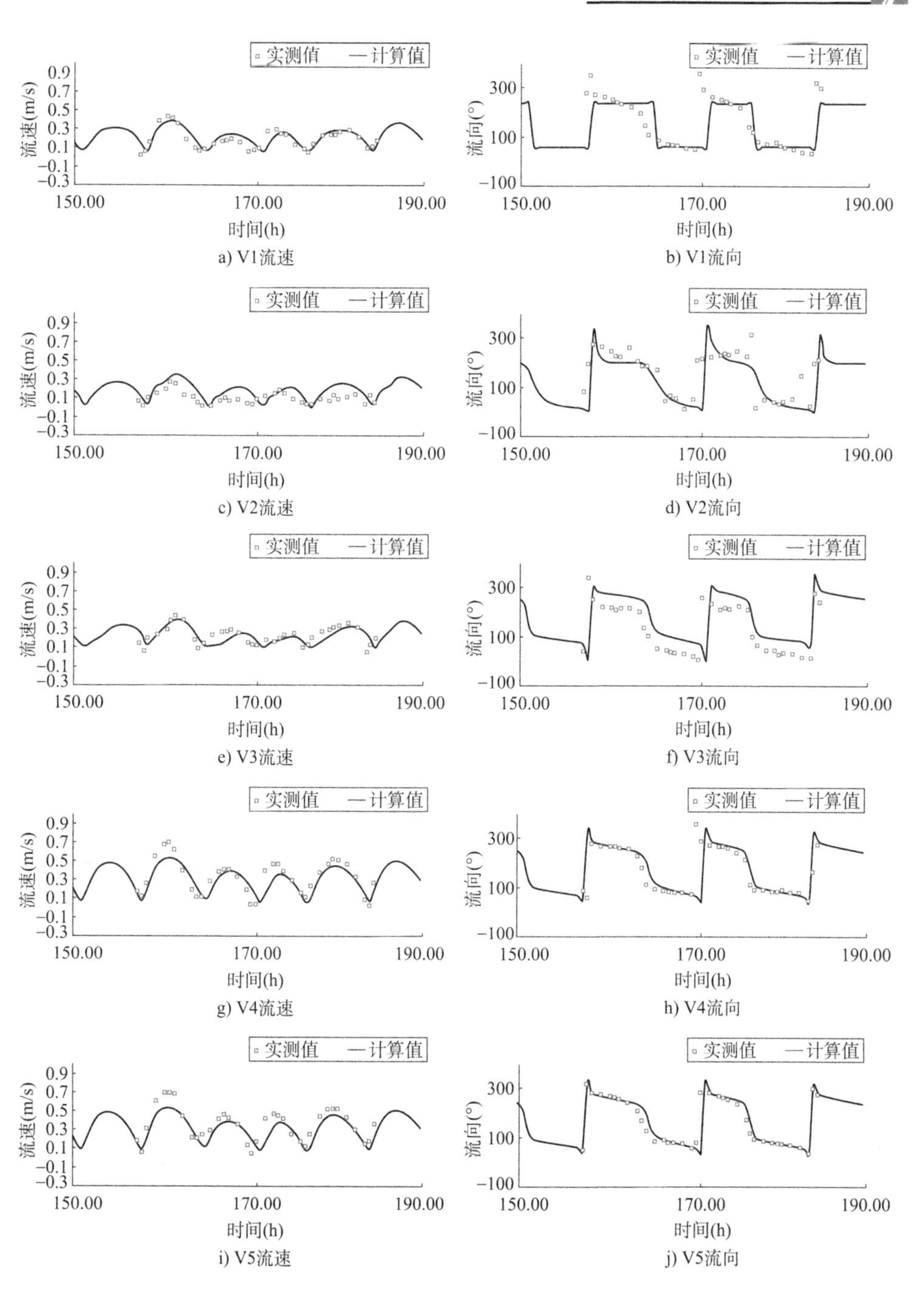

a) V1流速　b) V1流向

c) V2流速　d) V2流向

e) V3流速　f) V3流向

g) V4流速　h) V4流向

i) V5流速　j) V5流向

图 3-5

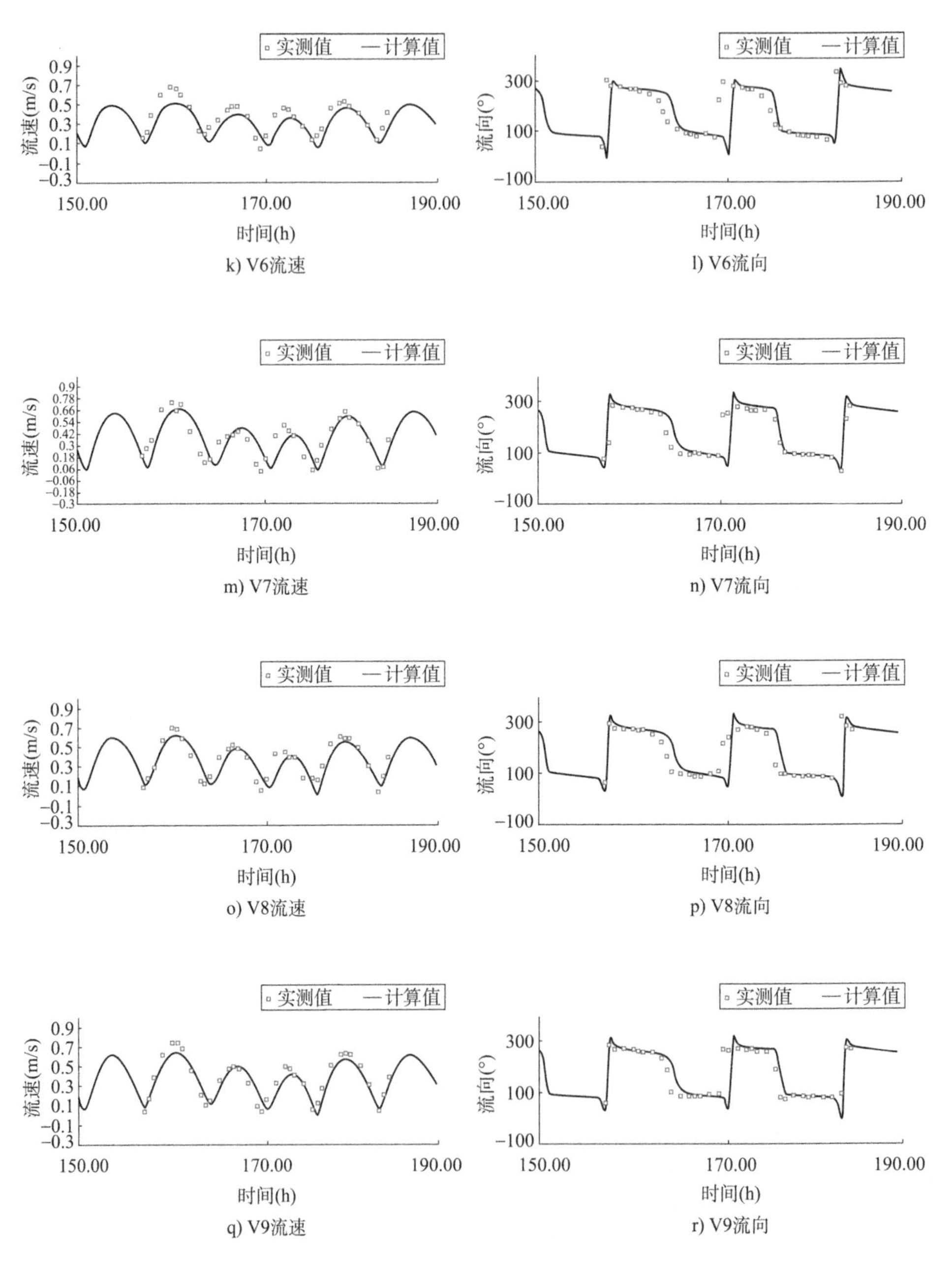

图 3-5　中潮的潮流验证曲线

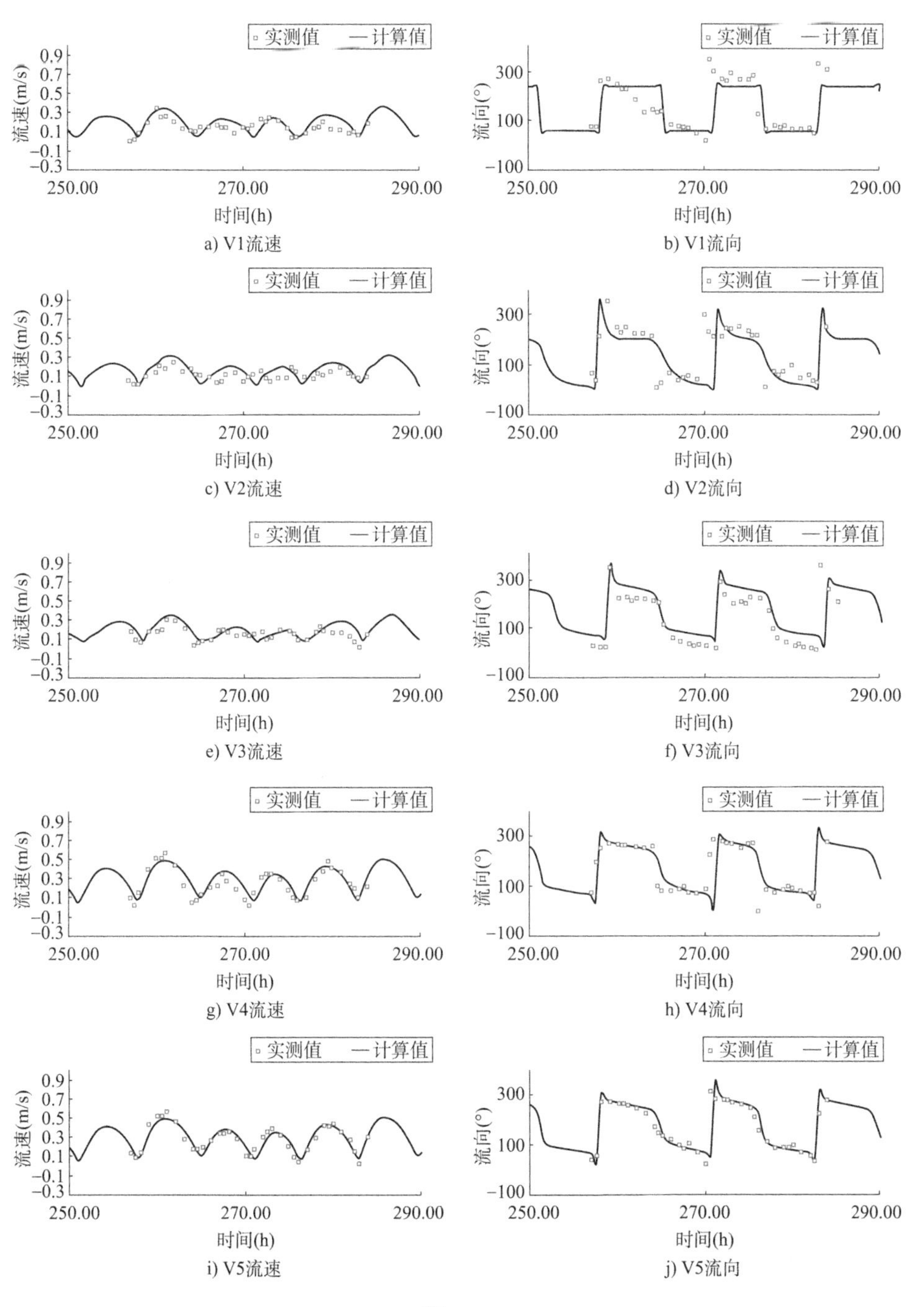

a) V1流速 b) V1流向 c) V2流速 d) V2流向 e) V3流速 f) V3流向 g) V4流速 h) V4流向 i) V5流速 j) V5流向

图 3-6

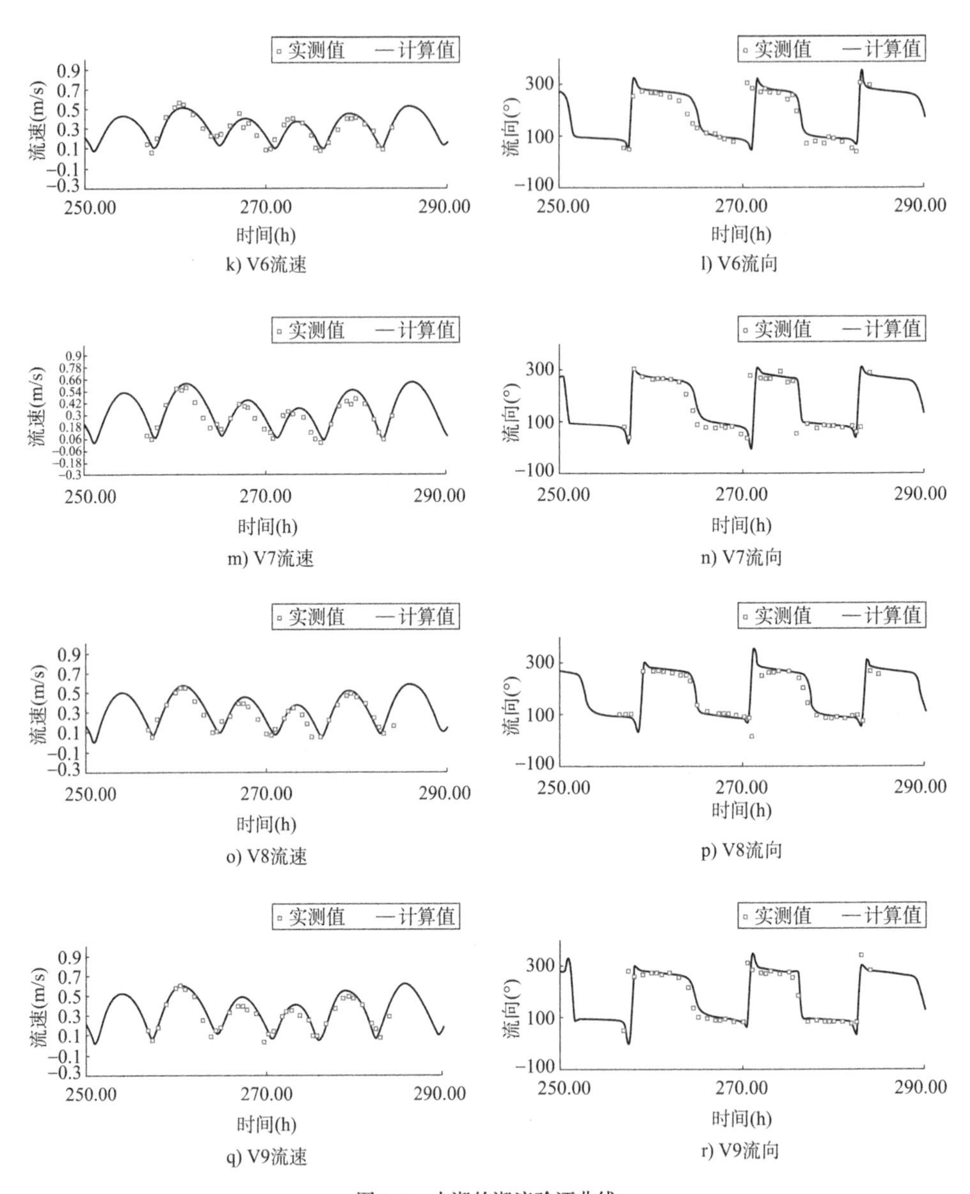

图 3-6 小潮的潮流验证曲线

2. 模拟工况

围填海实施前：由于渤海新区于 2007 年成立，围填海实施前工况采用 2007 年的地形和水深数据。

围填海实施后:工况采用现状地形和水深数据。

3. 流场计算结果及分析

对渤海新区围填海工程实施前后的流场进行对比分析,在项目周边海域选取了若干特征点,特征点分布见图3-7,特征点流速、流向变化的数值模拟结果见表3-3。

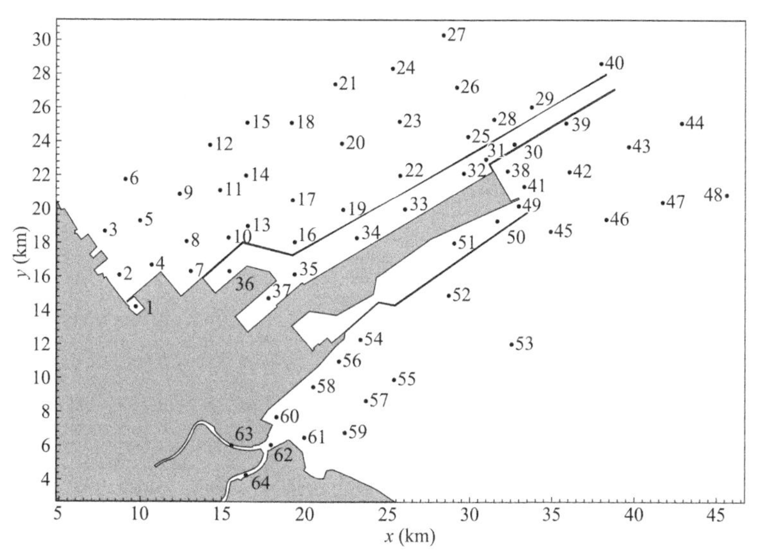

图3-7 流速变化特征点位模拟示意图

特征点流速、流向变化 表3-3

序号	填海前				填海后				变化值			
	涨急		落急		涨急		落急		涨急		落急	
	流速(m/s)	流向(°)	流速(m/s)	流向(°)	流速(m/s)	流向(°)	流速(m/s)	流向(°)	流速(m/s)	流向(°)	流速(m/s)	流向(°)
1	0.11	289.87	0.04	98.02	0.16	133.56	0.04	314.92	0.05	-156.31	0.00	216.89
2	0.13	207.35	0.08	24.47	0.22	195.66	0.10	16.62	0.09	-11.69	0.02	-7.85
3	0.15	213.83	0.09	31.65	0.17	211.99	0.10	37.14	0.01	-1.84	0.00	5.49
4	0.20	226.43	0.13	44.26	0.28	235.08	0.16	55.99	0.07	8.64	0.03	11.73
5	0.22	227.75	0.14	48.72	0.23	233.77	0.15	55.13	0.01	6.02	0.00	6.41
6	0.23	229.97	0.15	50.99	0.23	234.91	0.15	55.68	0.00	4.93	0.00	4.69
7	0.20	229.20	0.14	48.74	0.15	235.77	0.10	56.78	-0.05	6.57	-0.04	8.04
8	0.23	229.10	0.15	49.37	0.22	237.27	0.14	59.99	-0.01	8.18	-0.01	10.63

续上表

序号	填海前				填海后				变化值			
	涨急		落急		涨急		落急		涨急		落急	
	流速(m/s)	流向(°)	流速(m/s)	流向(°)	流速(m/s)	流向(°)	流速(m/s)	流向(°)	流速(m/s)	流向(°)	流速(m/s)	流向(°)
9	0.25	233.38	0.17	54.51	0.25	241.31	0.17	61.74	0.00	7.93	0.00	7.24
10	0.26	230.21	0.17	48.05	0.28	234.57	0.18	54.40	0.03	4.36	0.01	6.35
11	0.27	234.41	0.19	54.61	0.28	246.04	0.19	64.44	0.00	11.63	0.00	9.82
12	0.29	235.86	0.20	55.79	0.28	243.85	0.19	62.99	-0.01	8.00	0.00	7.20
13	0.27	237.49	0.18	57.00	0.29	263.07	0.20	78.27	0.02	25.58	0.02	21.27
14	0.30	236.52	0.21	56.95	0.29	248.17	0.20	67.53	-0.01	11.65	-0.01	10.58
15	0.31	239.58	0.22	60.21	0.30	246.59	0.21	67.04	-0.01	7.01	-0.01	6.83
16	0.26	231.41	0.18	52.35	0.17	249.53	0.11	72.97	-0.09	18.12	-0.06	20.62
17	0.30	234.69	0.21	55.48	0.26	247.11	0.18	67.85	-0.04	12.41	-0.03	12.36
18	0.34	239.71	0.24	60.25	0.32	245.01	0.22	66.06	-0.02	5.31	-0.02	5.81
19	0.32	232.77	0.21	54.68	0.27	241.36	0.19	61.57	-0.05	8.59	-0.03	6.90
20	0.37	241.13	0.25	60.38	0.34	244.60	0.23	64.40	-0.03	3.47	-0.02	4.02
21	0.37	242.55	0.26	62.42	0.35	245.43	0.25	65.89	-0.02	2.88	-0.01	3.47
22	0.34	241.72	0.25	63.52	0.32	242.48	0.23	63.10	-0.03	0.77	-0.02	-0.41
23	0.39	244.11	0.28	63.60	0.37	244.41	0.26	64.95	-0.02	0.29	-0.02	1.35
24	0.40	245.65	0.28	63.94	0.39	247.66	0.27	66.04	-0.01	2.00	-0.01	2.10
25	0.42	246.89	0.30	56.10	0.43	250.87	0.29	56.90	0.01	3.97	-0.01	0.80
26	0.41	250.87	0.30	66.01	0.41	255.67	0.29	67.95	0.00	4.81	-0.01	1.95
27	0.41	249.45	0.30	66.52	0.40	252.95	0.29	68.71	-0.01	3.50	-0.01	2.19
28	0.40	261.48	0.29	71.34	0.41	273.36	0.30	73.63	0.01	11.88	0.00	2.30
29	0.39	259.48	0.29	74.13	0.36	268.18	0.28	82.78	-0.03	8.70	-0.01	8.65
30	0.38	262.85	0.27	72.85	0.34	282.71	0.26	85.43	-0.03	19.86	-0.01	12.58
31	0.52	253.50	0.37	62.84	0.77	257.89	0.58	49.18	0.25	4.40	0.21	-13.66
32	0.33	242.60	0.26	60.40	0.39	225.61	0.24	56.20	0.06	-16.99	-0.01	-4.20
33	0.48	242.16	0.34	62.36	0.33	242.61	0.26	63.12	-0.15	0.44	-0.08	0.75
34	0.34	228.35	0.22	51.09	0.24	239.29	0.18	62.19	-0.10	10.94	-0.04	11.10
35	0.31	230.67	0.22	49.10	0.17	241.98	0.13	62.92	-0.14	11.31	-0.09	13.81

续上表

序号	填海前				填海后				变化值			
	涨急		落急		涨急		落急		涨急		落急	
	流速（m/s）	流向（°）	流速（m/s）	流向（°）	流速（m/s）	流向（°）	流速（m/s）	流向（°）	流速（m/s）	流向（°）	流速（m/s）	流向（°）
36	0.20	232.15	0.14	53.18	0.06	225.59	0.04	48.70	-0.14	-6.56	-0.09	-4.48
37	0.32	237.68	0.19	57.81	0.06	233.87	0.04	59.02	-0.26	-3.80	-0.15	1.20
38	0.43	257.78	0.29	66.20	0.27	310.62	0.05	308.56	-0.17	52.84	-0.24	242.36
39	0.42	260.03	0.32	75.64	0.38	263.61	0.28	81.40	-0.04	3.58	-0.04	5.77
40	0.45	260.64	0.33	76.18	0.42	262.66	0.31	78.38	-0.02	2.02	-0.02	2.21
41	0.45	267.66	0.29	69.41	0.21	267.73	0.04	330.55	-0.24	0.07	-0.24	261.13
42	0.41	254.34	0.32	71.49	0.35	253.32	0.26	67.40	-0.06	-1.02	-0.06	-4.08
43	0.45	253.63	0.35	70.82	0.42	253.67	0.33	70.42	-0.03	0.03	-0.03	-0.40
44	0.45	257.31	0.37	71.99	0.43	257.48	0.36	71.94	-0.02	0.17	-0.02	-0.05
45	0.32	254.97	0.29	51.00	0.32	243.50	0.30	47.88	0.00	-11.47	0.02	-3.12
46	0.38	257.72	0.29	71.87	0.35	254.74	0.27	66.57	-0.03	-2.99	-0.02	-5.31
47	0.41	257.28	0.31	71.69	0.38	256.22	0.30	69.95	-0.02	-1.06	-0.02	-1.74
48	0.42	256.70	0.33	71.70	0.41	256.15	0.32	71.07	-0.02	-0.55	-0.01	-0.63
49	0.44	251.14	0.27	62.61	0.41	242.06	0.27	60.53	-0.03	-9.08	0.00	-2.09
50	0.30	235.83	0.19	60.02	0.30	238.35	0.18	60.03	-0.01	2.52	0.00	0.01
51	0.23	240.32	0.14	63.01	0.22	240.50	0.14	63.26	-0.01	0.18	0.00	0.25
52	0.34	238.34	0.28	57.20	0.34	238.12	0.28	57.03	0.00	-0.22	0.00	-0.17
53	0.35	237.45	0.29	54.51	0.35	235.90	0.29	53.78	0.00	-1.55	0.00	-0.74
54	0.22	229.48	0.18	47.59	0.22	228.35	0.18	46.49	0.00	-1.13	0.00	-1.10
55	0.28	228.37	0.22	47.93	0.28	227.60	0.22	47.08	0.00	-0.77	0.00	-0.85
56	0.24	225.49	0.20	44.78	0.27	221.90	0.22	44.43	0.03	-3.60	0.02	-0.35
57	0.25	222.54	0.19	45.82	0.26	221.88	0.19	45.08	0.00	-0.66	0.00	-0.74
58	0.20	231.52	0.16	49.09	0.20	231.60	0.16	49.58	-0.01	0.08	0.00	0.49
59	0.16	221.83	0.13	45.00	0.16	220.78	0.12	43.72	0.00	-1.05	0.00	-1.28
60	0.10	214.48	0.08	32.97	0.09	197.48	0.07	10.77	-0.01	-17.00	-0.01	-22.21
61	0.09	222.70	0.07	59.28	0.09	217.31	0.07	54.80	0.00	-5.39	0.00	-4.48
62	0.24	232.64	0.27	54.19	0.25	232.71	0.27	54.52	0.01	0.08	0.00	0.32
63	0.25	296.98	0.27	118.60	0.26	297.03	0.27	118.60	0.01	0.06	0.00	0.00
64	0.26	235.97	0.28	63.28	0.28	236.11	0.28	63.26	0.01	0.14	0.00	-0.02

流向变化：填海造地后水流由填海前的向岸流动变为沿建筑物边缘流动。涨潮时，东北侧来的水体沿黄骅港南防沙堤向北流动，自防波堤口门进入黄骅港向港池内填充；落潮时，西侧来的落潮流离岸流向东北偏东方向，由于基本沿着黄骅港岸线边界，落潮期水流相对平顺。

流速变化：由于填海区的阻挡作用，无论是涨急还是落急，黄骅港港池内、黄骅港南防沙堤东侧海域流速均有所减小，其中黄骅港南防沙堤东侧海域流速减小的幅度较大，约0.36m/s，流速减小超过0.2m/s的海域面积为69.21km²（涨急）和32.58km²（落急）；黄骅港防波堤口门及其附近流速有所增大，流速增大的幅度最大可达0.32m/s，流速增大大于或等于0.1m/s的海域面积为6.03km²（涨急）和34.74km²（落急），具体见表3-4；除上述海域外，其他海域流速变化较小，绝大部分海域流速变化小于0.02m/s。

填海后流速变化海域面积统计 表3-4

流速变化范围（m/s）	面积（km²）		
	涨急	落急	平均值
$\Delta v>0.1$	6.03	34.74	3.87
$0.05\leqslant\Delta v\leqslant0.1$	49.50	114.84	23.04
$0.03\leqslant\Delta v\leqslant0.05$	101.70	222.39	31.14
$0.02\leqslant\Delta v\leqslant0.03$	120.69	381.96	46.62
$-0.03\leqslant\Delta v\leqslant-0.02$	499.05	198.09	385.20
$-0.05\leqslant\Delta v\leqslant-0.03$	297.81	156.69	246.87
$-0.1\leqslant\Delta v\leqslant-0.05$	215.91	236.97	240.48
$-0.2\leqslant\Delta v\leqslant-0.1$	251.55	184.32	112.05
$\Delta v<-0.2$	69.21	32.58	16.56
合计	1611.45	1562.58	1105.83

填海活动对各分区具体影响见表3-5。

填海工程对周边海域水动力条件影响 表3-5

分区	序号	影响程度
综合保税区西侧	1	涨急和落急流速均有所增加，流速变化不超过0.1m/s，流向变化也较小，除了渤海新区突堤口门内，其他区域流向变化小于20°
	2	
	3	

续上表

分区	序号	影响程度
综合保税区北侧	4	涨急和落急流速均有所增加,流速变化不超过0.01m/s,流向变化也较小,流向变化小于20°
	5	
	6	
北围堰凹折角	7	涨急和落急流速均有所减小,流速变化不超过0.1m/s,流向变化也较小,流向变化小于20°
	8	
	9	
北围堰凸折角	10	涨急和落急流速均有所增加,流速变化不超过0.05m/s,流向沿防波堤方向变化
	11	
	12	
	13	
北防沙堤北侧	14	涨急和落急流速变化较小,靠近北防沙堤特征点流速减小,流向沿防波堤方向变化,流向变化小于20°
	15	
	16	
	17	
	18	
	19	
	20	
	21	
	22	
	23	
	24	
黄骅港防波堤口门	25	口门流速增大,最大增加0.25m/s,其他特征点流速变化不超过0.05m/s,潮流沿防波堤口门流向港池,受南防沙堤挑流影响,口门外流向变化较大
	26	
	27	
	28	
	29	
	30	
	31	
	32	

续上表

分区	序号	影响程度
黄骅港港池内	33	涨急和落急流速减小，最大减小 0.26m/s，流向与主航道方向一致，流向变化小于 20°
	34	
	35	
	36	
	37	
南防沙堤东侧	38	涨急和落急流速有不同程度减小，涨潮流沿南防沙堤向北分流，流向变化较大
	39	
	40	
	41	
	42	
	43	
	44	
	45	
	46	
	47	
	48	
神华码头防波堤内	49	流速、流向变化不大，流向变化最大的特征点在口门附近；涨潮期，受北侧南防沙堤分流影响，流向变化在 10°以内
	50	
	51	
黄骅港南侧水域	52	流速、流向变化不大，主要为两个填海图斑附近局部流速有变化
	53	
	54	
	55	
	56	
	57	
	58	
	59	
	60	
	61	
大口河	62	平均流速增大约 0.5cm/s，通道内流速增大约 0.3cm/s，流向基本没有变化

3.1.3 波浪传播影响研究

1.近岸波浪传播数学模型计算

波浪传播数学模型采用 MIKE21 SW 模块,模型计算考虑了波浪传播中的折射、底摩擦、浅水变形、波浪破碎、非线性作用,计算采用非结构三角形网格。

SW 模型控制方程为

$$\frac{\partial}{\partial t}N + \frac{\partial}{\partial x}C_x N + \frac{\partial}{\partial y}C_y N + \frac{\partial}{\partial \sigma}C_\sigma N + \frac{\partial}{\partial \theta}C_\theta N = \frac{S}{\sigma} \tag{3-4}$$

$$(C_x, C_y) = \frac{\mathrm{d}\vec{x}}{\mathrm{d}t} = \vec{C}_g + \vec{U} \tag{3-5}$$

$$C_\sigma = \frac{\mathrm{d}\sigma}{\mathrm{d}t} = \frac{\partial \sigma}{\partial d}\left(\frac{\partial d}{\partial t} + \vec{U} \cdot \nabla_{\vec{x}} d\right) - \vec{C}_g \vec{k} \cdot \frac{\partial \vec{U}}{\partial s} \tag{3-6}$$

$$C_\theta = \frac{\mathrm{d}\theta}{\mathrm{d}t} = -\frac{1}{k}\left(\frac{\partial \sigma}{\partial d}\frac{\partial d}{\partial m} + \vec{k} \cdot \frac{\partial \vec{U}}{\partial m}\right) \tag{3-7}$$

式中: N——动谱密度;

C_x、C_y、C_σ、C_θ——波群在四个方向 x、y、σ、θ 上的传播速度,x、y、σ 分别为横向、纵向、垂向,θ 为垂直于波浪的方向;

C_g——波群速度;

t——时间;

$\vec{x}$——笛卡儿坐标系;

$\vec{k}$——流速;

d——水深;

$\vec{U}$——流速矢量;

∇——微分算子;

s——波浪的传播方向;

θ、m——垂直于 s 的方向;

$\nabla_{\vec{x}}$——在 $\vec{x}$ 空间上的二维微分算子;

S——能量平衡方程中的源项,其中包括风能输入、非线性波相互作用、白浪、底摩阻及破碎耗散项。

风能输入项形式为

$$S_{\mathrm{wind}}(f,\theta) = \gamma E(f,\theta) \tag{3-8}$$

$$\gamma = \begin{cases} \left(\dfrac{\rho_{\mathrm{a}}}{\rho_{\mathrm{w}}}\right)\left[\dfrac{1.2}{\kappa^2}\mu\,(\ln\mu)^4\right]\sigma\left[\left(\dfrac{u_*}{c} + 0.011\right)\cos(\theta - \theta_{\mathrm{w}})\right]^2 & (\mu \leqslant 1) \\ 0 & (\mu > 1) \end{cases} \tag{3-9}$$

$$\mu = kz_0 e^{\kappa/x} \tag{3-10}$$

$$x = \left(\frac{u_*}{c} + 0.011\right)\cos(\theta - \theta_w) \tag{3-11}$$

式中：θ、θ_w——波向角和风向角；

u_*——风速；

ρ_a、ρ_w——空气的密度和水的密度；

$\kappa = 0.41$，k 为冯·卡门常数；

k——波数；

c——波速；

μ——无量纲临界高度；

γ——波浪增长率；

z_0——粗糙度长度；

S_{wind}——风能平衡源项；

f——角频率；

E——能量密度；

σ——相对角频率；

x——横向传播速度。

2. 计算条件

参考《黄骅港综合港区起步工程波浪数学模型研究报告》中 -10m 等深线处的波浪要素（表3-6），利用波浪传播数学模型对 -10m 等深线处的波浪要素进行计算。本港区主要受 NE-E 向波浪作用，NE 向为强浪向，E 向为次强浪向。

-10m 等深线处波浪要素 表3-6

方向	重现期（年）	$H_{13\%}$（m）	T（s）
E	50	4.1	8.4
NE	50	4.9	9

此处主要考虑50年一遇极端高水位（5.61m），计算黄骅港围填海工程建设前后波浪要素。

3. 黄骅港围填海实施前后影响

围填海工程实施前后50年一遇极端高水位 E、NE 向有效波高分布模拟示意图如图3-8～图3-11所示。从计算结果看，黄骅港海域各方向波高均呈现外海大、近岸小的分布规律，较好地反映了该海域波浪自海向岸的传播过程。由于外海坡度较缓，波浪衰减不是很明显，而到近岸区域水深变浅、岸坡变陡，波高衰减速度加快，

波高快速降低。在 E、NE 向波浪作用下，波浪到达黄骅港防沙堤东端时 $H_{13\%}$ 分别在 3.6m 和 4m 左右。

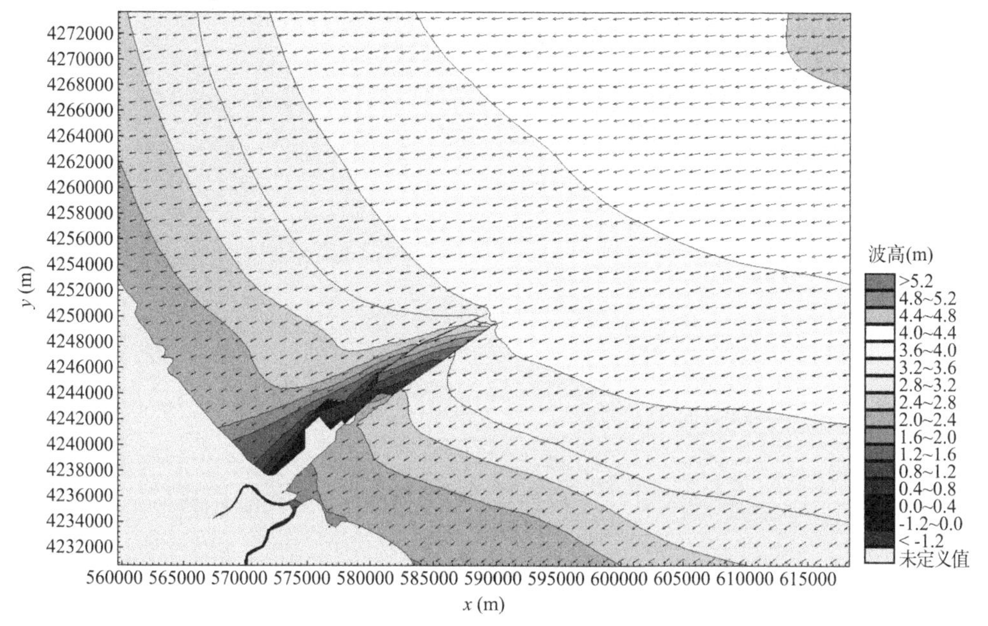

图 3-8 填海前 50 年一遇极端高水位 E 向有效波高分布模拟示意图

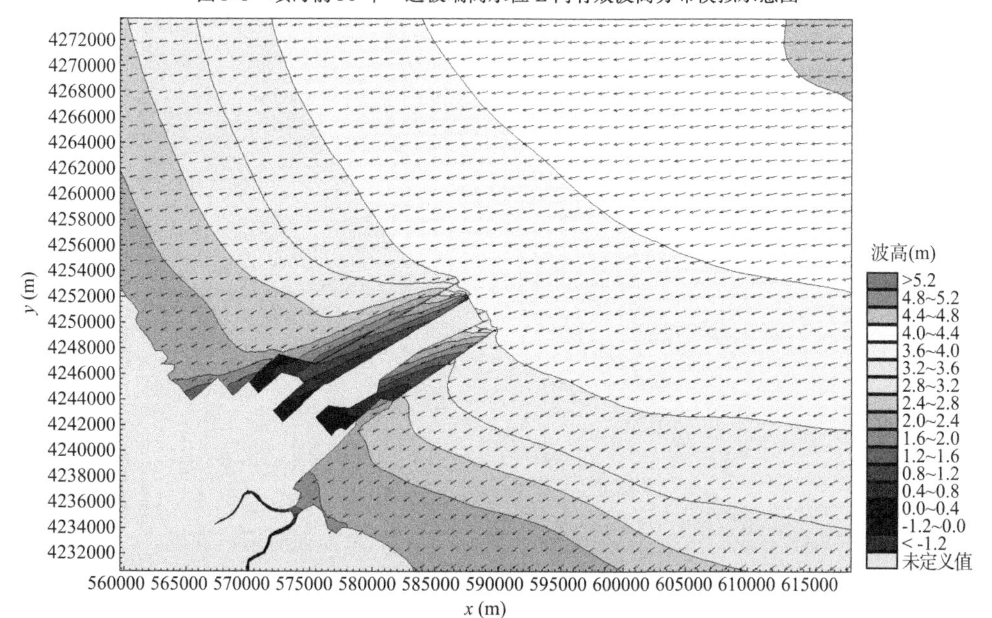

图 3-9 填海后 50 年一遇极端高水位 E 向有效波高分布模拟示意图

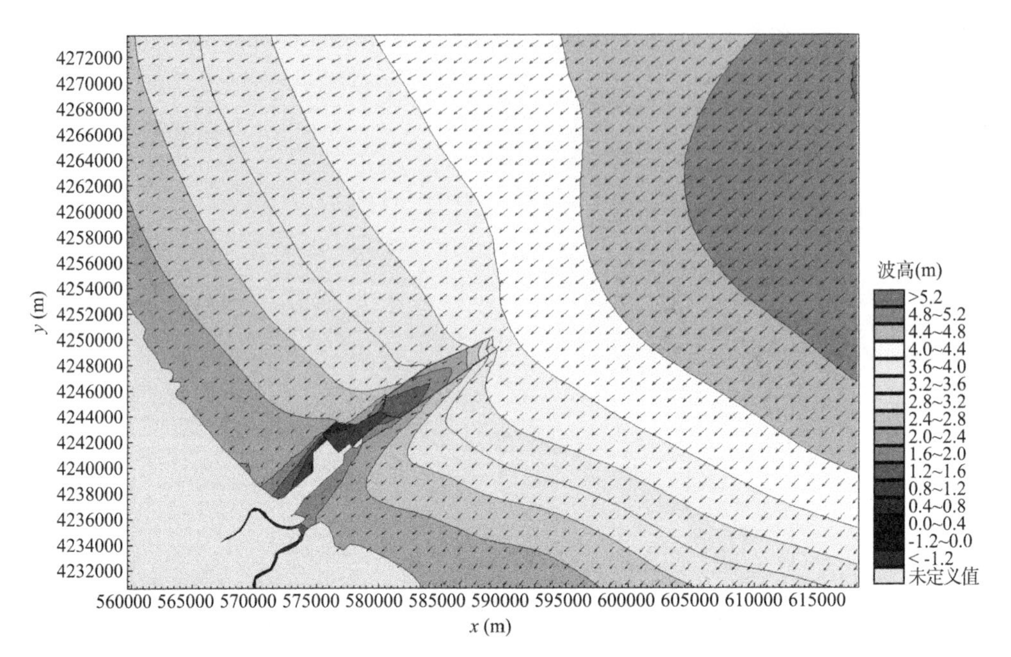

图 3-10　填海前 50 年一遇极端高水位 NE 向有效波高分布模拟示意图

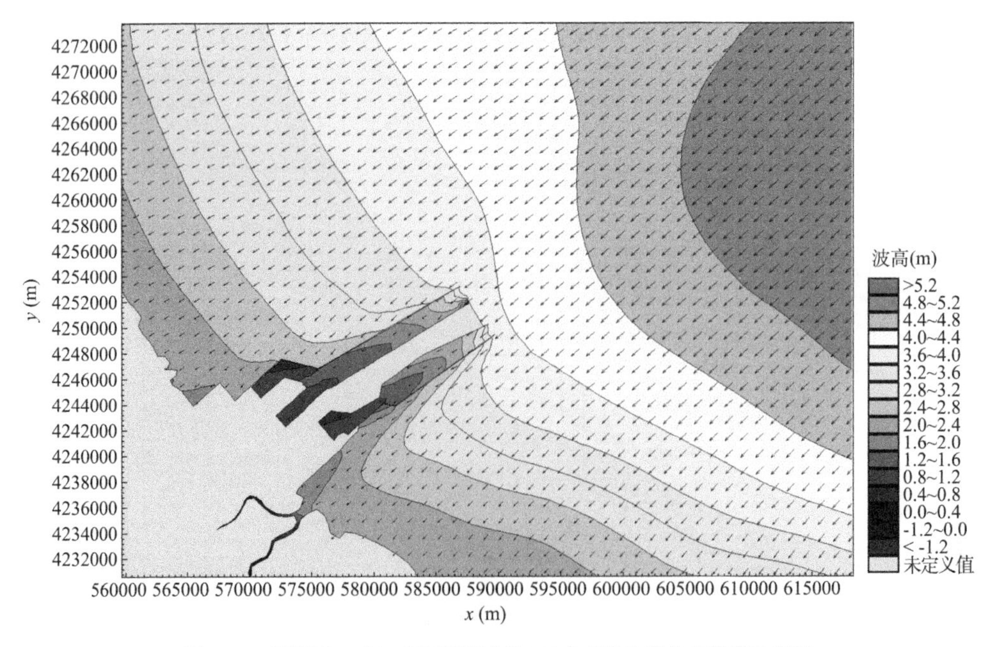

图 3-11　填海后 50 年一遇极端高水位 NE 向有效波高分布模拟示意图

图3-12、图3-13为围填海工程实施前后周边海域E向、NE向波浪的有效波高变化等值线图。从图中可以看出,由于围填海工程的阻挡作用,黄骅港港池内有效波高明显减小,减幅基本在1~2m之间;港区北侧由于围填海工程的阻挡作用,有效波高减小明显,其中E向波浪作用下有效波高减幅最大为1.4m,NE向波浪作用下有效波高减幅最大为0.5m,减幅大于0.1m。E向波浪最大的区域为北防沙堤北侧7.5km范围内,影响面积约75.2km^2,NE向波浪最大的区域为北防沙堤北侧1.7km范围内,影响面积约23.3km^2,除此之外大部分海域的有效波高未发生明显变化。

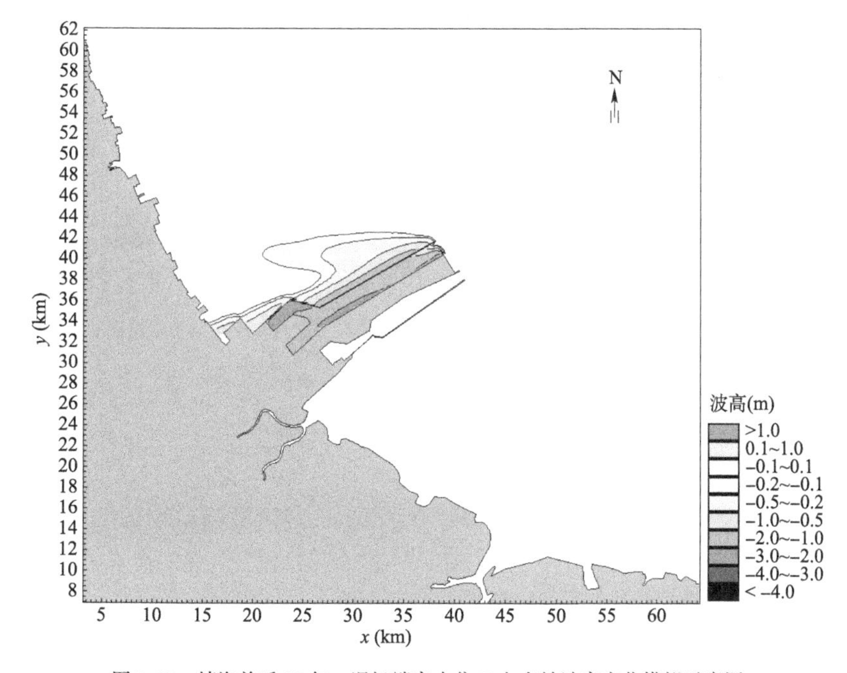

图3-12 填海前后50年一遇极端高水位E向有效波高变化模拟示意图

综合以上分析,黄骅港海域强浪向为NE向,港区东端$H_{13\%}$最大值在4m左右。围填海工程实施后E向波浪作用下有效波高变化大于NE向,黄骅港港池内有效波高减小值基本在1~2m之间,港区北侧由于围填海工程的实施,有效波高明显减小,减幅最大为1.4m,减幅大于0.1m。E向波浪最大的区域为北防沙堤北侧7.5km范围内,影响面积约75.2km^2,NE向波浪最大的区域为北防沙堤北侧1.7km范围内,影响面积约23.3km^2,除此之外大部分海域的有效波高未发生明显变化。

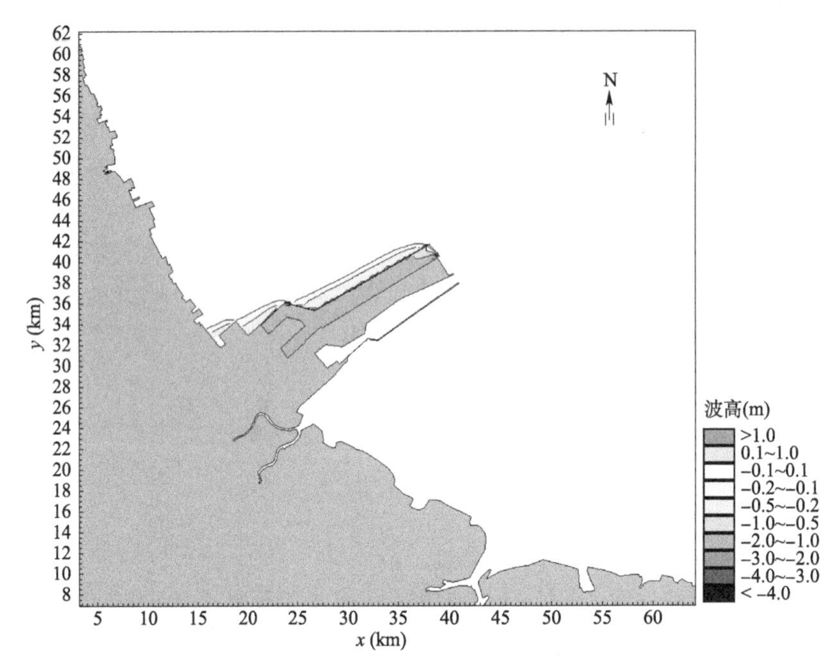

图 3-13　填海前后 50 年一遇极端高水位 NE 向有效波高变化模拟示意图

3.1.4　水体交换能力影响研究

1. 计算模式

在潮流数学模型中，增加物质输移模块，表示一定浓度物质输运的对流扩散方程为

$$\frac{\partial hC}{\partial t}+\frac{\partial huC}{\partial x}+\frac{\partial hvC}{\partial y}=h\frac{\partial}{\partial x}\left(D_{\mathrm{h}}\frac{\partial C}{\partial x}\right)+h\frac{\partial}{\partial y}\left(D_{\mathrm{h}}\frac{\partial C}{\partial y}\right) \tag{3-12}$$

式中：C——水体垂向平均浓度；

D_{h}——水平扩散系数。

2. 黄骅港围填海实施前后水体交换能力影响分析

采用水体交换数学模型，对黄骅港围填海实施前渤海湾内水体与外部交换过程进行模拟。如图 3-14 所示，图中灰色区域表示渤海湾内待交换水体，其浓度为 1，黑色区域表示外部待交换水体，其浓度为 0。在潮汐动力作用下，水体经对流和扩散而发生掺混，浓度将在 0 ~ 1 之间变化。

(1) 围填海实施前

图 3-15 为黄骅港围填海实施前渤海湾换水 6 个月和 12 个月的水体交换效果

模拟示意图。在渤海潮汐动力驱动下,渤海湾内水体不断与外部水体发生交换,1 年后渤海湾内水体浓度普遍小于 0.4,仅黄骅港西北侧和独流减河口局部海域浓度大于 0.5。外部水体浓度逐渐增大,1 年后渤海湾口海域水体浓度为 0.3 左右。

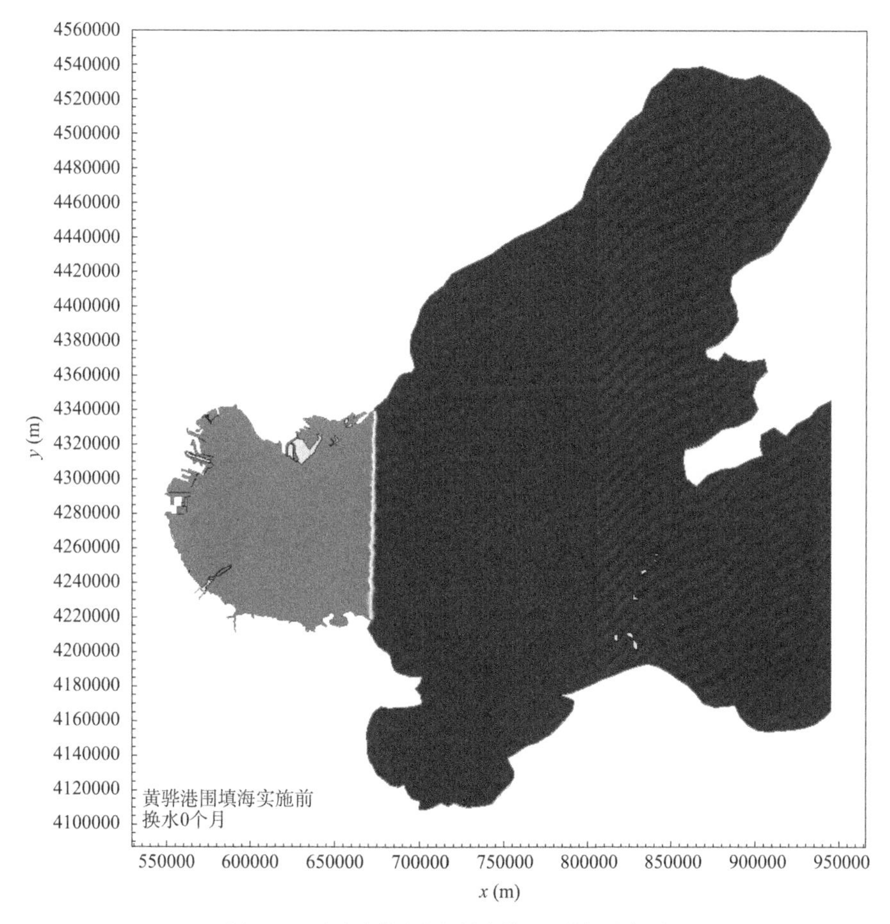

图 3-14 海湾水体交换初始条件设置模拟示意图

(2)围填海实施后

图 3-16 为黄骅港围填海实施后渤海湾换水 6 个月和 12 个月的效果模拟示意图。由图可见,黄骅港围填海实施后,渤海水体交换效果在空间分布和时间分布上并没有明显差别。水体交换 1 年后,渤海湾内水体浓度仍普遍小于 0.45,仅黄骅港北侧和南港工业区南侧的局部海域的水体浓度大于 0.45。交换水体的影响范围西至莱州湾口,北至辽东湾口,与围填海实施前基本相同。

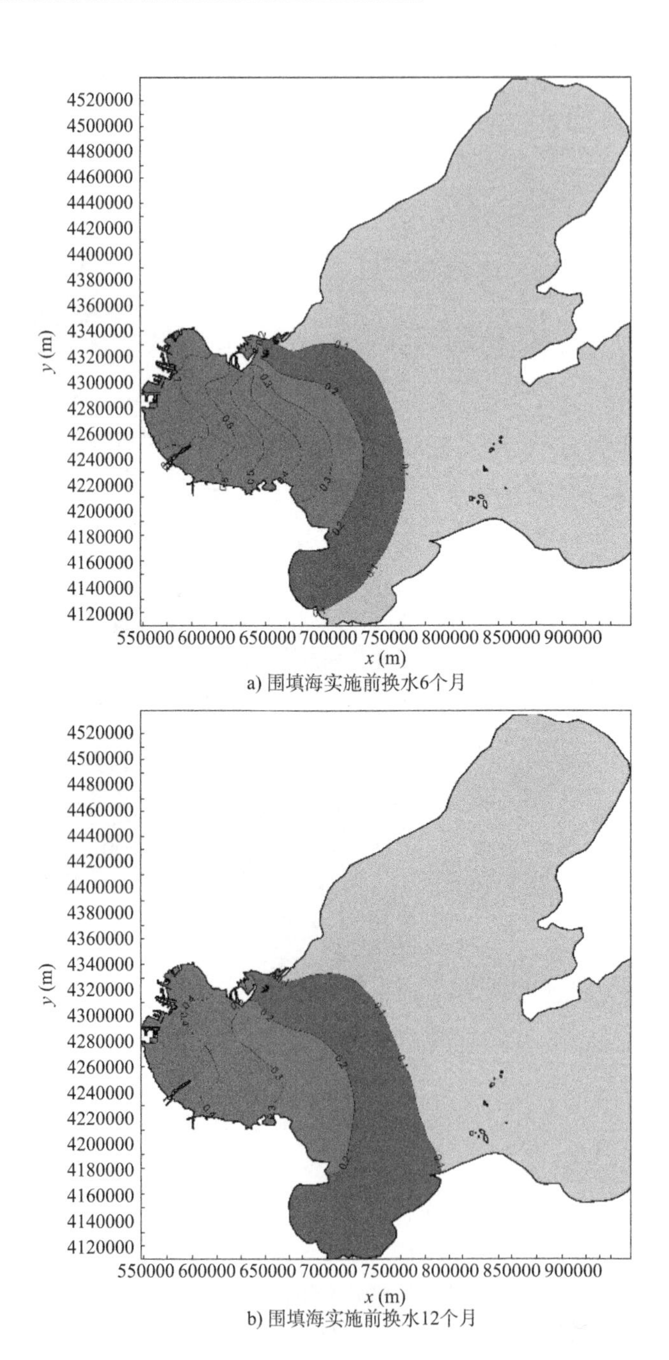

图 3-15　黄骅港围填海实施前渤海湾换水 6 个月和 12 个月效果模拟示意图

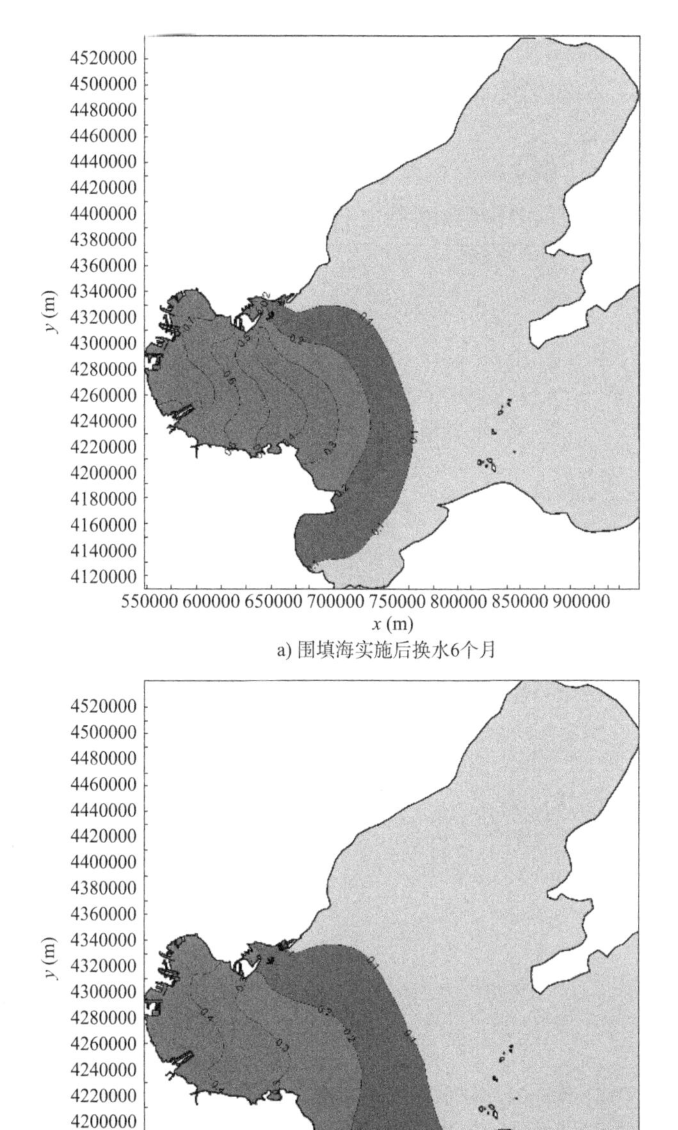

a) 围填海实施后换水6个月

b) 围填海实施后换水12个月

图 3-16 黄骅港围填海实施后渤海湾换水 6 个月和 12 个月效果模拟示意图

(3)围填海实施前后影响分析

换水1年后,在渤海中央海域水体浓度与围填海实施前相比未见明显区别;在黄骅港北侧和南港工业区南侧,由于黄骅港围填海的实施,海域内水体浓度有所增大。

换水率用以表征一定时间内原有水体被交换的比率,可直接反映海域水体交换能力。换水率越大,则水体交换能力越强;换水率越小,则水体交换能力越弱。

图3-17所示为黄骅港围填海实施前后研究范围内换水率局部变化模拟示意图。

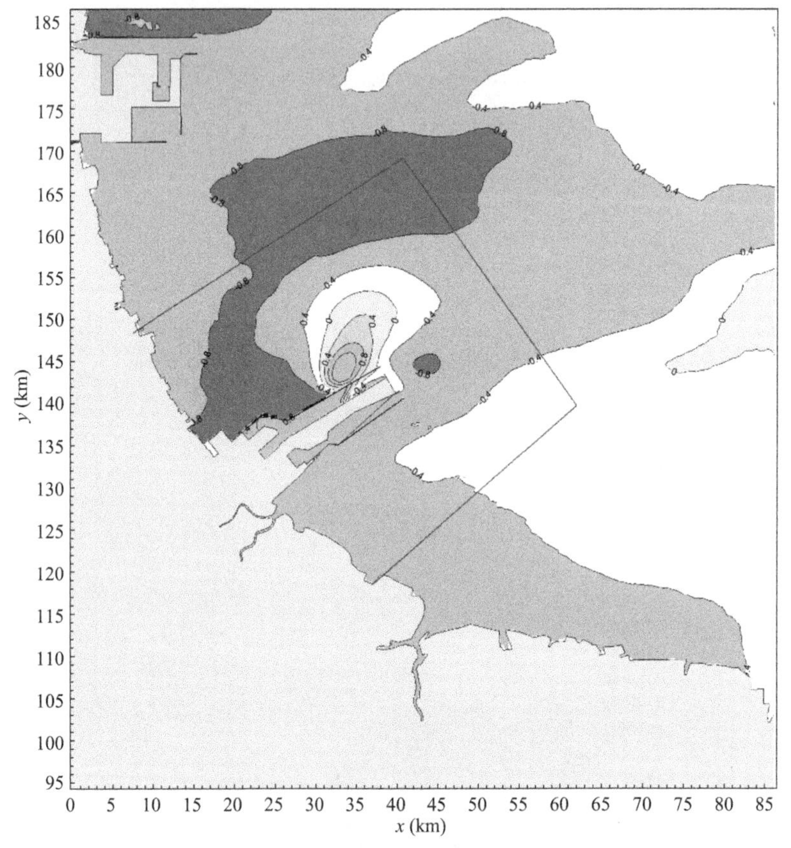

图3-17 黄骅港围填海实施前后研究范围内换水率局部变化模拟示意图

由图3-17可见,渤海新区围填海实施后,研究范围内围填海北侧至南港工业区南侧间、黄骅港东南侧近岸区域的水体交换能力略有减弱,渤海湾中部区域水体交换能力基本未发生太大变化。由于渤海新区围填海是在原黄骅港基础上进行的综合港区建设,综合港区基本沿着原黄骅港的轴线向北进行围填海的实施,虽然对局部区域的水动力会产生影响,但对整个海域水动力影响不大,阻水效应也不明显。研究范围内综合港区口门区域换水率较围填海实施前有所增大,在综合港区

北侧海域换水率略有减小,经统计在研究范围内换水率减小0.8%以上的水域面积为285km^2,其他区域换水率减小幅度较小。

综上分析,渤海新区围填海的实施,使围填海北侧至南港工业区南侧间的水体交换能力以及黄骅港东南侧近岸区域的水体交换能力略有减弱,减小幅度在1%以下,其他区域的水体交换能力基本没有受到影响。

3.1.5 纳潮量影响研究

针对2017年3月实测大潮潮型,分别计算统计了围填海实施前后渤海湾的纳潮量,结合围填海造成的渤海湾内纳潮面积变化,研究围填海实施对渤海湾纳潮量的影响。纳潮量统计断面位于唐山祥云岛至黄河口连线,见图3-18。纳潮量和纳潮面积的统计结果见表3-7。

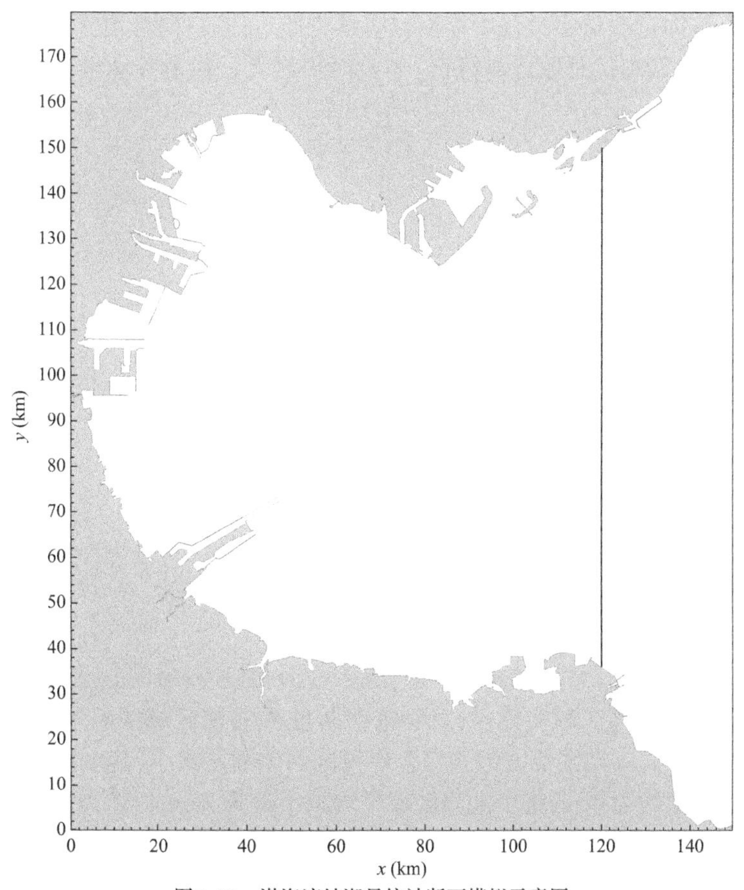

图3-18 渤海湾纳潮量统计断面模拟示意图

围填海工程实施前后渤海湾纳潮量和纳潮面积变化统计结果　　表 3-7

统计参数	实施前	实施后	减幅	减少比例(%)
纳潮量(亿 m^3)	279.27	278.76	-0.51	-0.18
纳潮面积(km^2)	11517.77	11441.68	-76.09	-0.66

统计结果表明,渤海新区围填海实施后,渤海湾纳潮面积减小约 0.66%,相应纳潮量减小比例约为 0.18%,渤海湾纳潮量的变化并不简单地与纳潮面积变化呈线性关系。从前文中潮位与潮流的变化结果分析可知,围填海会导致渤海湾潮差略有增大。

3.1.6 潮位影响分析

渤海新区围填海工程实施前后大潮期周边海域潮差分布、最低潮位分布、最高潮位分布及潮差变化模拟示意图见图 3-19 ~ 图 3-25,从图中可见,潮波自外海进入渤海湾并逐步向近岸传播过程中存在较明显变形,自湾口向湾顶方向,最高潮位总体逐步抬高,最低潮位总体逐步降低,潮差逐步增大。在黄骅港港区一带,潮差在 2.5 ~ 2.9m 之间。

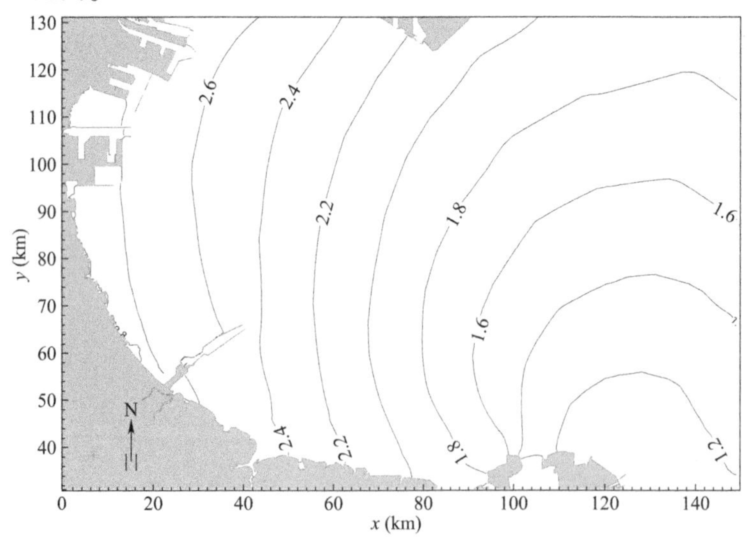

图 3-19　渤海新区围填海工程实施前周边海域潮差分布模拟示意图

渤海新区围填海工程实施后,黄骅港北防波堤北侧区域潮差增加 2 ~ 3cm,面积为 23.49km^2;黄骅港港池内部和综合保税区西侧潮差减小,其中黄骅港港池内部潮差最大减小值约为 9cm,整个港池区域平均减小值为 5cm,面积为 43.83km^2;综合保税区西侧潮差减小 1 ~ 7cm,面积为 1.17km^2。除此以外,研究范围内其他海域潮差变化均小于 0.02m,大口河口通道内潮差增加约 0.01m。

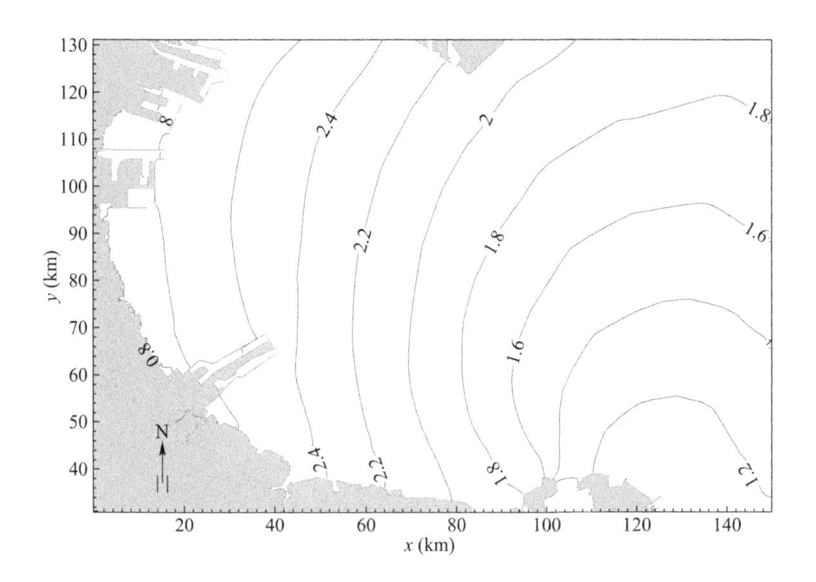

图 3-20 渤海新区围填海工程实施后周边海域潮差分布模拟示意图

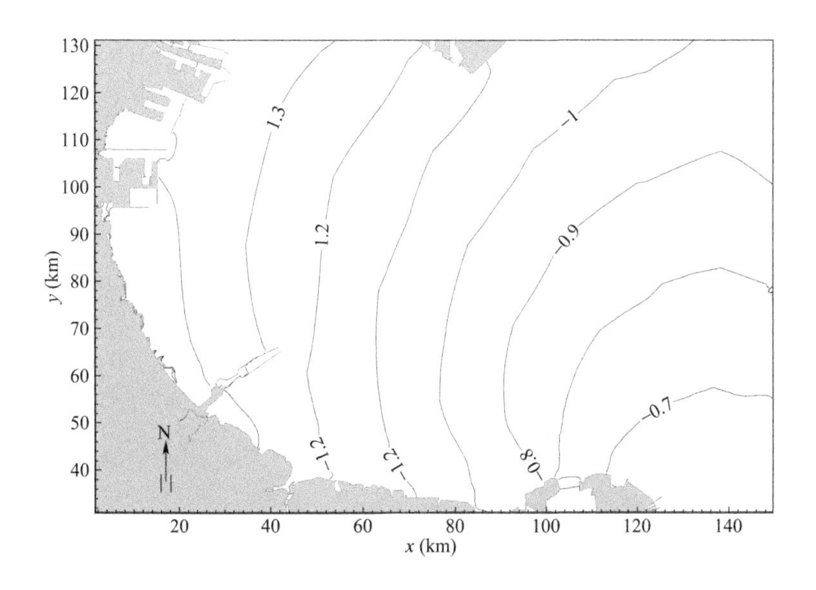

图 3-21 渤海新区围填海工程实施前周边海域最低潮位分布模拟示意图

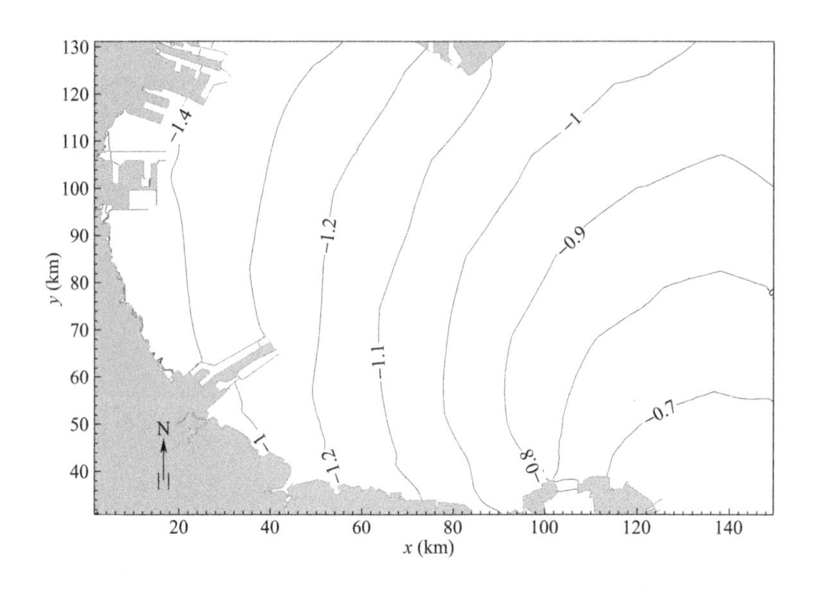

图 3-22　渤海新区围填海工程实施后周边海域最低潮位分布模拟示意图

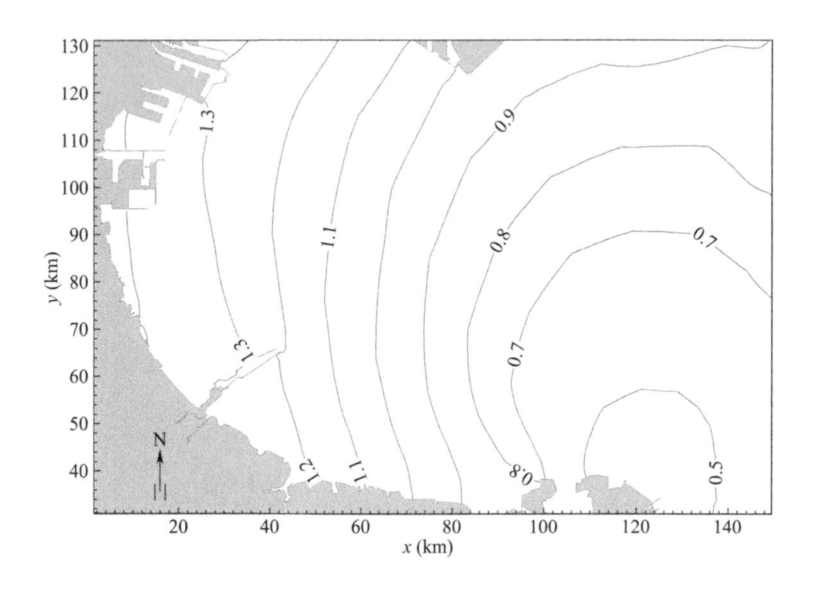

图 3-23　渤海新区围填海工程实施前周边海域最高潮位分布模拟示意图

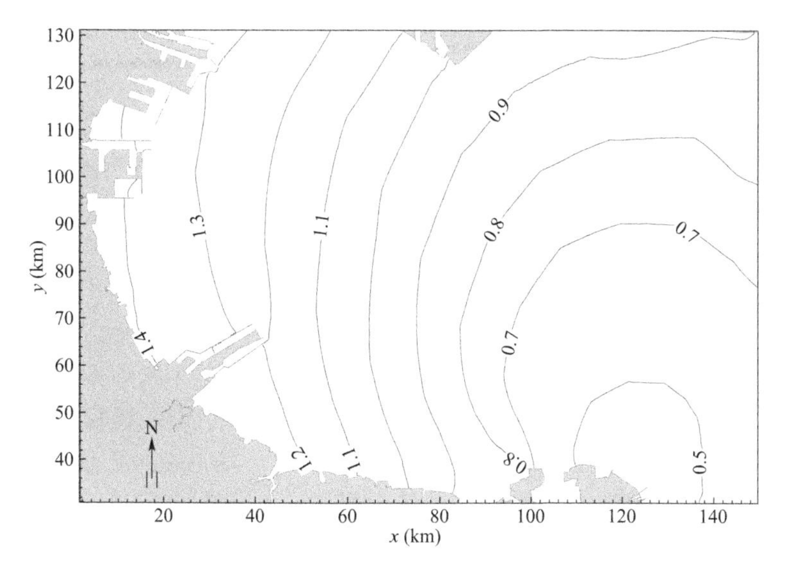

图 3-24 渤海新区围填海工程实施后周边海域最高潮位分布模拟示意图

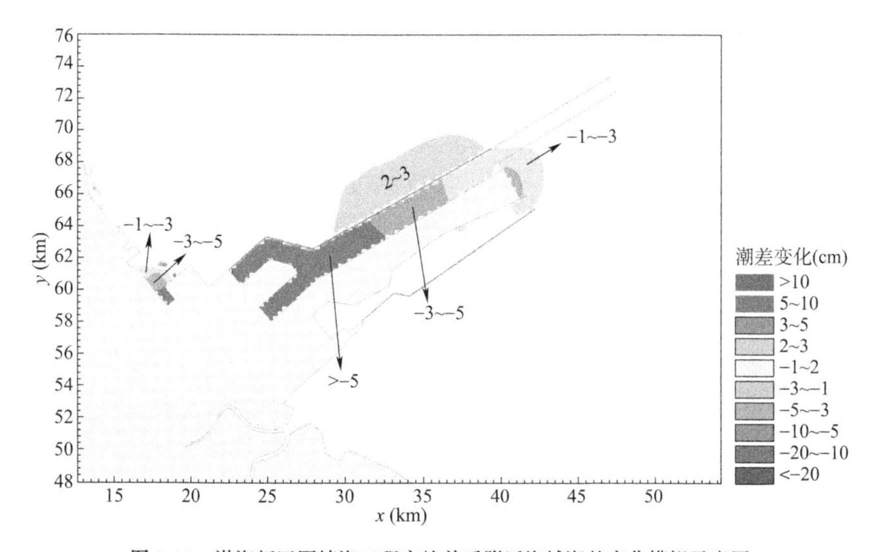

图 3-25 渤海新区围填海工程实施前后附近海域潮差变化模拟示意图

3.1.7 漳卫新河行洪影响分析

2008 年,为加强河口地区的综合治理,水利部批复了《漳卫新河河口治理规划报告》。

1. 河口概况

(1)河流水系

漳卫新河是漳卫河系洪水、涝水的主要入海通道,上自山东省武城县四女寺枢纽接卫运河,下至无棣县大口河入渤海,全长约255km。漳卫新河右侧为马颊河,是鲁北地区的主要排涝河道;左侧为宣惠河,是漳卫新河以北、南排水河以南区域的排涝河道,宣惠河与漳卫新河在大口河处交汇。

漳卫新河上共修建有7座拦河闸,最下游为辛集挡潮蓄水闸(简称辛集闸)。辛集闸以下为河口段,全长约37km,河道总体走向由西南向东北。河口段河道左岸为河北省海兴县,右岸为山东省无棣县,两省以漳卫新河主槽为界。

宣惠河发源于河北省吴桥县王指挥村,经吴桥、东光、南皮、孟村、盐山、海兴等六个县,汇入板堂河,全长165km,流域面积3031km^2。其主要支流有龙王河、沙河、宣南干沟、宣北干沟等。1957—1977年先后修建了9座拦河闸,最下游为魏土白挡潮蓄水闸。

(2)地理位置及河口范围

漳卫新河河口地处北纬38°03′57″~38°20′24″,东经117°35′02″~117°56′59″之间。上起辛集闸,下止大口河(含部分浅海延伸区域),左右主要以海防公路和大济公路为界,河口总面积131.02km^2,其中陆域区面积85.97km^2,海域区面积45.05km^2。

河口左边界:辛集闸至海丰沿现有左堤,海丰以下沿海防公路和宣惠河右堤,以下沿现有陆域边界接黄骅港右导堤。河口右边界:辛集闸至孟家庄沿现有右堤,孟家庄以下沿大济公路并直线外延,基本与黄骅港右导堤平行,与之相距5km并外至-5.5m等深线。

2. 规划治理标准

(1)防洪标准

按《海河流域防洪规划》要求,河口段防洪标准为50年一遇,设计行洪流量3650m^3/s。

(2)排涝标准

漳卫新河设计排涝标准为3年一遇,设计排涝流量为1000~1250m^3/s。辛集闸以下受潮汐水流控制,河道主槽淤积严重,现状主槽排涝能力仅为530m^3/s。在1998年《漳卫新河治理工程初步设计报告(四女寺)~海丰》审查会上,经与山东和河北两省协商,按照原设计排涝能力的70%恢复排涝能力,即900m^3/s,确定清淤规模及相应的辛集闸闸下水位。

本次河口段规划,排涝流量按照900m^3/s进行治理。

(3)防潮标准

《海河流域防洪规划简要报告》中,确定河北省黄骅港的海堤采用50年一遇的潮位设计,其他堤段采用30年一遇的潮位设计。山东省近期和远期均按照50年一遇的潮位设计和50年一遇风速设计标准建设、加固海堤。

按照《防洪标准》(GB 50201—2014)中等级标准划分,保护耕地面积小于30万亩,防潮标准应为10~20年一遇,考虑到沿海经济发展,并与河北、山东两省的海堤规划标准一致,本次规划防潮标准采用50年一遇,设计潮位为3.14m。

3. 围填海工程实施对大口河口的影响分析

(1)水位

围填海工程实施前后大口河口水位提取位置、水位统计参数及水位变化,见图3-26、图3-27和表3-8,围填海工程的实施对大口河口附近潮位影响很小,最高潮位升高仅0.32cm,最低潮位下降0.68cm,工程实施前后水位的最大变化率为0.55%。

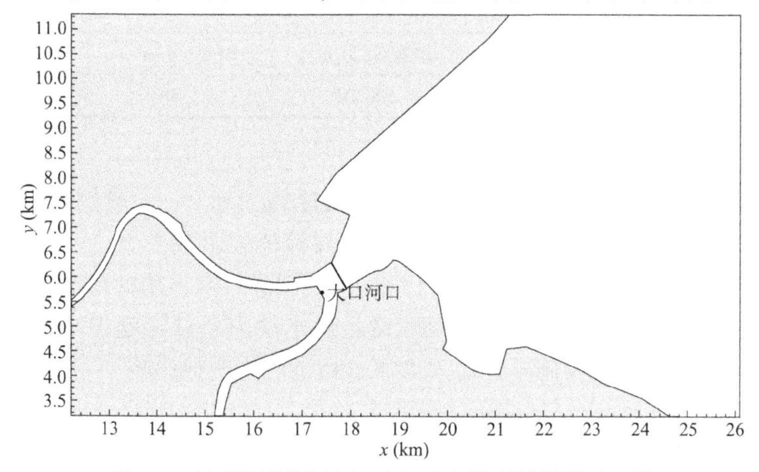

图3-26 流量统计断面及大口河口水位提取位置模拟示意图

注:水位提取位置为图中黑点标记。

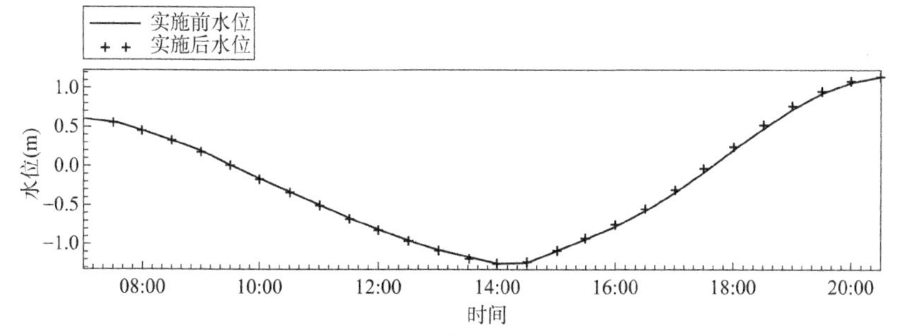

图3-27 围填海工程实施前后大口河口水位变化

围填海工程实施前后大口河口水位统计参数 表3-8

统计参数	实施前(cm)	实施后(cm)	变化量(cm)	变化率(%)
最低水位	-124.09	-124.77	-0.68	0.55
最高水位	113.44	113.76	0.32	0.28

(2)冲淤环境

围填海工程实施后大口河口呈微淤趋势,但影响很小,年平均淤积厚度在0.1cm左右。

(3)流量

围填海工程实施前后流量统计断面示意图见图3-26,流量变化统计见表3-9,由于围填海工程实施后大口河口潮差增加,因而流量相应增大,但变化幅度不大,围填海工程实施后流量增加比例约0.29%。

围填海工程实施前后大口河口流量变化统计结果 表3-9

统计参数	填海前(万 m^3)	填海后(万 m^3)	增幅(万 m^3)	增加比例(%)
河口断面流量	504.56	506.04	1.48	0.29

(4)水动力条件

围填海工程实施后,大口河口附近平均流速约为0.2m/s,较围填海工程实施前区域平均流速增大约0.5cm/s,对大口河内过流能力影响很小。

渤海新区围填海工程全部位于河口左治导线北侧,未占用河口泄洪通道,围填海工程实施对大口河口水位、冲淤环境、流量及水动力条件影响很小,综合分析认为渤海新区围填海工程实施不会对大口河口行洪产生明显影响。

3.2 地形地貌与冲淤环境影响研究

3.2.1 黄骅港海域含沙量分布情况

1. 宏观含沙量背景

在整个渤海海域的不同季节,水体中悬沙含量较多的水域多集中于渤海湾及莱州湾海域。就渤海湾内海域而言,悬沙分布具有南大北小的特点,其中天津港至曹妃甸水域处于低含沙区,而黄骅港及其以东的老黄河三角洲水域均处于高含沙区。

渤海湾内含沙区的分布特点主要与其底质、水动力条件和泥沙来源等因素有关。一是渤海湾内近岸表层底质泥沙总体呈现自北向南由细渐粗的分布,北部水

域底质多属于淤泥质,而南部水域底质则属于粉沙质,在一定的水动力条件下,粉沙质泥沙较淤泥质泥沙更易起动悬浮。二是在 N 向和 NE 向大风情况下,北部水域的波浪要小于南部,较强的动力条件使得该水域泥沙大量悬浮。三是渤海湾北部水域悬沙主要来源于波浪和潮流的滩面掀沙,涨潮水体主要来自水体含沙量较小的渤海中部。而南部水域除波浪对海底掀沙外,老黄河三角洲水域的滩面悬沙的运移,也给该水域带来一定影响。

2. 围填海工程附近局部海域含沙量分布

对包括大潮、中潮、小潮、涨潮、落潮以及不同海况的局部海域的悬沙分布情况进行统计,如表 3-10 所示。

Landsat-5/7 卫星遥感图像成像日期及海况 表 3-10

编号	成像日期	潮型	潮位(cm)	海况
1	2004-10-03	大潮涨潮中期	166	4 级 WSW 向风
2	2004-11-20	小潮落潮中期	106	3 级 NW 向风
3	2005-04-13	中潮涨潮中期	214	前期有持续 5h 7 级 SW 向风
4	2005-06-16	中潮落潮末期	250	1 级 S 向风
5	2006-09-23	大潮涨潮末期	356	3 级 NE 向风
6	2006-12-28	小潮落潮末期	84	5 级 N 向风
7	2007-02-14	中潮落潮末期	304	前期持续刮 8h 6 ~ 7 级 N 向风
8	2007-04-03	大潮涨潮中期	234	—
9	2007-12-07	大潮涨潮初期	—	—
10	2008-02-17	中潮落潮末期	256	3 级 SE 向风
11	2009-08-30	中潮涨潮中期	—	3 级 SW 向风
12	2010-10-28	小潮落潮中期	—	3 级 WNW 向风
13	2011-10-15	中潮落潮末期	—	5 ~ 6 级 WNW 向风
14	2012-04-08	大潮落潮末期	—	—
15	2013-11-29	小潮落潮初期	—	—
16	2014-12-02	小潮涨潮末期	—	—
17	2015-10-02	大潮落潮中期	—	—
18	2016-03-26	大潮落潮末期	—	—

本海域的悬沙分布具有以下两个明显的特点。

第一,就整个海域而言,横向上由岸至海,不论潮型、风况等因素如何不同,该海域含沙量均呈现从近岸至外海递减，具有明显的层次性；一般天气下，0m 等深线表层含沙量在 0.18kg/m³，－5m 等深线递减到 0.10kg/m³，－10m 等深线则在 0.05kg/m³。沿岸线走向，滨州港套尔河口附近海域的含沙量总体上比黄骅港要大，特别是近岸区比黄骅港海域含沙量明显要大。

第二，风浪对黄骅港附近海域悬沙分布的总体变化起着决定性作用，在无风或小风天气条件下，港口附近海域含沙量较低，沿岸高含沙带宽度较窄；而在风浪比较大的天气（主风况为 E 向风且风力在 5 级以上时），沿岸高含沙带则明显变宽，在涨落潮流和波浪的作用下，悬沙向外海和其他地区扩散进而影响外航道。风向和风时也对本海域悬沙分布起关键作用，尤其是对于 N 向、NE 向、E 向风等较强风况条件。

3. 基于实测资料分析

根据宏观泥沙背景分析，工程海域处于含沙量较高的区域，同时受风浪影响较大。自 2001 年以来对本海域含沙量进行了大量观测，2001 年 11 月—2002 年5 月，进行了 3 个月的含沙量巡测工作（6 级以上大风在风后 24h 后观测）。2003 年 3—5 月进行了 2 个月的含沙量观测。2004 年的春季、秋季均进行了底部含沙量观测。2006 年、2007 年、2008 年在本海区水文全潮观测期间均进行了含沙量观测。从观测结果分析得知，含沙量在平面分布上有如下总体特征。－3m 水深附近实测最大含沙量为 1.3～1.4kg/m³，－4m～－3m 段含沙量相对较大。在 6 级风情况下，－4m 水深往内含沙量均匀分布，风后含沙量在 0.57～0.81kg/m³范围内。5 级风情况下，－4m 水深往内含沙量在 0.45～0.55kg/m³范围内，－4m 水深往外含沙量在 0.25～0.45kg/m³范围内。小于 5 级风情况下，口门段含沙量在 0.24～0.32kg/m³范围内。

2001 年 11 月 26 日海面有 6 级 N 向风，26 日、27 日连续进行了巡测，其结果显示，0m 浅滩上含沙量为 1.0～1.5kg/m³，神华港全航道巡测平均含沙量分别为 0.913kg/m³和 0.531kg/m³。

2003 年秋季交通部天津水运工程科学研究所在航道南侧曾采用自动定时水下采样器，对大风过程中的水体滩面以上 0.5m 和滩面以上 1.0m 水层含沙量进行观测发现：波高增大，含沙量迅速增大；波高减小，含沙量迅速减小。风浪加大，上、下层含沙量迅速增长，上层含沙量增长滞后于下层，越靠近底部含沙量越高；风浪减小，上、下层含沙量迅速减小，上层减小速度快于下层。滩面以上 0.5m 处含沙量比滩面以上 1.0m 处含沙量平均高出 1.75 倍，最小倍数 1.01 倍，最大倍数达 8.75 倍。2003 年 11 月 5—8 日大风过程中，神华航道 W4＋750 测站处底上 0.5m 处含沙量的平均值为6.7kg/m³,最大值9.43kg/m³;底上1.0m处含沙量的平均值为4.18kg/m³,最大值7.0kg/m³。

2004年春季进行了同样的观测发现:大于6级E-NE向风作用4~6h后,含沙量迅速增大,峰值一般出现在风速衰减末期,风速衰减后,含沙量迅速降低,表层和底层含沙量差异很大,越靠近泥面含沙量越大,高含沙量(以≥10kg/m³计)只存在于靠近底部水体内,其厚度应小于0.5m。在一般大风过程中(以风速大于6级连续作用4h以上计),水深-6.8m处含沙量小于-4.3m处含沙量;水深-2.9m处含沙量也小于-4.3m处含沙量,但略大于水深-6.8m处的含沙量。

2012年3月25—28日工程附近海域的巡测结果也显示,在大口河附近平均含沙量都在1.0kg/m³以上,全水域巡测结果平均处于0.43~0.68kg/m³范围内;沿程海域含沙量由里向外逐渐减小,堤头处最小;大风时除堤头处略小外,里外基本一致。

2014年冬、夏两季水文观测期间同步进行11站含沙量观测,表3-11、表3-12给出了不同潮型下各测站潮段平均含沙量的统计结果,表3-13~表3-16给出了冬、夏两季各测站大、小潮不同分层的含沙量的统计结果,经分析可得以下结论。

2014年3—4月各测站涨、落潮段垂线平均含沙量统计(单位:kg/m³) 表3-11

测站标号	涨潮				落潮			
	大潮	中潮	小潮	平均值	大潮	中潮	小潮	平均值
1#	0.191	0.204	0.164	0.186	0.138	0.191	0.127	0.152
2#	0.097	0.180	0.135	0.137	0.081	0.152	0.124	0.119
3#	0.107	0.128	0.148	0.128	0.097	0.107	0.137	0.114
4#	0.256	0.278	0.171	0.235	0.221	0.253	0.176	0.217
5#	0.409	0.323	0.232	0.322	0.418	0.367	0.245	0.343
6#	0.274	0.177	0.331	0.261	0.272	0.219	0.285	0.258
7#	0.110	0.101	0.076	0.096	0.098	0.107	0.078	0.094
8#	0.136	0.156	0.094	0.129	0.128	0.167	0.099	0.131
9#	0.065	0.054	0.037	0.052	0.064	0.040	0.034	0.046
10#	0.352	0.302	0.133	0.262	0.450	0.243	0.091	0.261
11#	0.408	0.351	0.224	0.328	0.466	0.404	0.216	0.362
平均值	0.219	0.205	0.159	0.194	0.221	0.204	0.146	0.191

2014 年 6 月各测站涨、落潮段垂线平均含沙量统计(单位:kg/m³)　表 3-12

测站标号	涨潮				落潮			
	大潮	中潮	小潮	平均值	大潮	中潮	小潮	平均值
1#	0.062	0.091	0.438	0.197	0.074	0.070	0.298	0.147
2#	0.050	0.035	0.033	0.039	0.036	0.030	0.029	0.032
3#	0.061	0.044	0.046	0.050	0.042	0.035	0.036	0.038
4#	0.047	0.037	0.034	0.039	0.043	0.035	0.032	0.037
5#	0.307	0.222	0.138	0.222	0.423	0.364	0.242	0.343
6#	0.036	0.031	0.049	0.039	0.034	0.030	0.040	0.034
7#	0.045	0.035	0.029	0.036	0.038	0.034	0.029	0.033
8#	0.040	0.029	0.024	0.031	0.034	0.029	0.025	0.029
9#	0.036	0.029	0.024	0.029	0.029	0.026	0.023	0.026
10#	0.453	0.304	0.225	0.327	0.591	0.401	0.297	0.430
11#	0.390	0.283	0.183	0.285	0.576	0.512	0.295	0.461
平均值	0.139	0.104	0.111	0.118	0.174	0.142	0.122	0.146

2014 年 3—4 月各测站潮段平均含沙量垂向分布(大潮)(单位:kg/m³)表 3-13

测站标号	涨潮						落潮					
	表层	0.2H	0.4H	0.6H	0.8H	底层	表层	0.2H	0.4H	0.6H	0.8H	底层
1#	0.177	—	—	0.189	—	0.206	0.120	—	—	0.139	—	0.155
2#	0.089	0.091	0.098	0.098	0.101	0.103	0.065	0.070	0.076	0.086	0.093	0.098
3#	0.095	0.101	0.108	0.111	0.113	0.113	0.072	0.079	0.097	0.104	0.112	0.117
4#	0.173	0.208	0.257	0.285	0.294	0.301	0.171	0.179	0.219	0.243	0.249	0.255
5#	0.332	0.363	0.384	0.407	0.469	0.515	0.374	0.406	0.417	0.420	0.428	0.464
6#	0.262	—	—	0.274	—	0.285	0.245	—	—	0.277	—	0.292
7#	0.073	0.090	0.111	0.119	0.125	0.132	0.072	0.080	0.096	0.105	0.111	0.120
8#	0.097	0.118	0.133	0.147	0.151	0.163	0.095	0.117	0.127	0.136	0.141	0.144
9#	0.047	0.057	0.063	0.068	0.072	0.078	0.043	0.051	0.062	0.070	0.076	0.080
10#	0.310	—	—	0.360	—	0.387	0.378	—	—	0.451	—	0.520
11#	0.282	—	—	0.397	—	0.544	0.413	—	—	0.476	—	0.509
平均值	0.176	—	—	0.223	—	0.257	0.186	—	—	0.228	—	0.250
比值	1.000	—	—	1.267	—	1.460	1.000	—	—	1.225	—	1.345

2014 年 3—4 月各测站潮段平均含沙量垂向分布(小潮)(单位:kg/m³) 表 3-14

测站标号	涨潮						落潮					
	表层	0.2H	0.4H	0.6H	0.8H	底层	表层	0.2H	0.4H	0.6H	0.8H	底层
1#	0.155	—	—	0.156	—	0.181	0.110	—	—	0.119	—	0.153
2#	0.113	0.116	0.127	0.141	0.151	0.164	0.099	0.102	0.116	0.133	0.142	0.152
3#	0.132	0.132	0.136	0.149	0.166	0.179	0.113	0.115	0.123	0.140	0.157	0.185
4#	0.112	0.127	0.144	0.174	0.228	0.253	0.119	0.154	0.165	0.182	0.202	0.238
5#	0.215	0.204	0.220	0.232	0.258	0.283	0.206	0.222	0.241	0.265	0.265	0.256
6#	0.290	—	—	0.317	—	0.388	0.224	—	—	0.291	—	0.340
7#	0.063	0.066	0.072	0.079	0.085	0.095	0.064	0.069	0.074	0.079	0.088	0.092
8#	0.083	0.087	0.091	0.096	0.101	0.107	0.078	0.083	0.091	0.102	0.114	0.129
9#	0.034	0.034	0.034	0.036	0.040	0.045	0.034	0.036	0.035	0.032	0.032	0.032
10#	0.116	—	—	0.135	—	0.147	0.078	—	—	0.090	—	0.103
11#	0.173	—	—	0.217	—	0.280	0.185	—	—	0.219	—	0.244
平均值	0.135	—	—	0.157	—	0.193	0.119	—	—	0.150	—	0.175
比值	1.000	—	—	1.166	—	1.429	1.000	—	—	1.261	—	1.470

2014 年 6 月各测站潮段平均含沙量垂向分布(大潮)(单位:kg/m³) 表 3-15

测站标号	涨潮						落潮					
	表层	0.2H	0.4H	0.6H	0.8H	底层	表层	0.2H	0.4H	0.6H	0.8H	底层
1#	0.052	—	—	0.060	—	0.075	0.065	—	—	0.071	—	0.085
2#	0.030	0.031	0.046	0.050	0.069	0.082	0.031	0.030	0.032	0.036	0.043	0.049
3#	0.039	0.042	0.053	0.061	0.080	0.096	0.036	0.037	0.038	0.041	0.047	0.052
4#	0.030	0.033	0.043	0.050	0.060	0.070	0.035	0.037	0.040	0.043	0.050	0.055
5#	0.215	0.269	0.281	0.305	0.340	0.468	0.308	0.354	0.407	0.439	0.484	0.554
6#	0.032	—	—	0.036	—	0.041	0.031	—	—	0.034	—	0.037
7#	0.026	0.030	0.038	0.045	0.058	0.082	0.027	0.029	0.033	0.039	0.044	0.061
8#	0.024	0.027	0.033	0.039	0.053	0.072	0.024	0.025	0.029	0.034	0.043	0.052
9#	0.020	0.022	0.028	0.039	0.048	0.062	0.021	0.022	0.026	0.030	0.035	0.041
10#	0.354	—	—	0.445	—	0.577	0.389	—	—	0.607	—	0.777
11#	0.269	—	—	0.390	—	0.537	0.371	—	—	0.577	—	0.792
平均值	0.099	—	—	0.138	—	0.196	0.122	—	—	0.177	—	0.232
比值	1.000	—	—	1.393	—	1.980	1.000	—	—	1.460	—	1.909

2014 年 6 月各测站潮段平均含沙量垂向分布（小潮）（单位：kg/m^3）　表 3-16

测站标号	涨潮						落潮					
	表层	0.2*H*	0.4*H*	0.6*H*	0.8*H*	底层	表层	0.2*H*	0.4*H*	0.6*H*	0.8*H*	底层
1#	0.332	—	—	0.429	—	0.551	0.273	—	—	0.287	—	0.335
2#	0.030	0.030	0.031	0.033	0.036	0.040	0.027	0.027	0.028	0.028	0.031	0.033
3#	0.040	0.041	0.044	0.045	0.051	0.056	0.032	0.033	0.034	0.036	0.040	0.043
4#	0.029	0.030	0.030	0.034	0.039	0.041	0.028	0.028	0.030	0.033	0.035	0.037
5#	0.118	0.123	0.123	0.145	0.151	0.177	0.208	0.217	0.223	0.240	0.270	0.312
6#	0.044	—	—	0.048	—	0.057	0.037	—	—	0.039	—	0.043
7#	0.024	0.024	0.026	0.029	0.034	0.038	0.026	0.026	0.027	0.029	0.031	0.034
8#	0.020	0.021	0.023	0.023	0.026	0.030	0.022	0.023	0.024	0.025	0.027	0.030
9#	0.019	0.018	0.019	0.025	0.030	0.034	0.019	0.018	0.019	0.024	0.027	0.030
10#	0.178	—	—	0.225	—	0.272	0.259	—	—	0.298	—	0.335
11#	0.119	—	—	0.182	—	0.274	0.203	—	—	0.302	—	0.380
平均值	0.087	—	—	0.111	—	0.143	0.103	—	—	0.122	—	0.147
比值	1.000	—	—	1.278	—	1.644	1.000	—	—	1.185	—	1.424

①冬季水文观测期间施测海域实测涨、落潮段垂线平均含沙量分别为 0.194kg/m^3 和 0.191kg/m^3，其中大潮含沙量在 0.064 ~ 0.466kg/m^3 之间，中潮含沙量在 0.040 ~ 0.404kg/m^3 之间，小潮含沙量在 0.034 ~ 0.331kg/m^3 之间。

②夏季水文观测期间施测海域实测涨、落潮段垂线平均含沙量分别为 0.118kg/m^3 和 0.146kg/m^3，其中大潮含沙量在 0.029 ~ 0.591kg/m^3 之间，中潮含沙量在 0.026 ~ 0.512kg/m^3 之间，小潮含沙量在 0.023 ~ 0.438kg/m^3 之间。

③含沙量总体呈现大潮大、小潮小的特点，平面分布上河口附近含沙量最高，近岸含沙量高于外海。

④含沙量垂线分布上呈现自表层到底层逐渐增大的特征，正常天气下含沙量垂向梯度变化不大。

3.2.2　黄骅港海域表层沉积物

从近期调查的平均中值粒径来看，平面上黄骅港航道以南区域物质明显比航道以北粗，近岸区域物质比远岸粗。黄骅港航道以南区域以砂质粉砂、粉砂为主，平均中值粒径 0.0383mm；黄骅港航道以北以砂质粉砂、粉砂及黏土质粉砂为主，平均中值粒径 0.0204mm。具体见图 3-28 ~ 图 3-30。

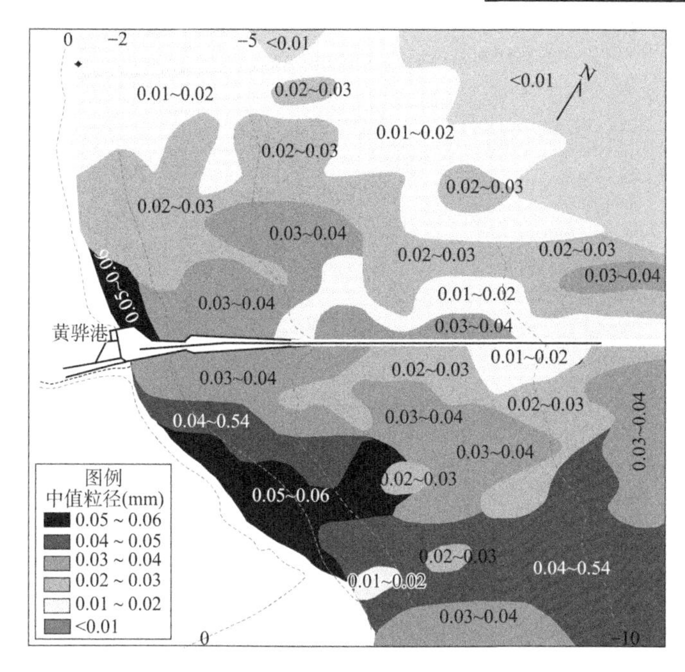

图 3-28 黄骅港近海区底质中值粒径等值线示意图

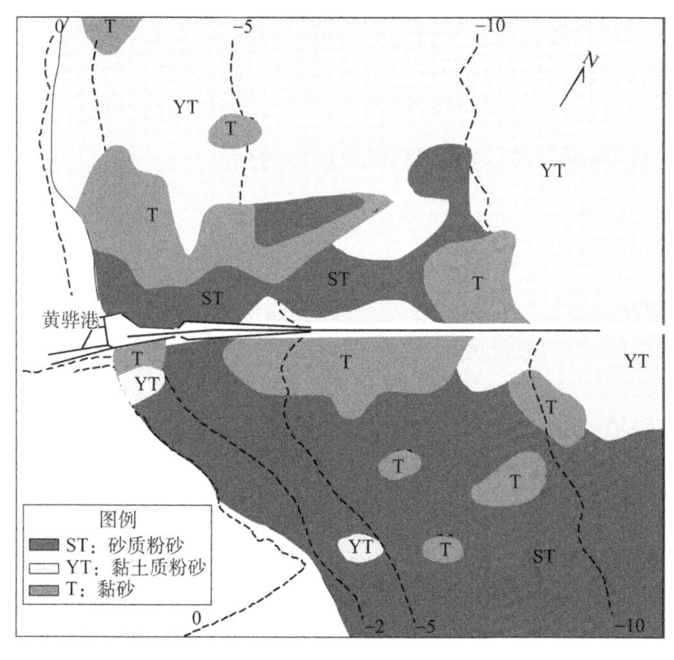

图 3-29 沉积物沉积类型分布示意图(2006 年 3 月)

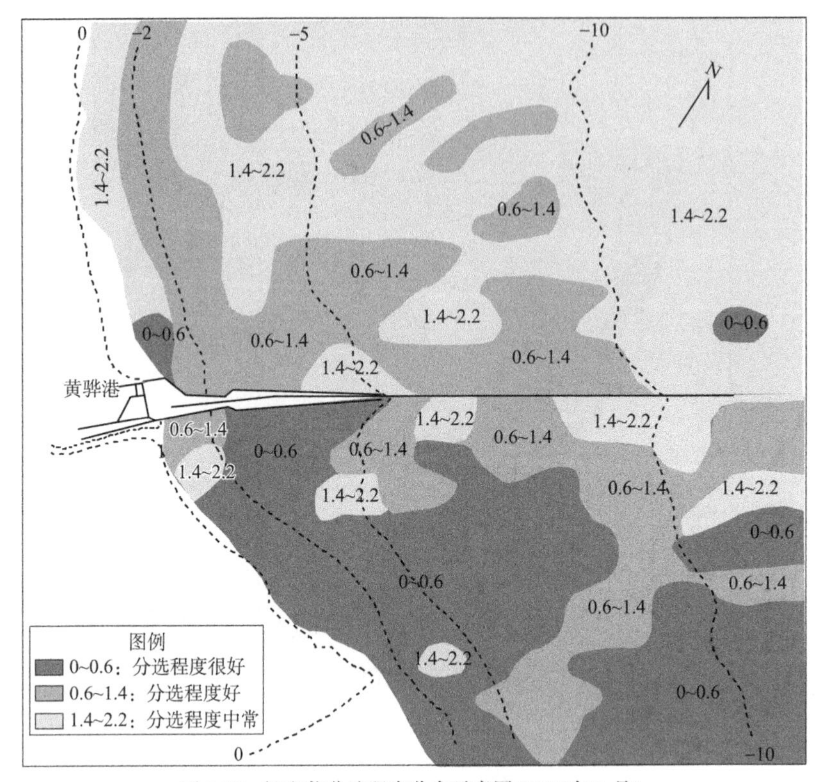

图 3-30　沉积物分选程度分布示意图(2006 年 3 月)

3.2.3　黄骅港海域泥沙来源及运移形态

黄骅港海域外来沙源很少,主要包括三个部分:岸线冲刷泥沙、抛泥地的泥沙扩散和滩面泥沙。

(1)岸线冲刷泥沙

近年来,黄骅附近海域的海岸线基本保持稳定,岸线冲刷泥沙很少。

(2)抛泥地的泥沙扩散

近年黄骅航道持续疏浚,抛泥地的泥沙扩散为本区域提供了一定的泥沙来源。泥沙沉积及扩散的区域分布特征为,抛泥中心区泥沙淤积厚度最大,由中心区向四周淤积厚度明显下降。泥沙淤积分布特征为东大于西,北大于南。

(3)滩面泥沙

以往大量试验及观测结果表明,单纯潮流对本区域滩面沉积物起动作用不强,波浪是本区域泥沙起动的主要动力,泥沙在风浪作用下的大量起动为本区域提供了主要泥沙来源。

3.2.4 黄骅港海域岸线变化

图3-31～图3-33展示了1983—2013年黄骅港海域岸线变化情况，从图中可以看出，30年间，除大口河口位置由于围填海工程建设北侧区域略有围垦外，岸线整体保持稳定。

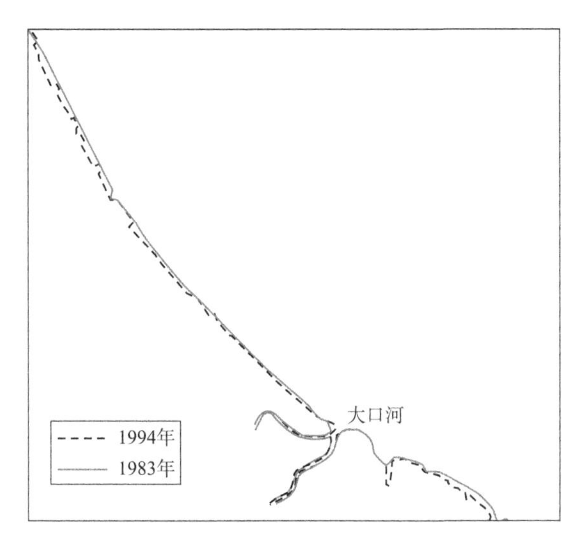

图3-31　1983年与1994年岸线对比示意图

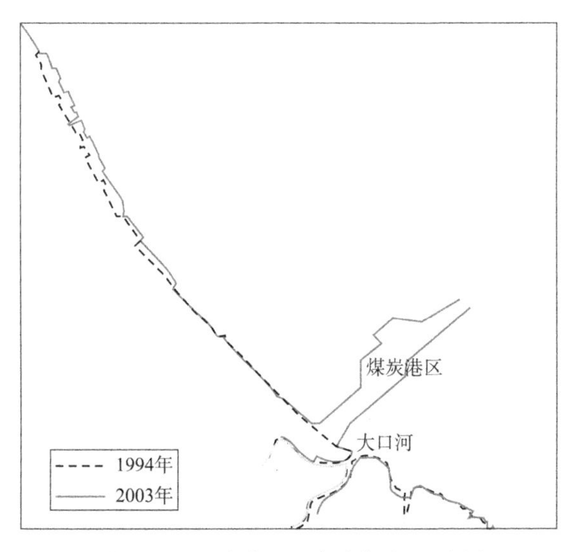

图3-32　1994年与2003年岸线对比示意图

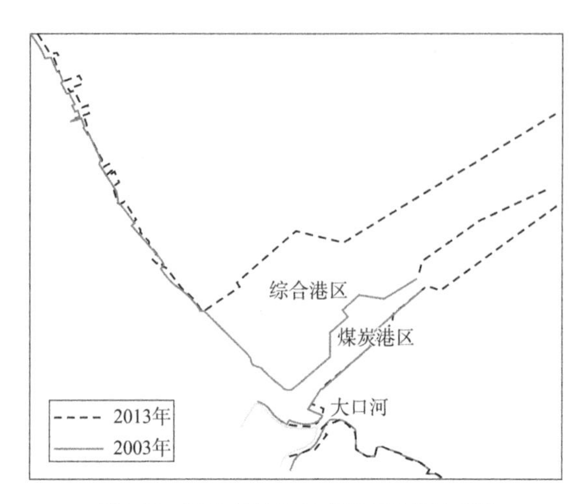

图3-33　2003年与2013年岸线对比示意图

3.2.5　黄骅港海域等深线变化

通过2004年和2017年水深数据对比分析可知,围填海前后黄骅港海域海床演变有如下特征。

①2004—2017年,黄骅港海域各等深线的走向趋势基本一致,0m等深线有向岸侧移动的迹象,显示海床略有侵蚀。其中,各等深线位置与走向在黄骅港南侧海域基本不变,移动幅度很小。

②黄骅港北侧海域0m等深线向岸平均蚀退量200m,-2m等深线向岸平均蚀退量500m,-5m等深线向岸平均蚀退量1200m。黄骅港港区南侧海域各等深线变化不大。

3.2.6　地形冲淤变化与分析

稳定海岸上,地貌形态与海洋动力相适应,处于相对平衡状态,一定的水深是由一定的潮流、泥沙等水文条件所决定的。当水文条件发生变化时,海床就会发生冲淤变化,水深产生相应的调整。

根据数学模型计算结果,图3-34为渤海新区围填海工程实施后,工程周围海域的地形冲淤变化模拟示意图。

渤海新区围填海工程实施后,黄骅港港池及航道、南防沙堤东侧、北防沙堤北侧、大口河口处于淤积状态,黄骅港防波堤口门、神华码头防波堤口门附近、综合保税区北侧和北围堰折角岬角处处于冲刷状态,各区域冲淤程度见表3-17。

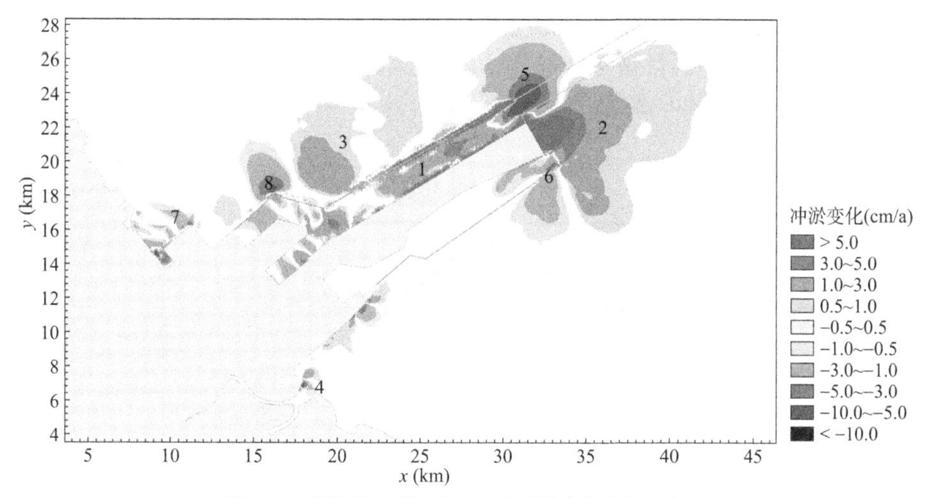

图 3-34 围填海工程实施后地形冲淤变化模拟示意图

注:数字 5、6、7、8 表示冲刷;1、2、3、4 表示淤积。

围填海前后冲淤变化情况统计 表 3-17

编号	位置	变化趋势	平均冲淤厚度(cm/a)
1	黄骅港港池及航道	淤积	2
2	南防沙堤东侧		10
3	北防沙堤北侧		0.5
4	大口河口		0.1
5	黄骅港防波堤口门	冲刷	6
6	神华码头防波堤口门附近		1
7	综合保税区北侧		3
8	北围堰折角岬角处		3

3.2.7 黄骅港区域海底地形地貌稳定性分析

1.稳定性分区评价方法

(1)评价指标及赋值

本次稳定性分区选择的评价指标有水深、底质类型、潮流流速、现状条件下冲淤速率、预测冲淤速率。其中水深与侵蚀密切相关,水深越小,潮流对海底的侵蚀作用越强。研究表明在水道发育的初期,水道水深较小,近底流速较大,沉积物输运强度较高,因此水道冲刷速率较快。随着水道刷深,水道内流速降低,沉积物输运强度减弱,水道冲刷速率减小,最终达到均衡态。海洋底质不同,抗侵蚀的能力也不同,沉积物特征(沉积物粒度分布、沉积物密度、黏性、含水量、生物扰动或黏结等)控制着沉积物抗侵蚀强度,潮流流速越大,侵蚀作用越强。稳定性研究评价指标及赋值见表3-18。

稳定性研究评价指标及赋值 表3-18

评价指标	Ⅰ	Ⅱ	Ⅲ	权重
水深	<5m	5~10m	>10m	0.05
底质类型	黏土	粉砂	砂	0.05
涨急和落急平均潮流流速	>60cm/s	40~60cm/s	<40cm/s	0.2
现状条件下冲淤速率绝对值	>50cm/a	20~50cm/a	<20cm/a	0.35
预测冲淤速率绝对值	>50cm/a	20~50cm/a	<20cm/a	0.35
赋值	10	6	2	

(2)评价方法

采用加权求和的方法进行评价,每项评价指标的赋值按下式计算:

$$W = \sum W_i Q_i \tag{3-13}$$

式中:W——综合评价结果;

W_i——第i项评价指标赋值;

Q_i——第i项评价指标权重。

根据综合评价结果确定稳定性,稳定性分级见表3-19。

稳定性分级 表3-19

稳定性等级	稳定性好	较稳定	稳定性差
W	$W<3.5$	$3.5 \leqslant W<5$	$W \geqslant 5$

2. 各评价指标评价结果

(1)现状条件下冲淤速率分区

现状条件下黄骅港海域的冲淤速率相对于早期的冲淤速率发生了明显变化,影响了地貌的稳定性。黄骅港海域侵蚀速率较大的区域主要是航道北侧和南侧-8m等深线处,侵蚀淤积速率大于20cm/a。航道和港池区水深变化主要是人为浚深所致,不属于自然冲淤的结果。现状条件下冲淤速率分区模拟示意图如图3-35所示。

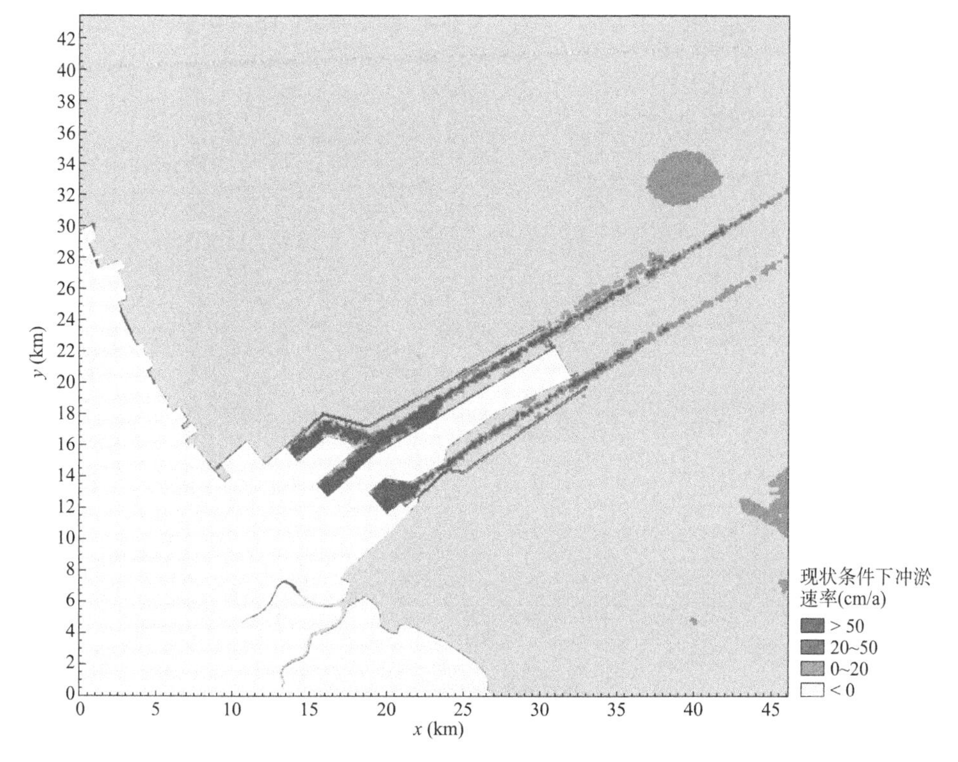

图 3-35 现状条件下冲淤速率分区模拟示意图

(2)水深分区

利用2015年的海图数据对黄骅港海域的水深进行了分区,划分为三类:水深小于5m区,水深为5~10m区和水深大于10m区。水深分区模拟示意图见图3-36。

(3)预测冲淤速率分区

根据数值模拟的结果,按分区模拟示意图如图3-37所示。根据图3-37可以看出,预测冲淤速率较大的区域主要位于南防沙堤东侧附近和防波堤口门。

(4)底质类型分区

根据前面对海洋底质类型的综合分析,利用底质类型的划分结果进行分区,研究区域内底质类型为粉砂,分区模拟示意图见图3-38。

(5)潮流流速分区

根据潮流流速进行分区,潮流流速较大的区域为黄骅港防波堤口门附近,流速大于0.4m/s区域为等深线-4m以外海域,近岸区域流速较小。潮流流速分区模拟示意图见图3-39。

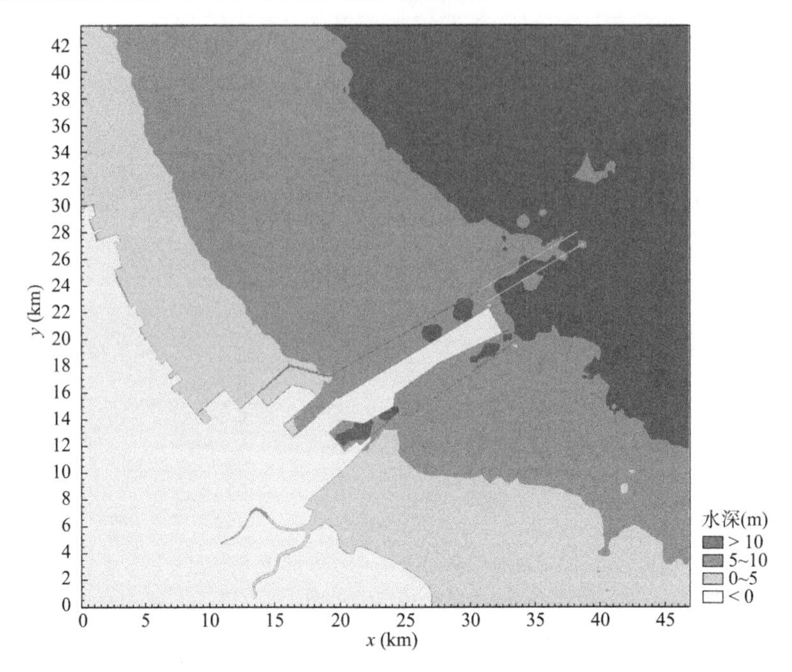

图 3-36　黄骅港海域水深分区模拟示意图

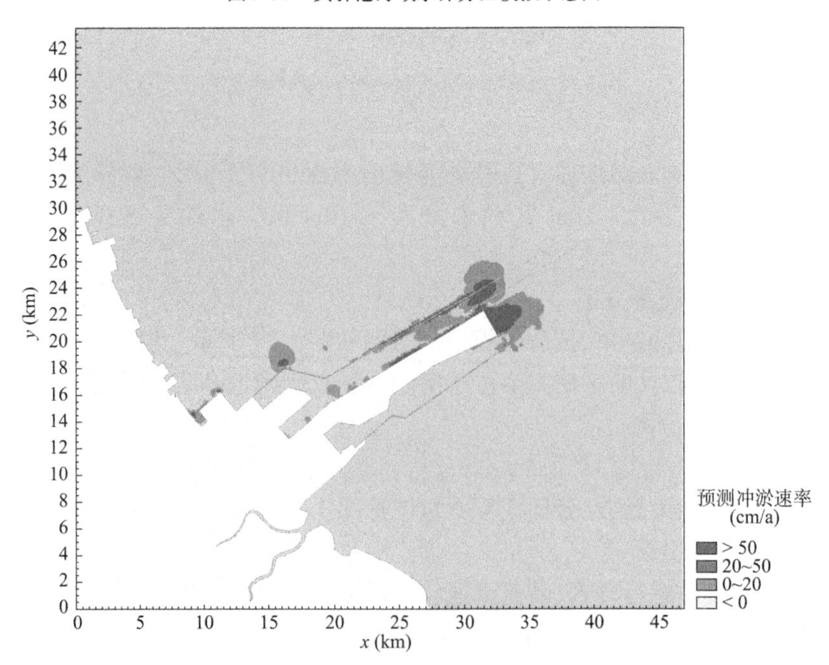

图 3-37　预测冲淤速率分区模拟示意图

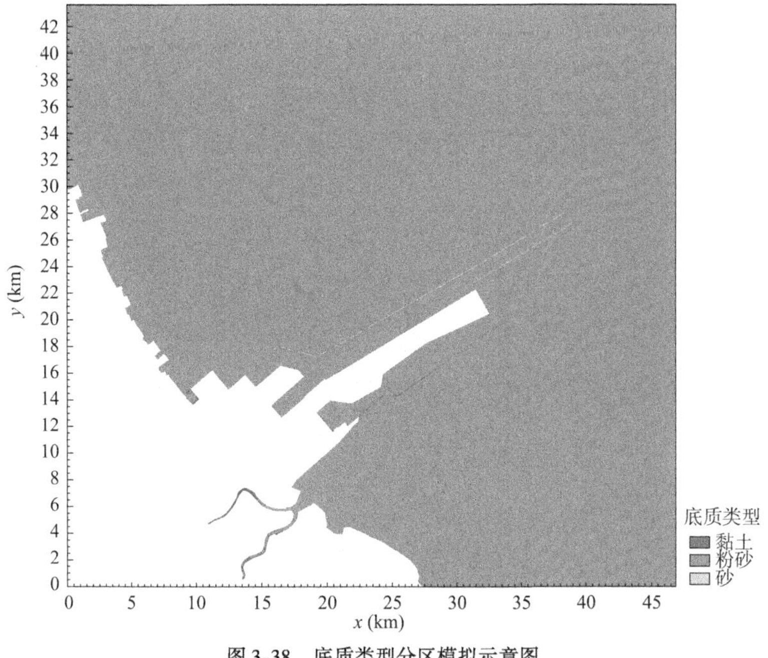

图 3-38　底质类型分区模拟示意图

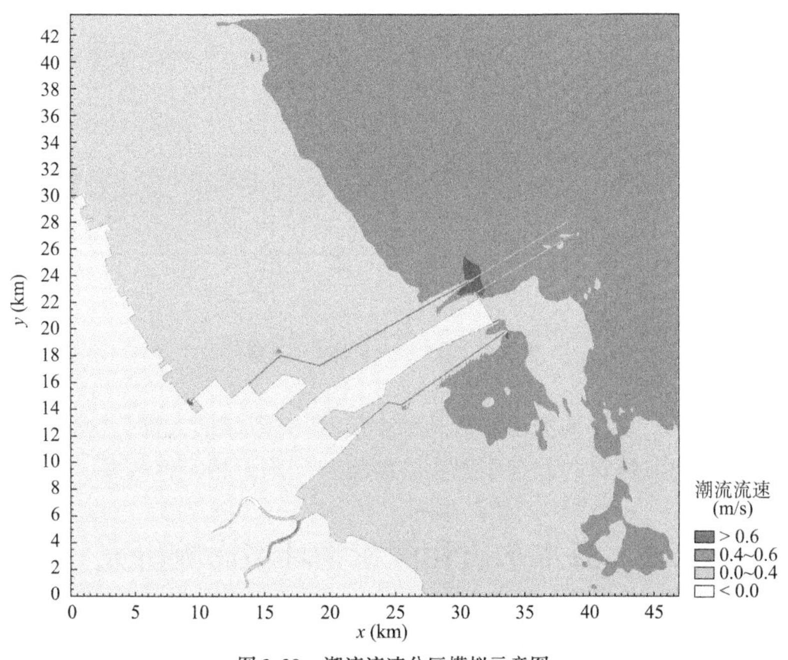

图 3-39　潮流流速分区模拟示意图

(6)地貌稳定性分析

通过稳定性分区评价方法对各个评价指标进行赋值,然后进行加权计算,根据计算值进行稳定性分区,模拟示意图如图3-40所示。从图3-40中可以看出,黄骅港海域大部分区域的地貌稳定性较好,仅黄骅港防波堤口门和神华码头防波堤口门附近稳定性较差。

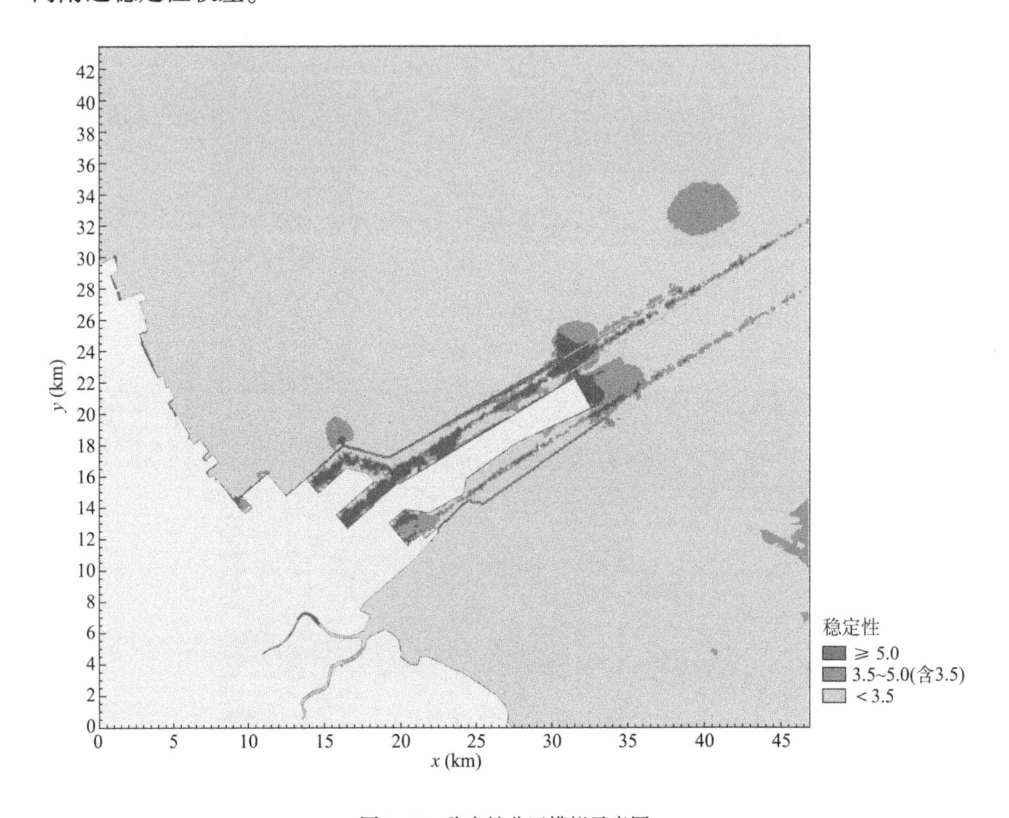

图3-40 稳定性分区模拟示意图

综合以上分析,黄骅港围填海活动结束后,研究海域的大部分区域地貌稳定性较好,仅黄骅港防波堤口门和神华码头防波堤口门附近稳定性较差。

3.3 海水水质和沉积物环境影响研究

本研究收集了多年春、秋两季的水质和沉积物调查资料,具体监测信息详见表3-20。

现状资料监测信息 表 3-20

监测时间	监测单位	数据来源	监测项目及监测站数量	备注
2006 年 4 月	天津科技大学	沧州黄骅港综合港区南疏港路工程海洋环境影响报告书	水质、生物、沉积物:8 个 底栖生物:6 个	围填海前
2008 年 4 月	天津市水产研究所	黄骅港扩容完善工程环境影响报告书	水质:21 个 沉积物、生物:13 个 潮间带:3 个	施工中
2010 年 9 月	国家海洋局秦皇岛海洋环境监测中心站	2010 年黄骅港综合港区多用途码头工程海洋环境影响动态监测	水质:13 个 生物:7 个	施工中
2011 年 5 月	沧州市海洋环境监测站	神华四期海域使用论证报告书	水质:20 个 沉积物、生物:12 个 生物体质量:3 个	施工中
2012 年 9 月	国家海洋局秦皇岛海洋环境监测中心站	河北冀海港务有限公司年吞吐量 350 万吨公共码头项目环境影响报告书	水质:20 个 沉积物、生物:12 个	施工中
2014 年 5 月	国家海洋局秦皇岛海洋环境监测中心站	黄骅港散货港区原油码头一期工程环境监测报告	水质:27 个 沉积物:16 个 生物:16 个 潮间带:3 个 生物体质量:17 个 渔业资源:12 个	施工中,两次监测站位一致
2014 年 9 月	国家海洋局秦皇岛海洋环境监测中心站	黄骅港散货港区原油码头一期工程环境监测报告	水质:27 个 生物:16 个 潮间带:3 个 生物体质量:17 个	
2017 年 4 月	青岛环海海洋工程勘察研究院	黄骅港综合保税区公用仓储物流工程海洋环评	水质:32 个 沉积物、生物、生物体质量:18 个 潮间带:4 个	围填海后,两次监测站位一致
2017 年 9 月	青岛环海海洋工程勘察研究院	黄骅港综合保税区公用仓储物流工程海洋环评	水质:32 个 生物、生物体质量:18 个 潮间带:4 个	

由于收集的现状资料都摘自项目的环评或海域使用论证报告，监测站的位置和数量均不一致，无法直接进行比较，为了能够更加客观地评价区域的环境变化趋势，本次研究将研究范围划分为6个区域，分别编号为Ⅰ区、Ⅱ区、Ⅲ区、Ⅳ区、Ⅴ区和Ⅵ区。

3.3.1 海水水质环境影响研究

为了分析各区域水质变化情况，将各年度的水质监测结果按6个区域分别取平均值，并将结果绘于柱状图中，按照监测项目逐项分析。

1. 悬浮物(SS)含量

为了使结果看起来更加直观，本研究基于2006—2017年研究区域水体悬浮物(SS)含量平均值分别绘制柱状图和折线图进行分析，由于2006年、2008年和2010年只有Ⅰ区和Ⅲ区有监测数值，因此折线图采用的是2011—2017年的数据，趋势分析图详见图3-41和图3-42。

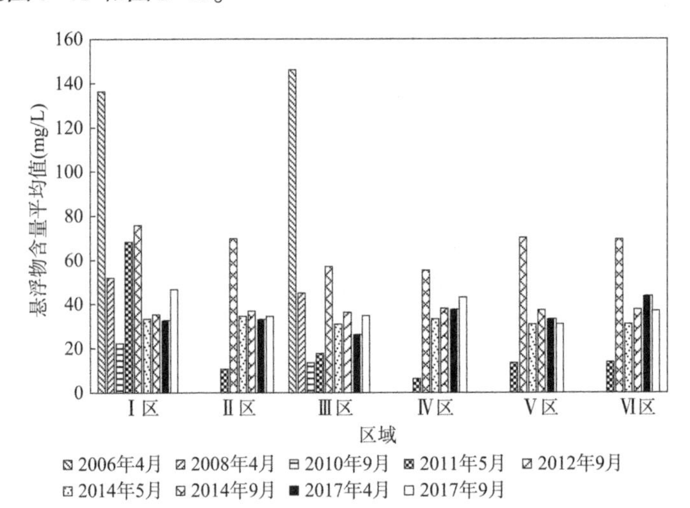

图3-41 2006—2017年研究区域水体悬浮物(SS)含量平均值趋势分析图

从图3-41和图3-42中可以看出，2006年4月、2008年4月和2012年9月水体悬浮物含量偏高，其他时间的监测结果均处于正常波动范围内，2014—2017年，监测结果比较稳定，年际变化不大。分析认为渤海新区围填海工程实施前神华集团已在黄骅建港，该海域一直存在施工行为，这也是导致2006年水体悬浮物含量监测结果偏高的原因。另外，根据对渤海新区不同年份围填海规模的分析，2007—2008年度和2012—2014年度围填海规模最大，监测结果也反映出大规模围填海施

工期间悬浮物含量有所增高,随着围填海工程施工结束,悬浮物含量则恢复至正常水平。

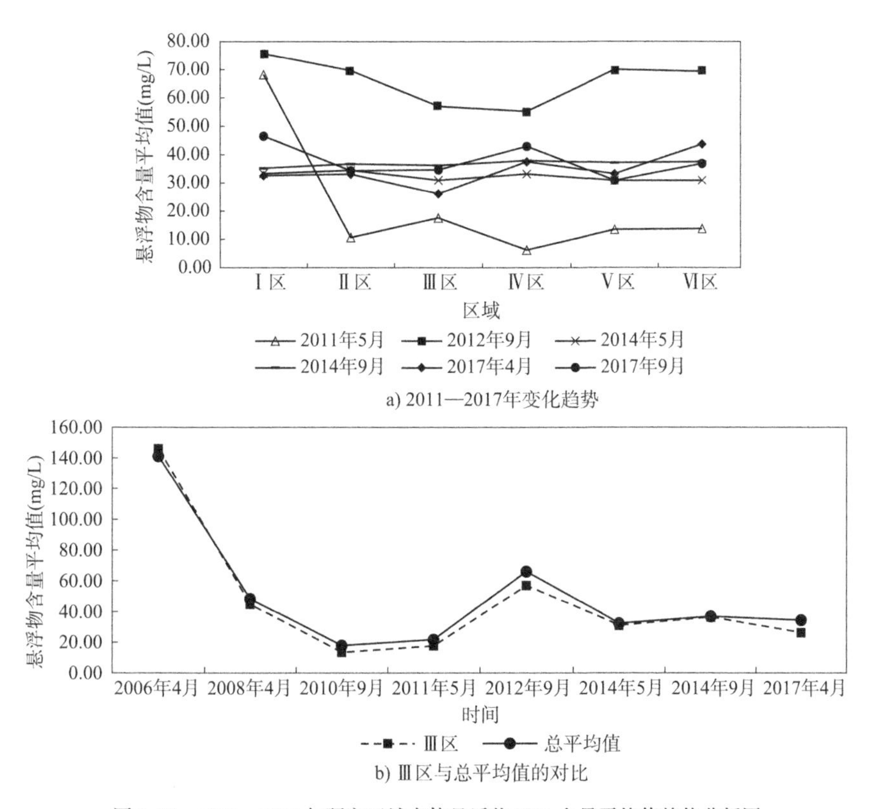

a) 2011—2017年变化趋势

b) Ⅲ区与总平均值的对比

图 3-42 2011—2017 年研究区域水体悬浮物(SS)含量平均值趋势分析图

2. 化学需氧量(COD)

研究区域水体 COD 平均值分析图详见图 3-43 ~ 图 3-46。

(1)环境质量评价

从图 3-43 中可以看出,本次收集的历史资料中,2006—2017 年中仅 2012 年 9 月Ⅲ区的 COD 平均值超出近岸海水水质一类标准对 COD 的限值,其他区域均能达到一类标准要求。

(2)年际变化趋势

分析图 3-44 可知,从 2006—2017 年的年际变化来看,不论是春季还是秋季,总体上研究区域水体 COD 平均值均呈现逐年下降的趋势,仅从 COD 指标分析,近年来研究区域水质在逐渐改善。

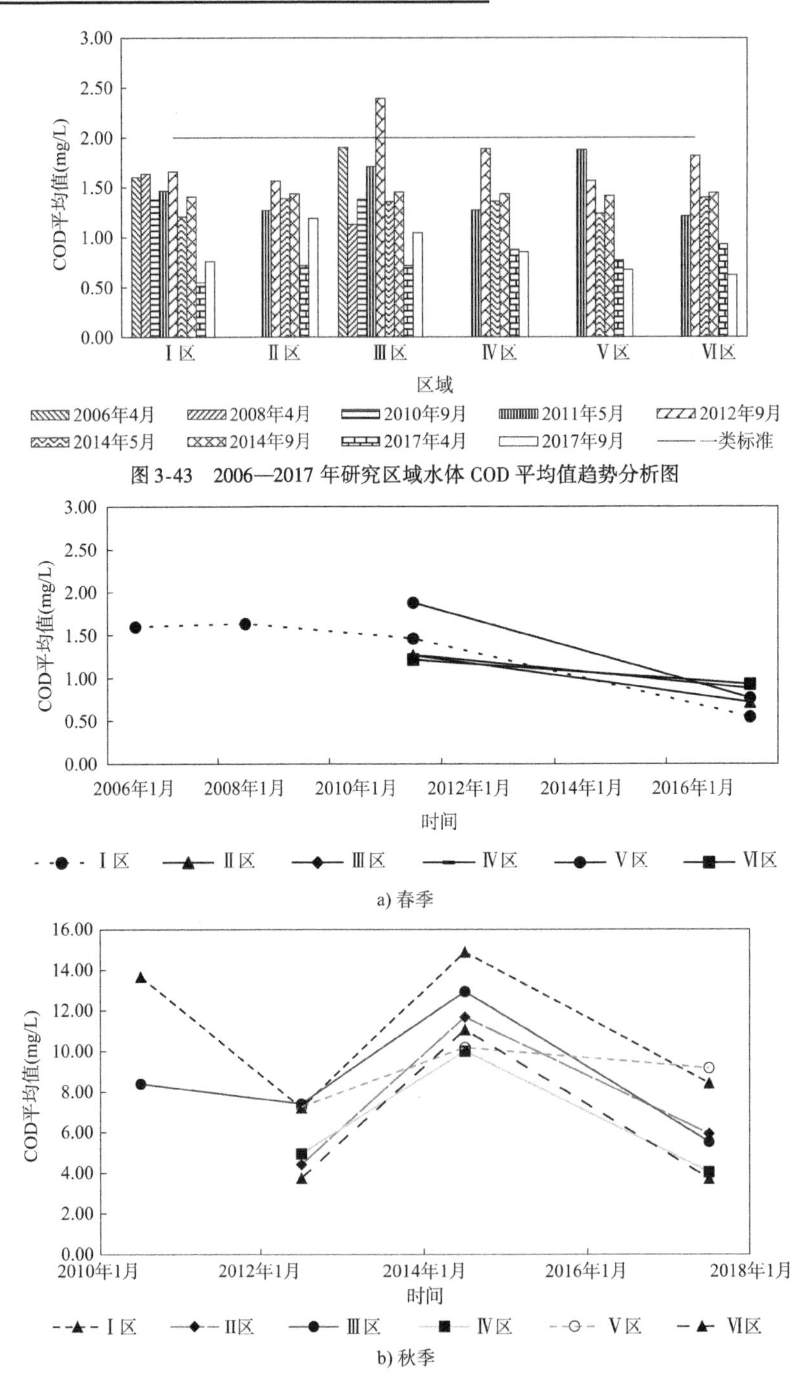

图3-43 2006—2017年研究区域水体COD平均值趋势分析图

a) 春季

b) 秋季

图3-44 2006—2017年春、秋两季研究区域水体COD平均值年际变化趋势图

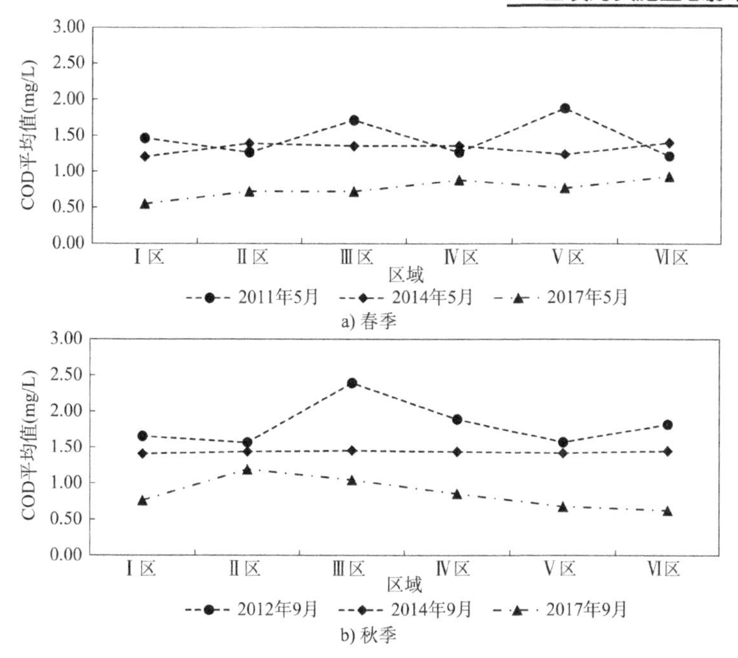

a) 春季

b) 秋季

图3-45 2011—2017年春、秋两季研究区域水体COD平均值空间变化趋势图

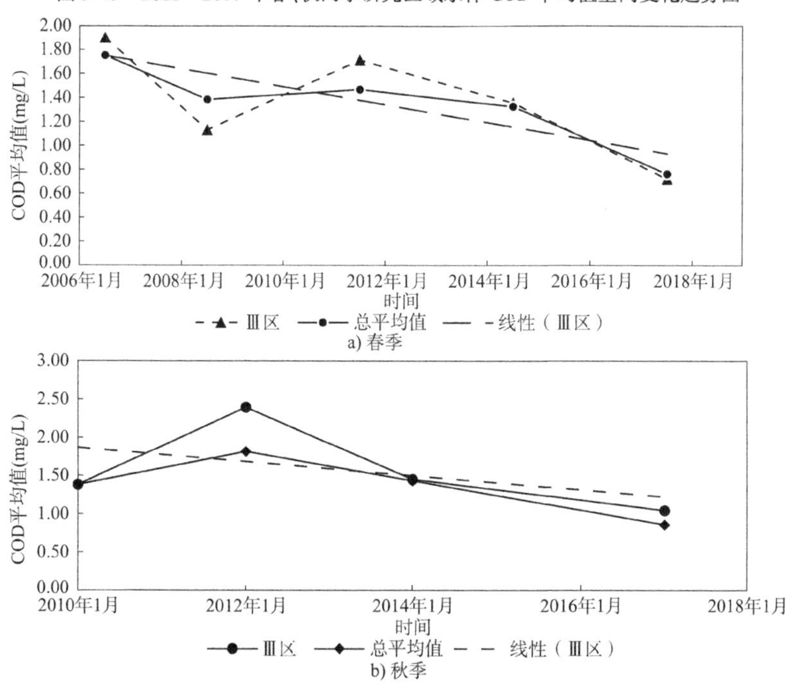

a) 春季

b) 秋季

图3-46 2006—2017年春、秋两季Ⅲ区水体COD平均值变化趋势图

(3)空间变化趋势

分析图 3-45 可知,从平面分布来看,各区域间水体 COD 平均值无明显差异,基本处于正常的波动范围内。围填海区域(Ⅲ区)除 2012 年 9 月水体 COD 平均值高于其他区域外,其他时间的平均值与相邻区域平均值处于同一水平。

(4)围填海区域(Ⅲ区)变化趋势

分析图 3-46 可知,不论是春季还是秋季,总体上围填海区域水体 COD 平均值均呈现逐年下降的趋势;春季Ⅲ区水体 COD 平均值在区域总平均值附近上下波动,波动幅度不大,秋季则略高于区域平均水平,2006—2017 年围填海工程对 COD 指标无明显影响。

3. 石油类含量

研究区域水体石油类含量平均值分析图详见图 3-47 ~ 图 3-50。

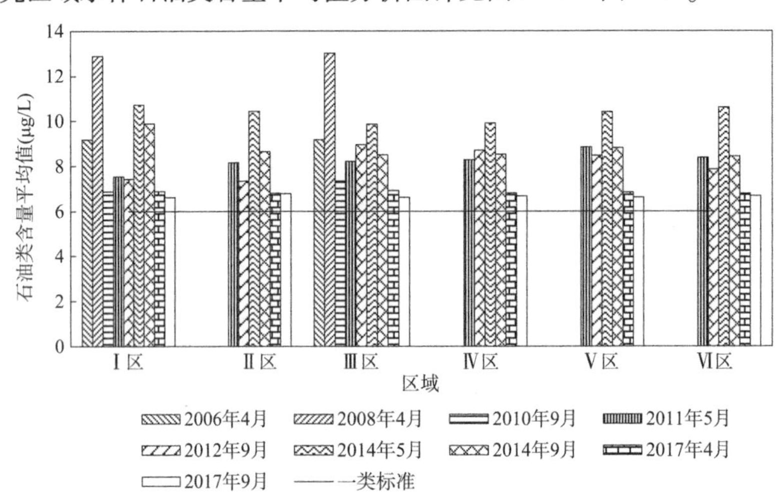

图 3-47　2006—2017 年研究区域水体石油类含量平均值趋势分析图

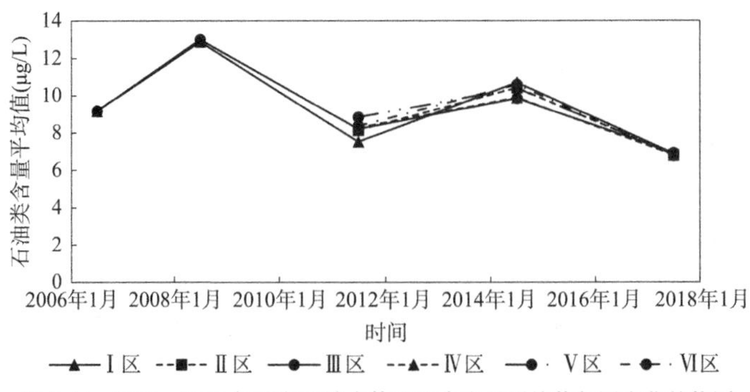

图 3-48　2006—2017 年研究区域水体石油类含量平均值年际变化趋势图

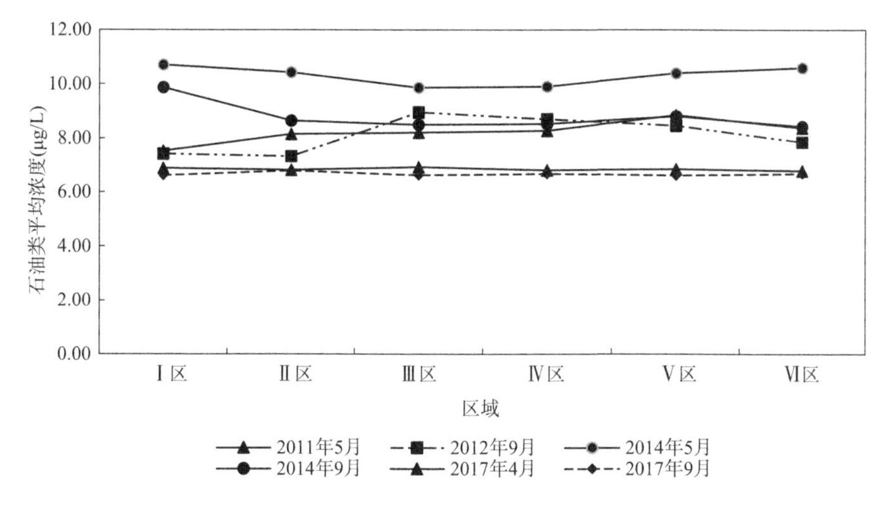

图 3-49　2011—2017 年研究区域水体石油类含量平均值空间变化趋势图

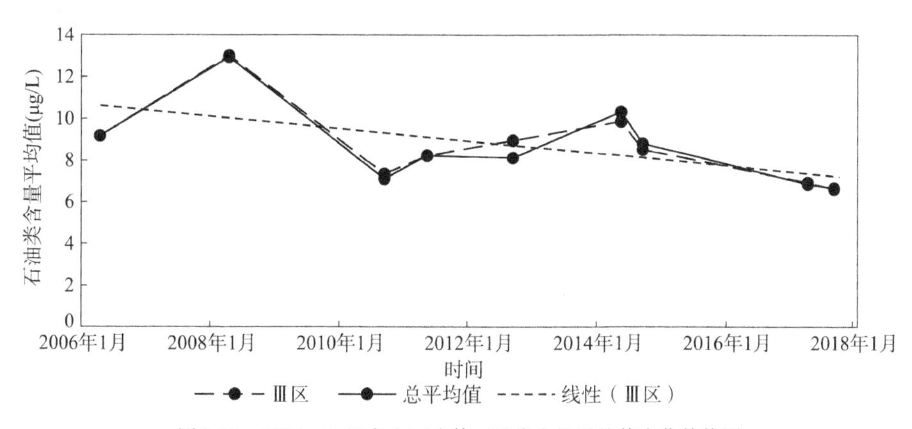

图 3-50　2006—2017 年Ⅲ区水体石油类含量平均值变化趋势图

(1)环境质量评价

从图 3-47 中可以看出,本次收集的历史资料中,2006—2017 年全部区域的水体石油类含量平均值不能满足近岸海水水质一类标准的要求。

(2)年际变化趋势

分析图 3-48 可知,从 2006—2017 年的年际变化来看,各区域水体石油类含量虽然在不同年份间有一定的波动,但整体上呈现出下降趋势,且浓度超出一类标准,需对潜在的石油类污染问题有所重视。

(3)空间变化趋势

分析图 3-49 可知,从平面分布来看,Ⅳ区、Ⅴ区和Ⅵ区各监测年的水体石油类含量平均值非常接近，2012—2014 年各区域(Ⅰ区 ~ Ⅵ区)的水体石油类含量平均值基本一致，但 2017 年Ⅰ区和Ⅲ区的第二次监测结果要略高于相邻区域。

(4)围填海区域(Ⅲ区)变化趋势

分析图 3-50 可知，围填海区域(Ⅲ区)水体石油类含量平均值呈现出波动性上升的趋势，围填海施工期间和施工结束后的调查结果均高于围填海前，水体石油类含量指标呈现恶化趋势，且 2006—2017 年围填海区域(Ⅲ区)水体石油类污染情况要比区域平均情况严重，分析认为 2006—2017 年围填海工程实施以及由此引起的人类活动增加是造成水体石油类含量上升的原因，需加以重视。

4. 溶解氧(DO)含量

研究区域水体溶解氧含量平均值分析图详见图 3-51 ~ 图 3-54。

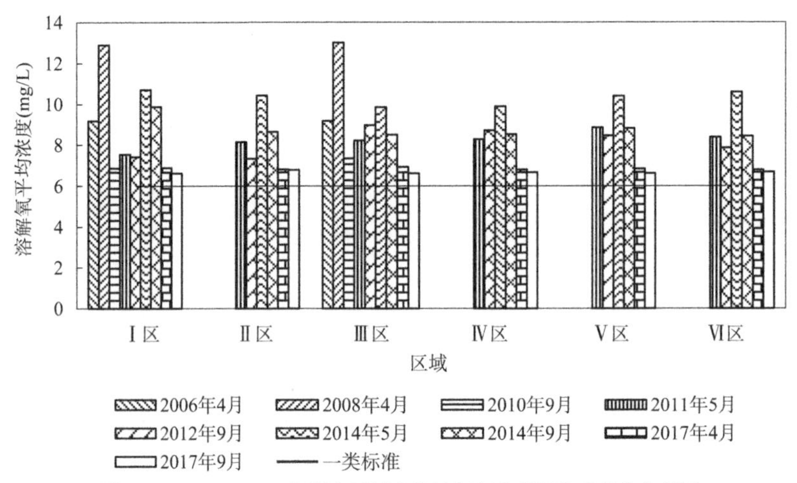

图 3-51　2006—2017 年研究区域水体溶解氧含量平均值趋势分析图

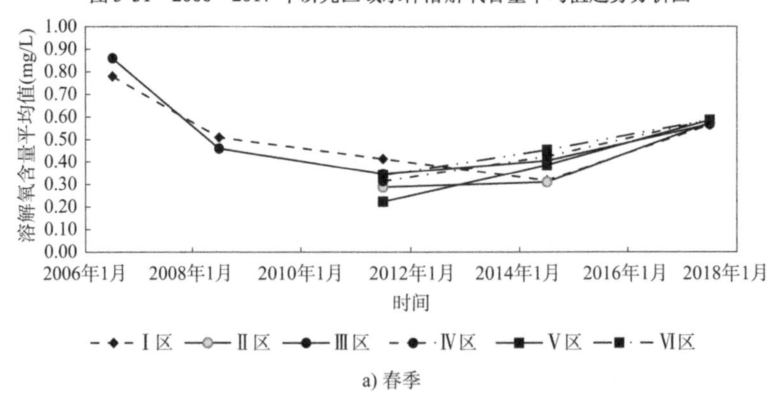

a) 春季

图　3-52

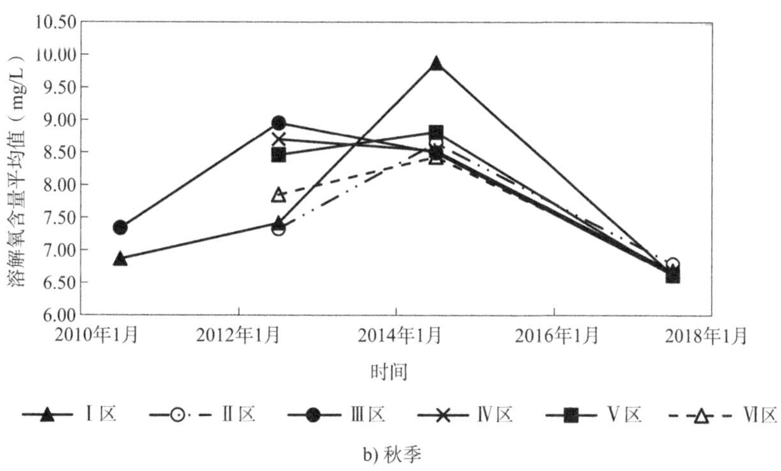

b) 秋季

图 3-52　2006—2017 年春、秋两季水体溶解氧含量平均值年际变化趋势图

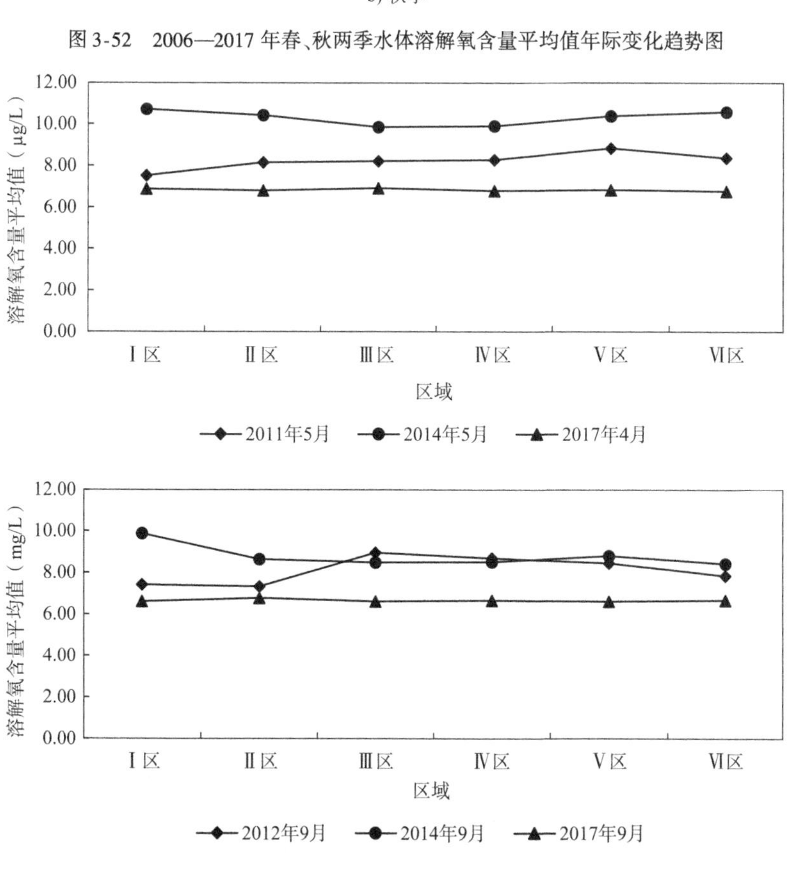

图 3-53　2011—2017 年春、秋两季水体溶解氧含量平均值空间变化趋势图

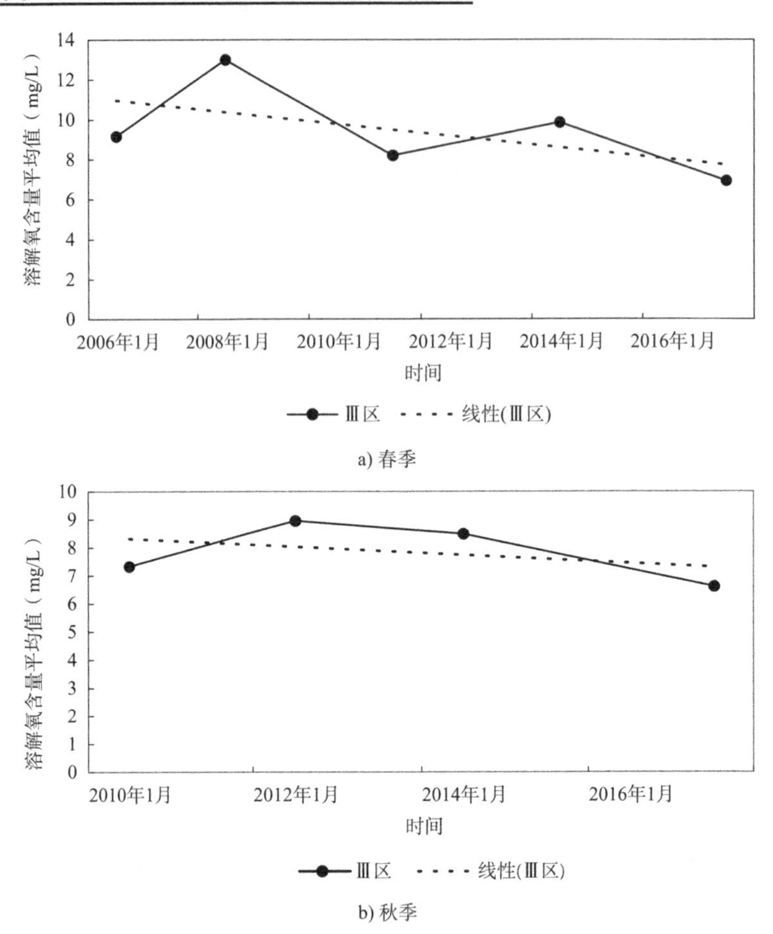

a) 春季

b) 秋季

图 3-54　2006—2017 年春、秋两季Ⅲ区水体溶解氧含量平均值变化趋势图

(1)环境质量评价

从图 3-51 中可以看出,本次收集的历史资料中,2006—2017 年全部区域的水体溶解氧含量平均值均能达到近岸海水水质一类标准的要求。

(2)年际变化趋势

分析图 3-52 可知,从 2006—2017 年的年际变化来看,春季调查数据虽然在不同年份间有一定的波动,但整体上呈现下降趋势,秋季调查数据波动幅度较小,基本处于正常波动范围内。

(3)空间变化趋势

分析图 3-53 可知,从平面分布来看,2011—2017 年各区域(Ⅰ区 ~ Ⅵ区)的水体溶解氧含量平均值基本处于同一水平,在正常波动范围内,各区域水体溶解氧含

量平均值无明显差别。

(4)围填海区域(Ⅲ区)变化趋势

分析图3-54可知,围填海区域水体溶解氧含量平均值呈现波动性下降的趋势,其中春季下降趋势相对较明显,秋季波动范围不大。围填海区域(Ⅲ区)水体溶解氧含量平均值在整个调查区域总平均值附近上下波动,幅度很小,可以认为处于区域平均水平,围填海活动对水体溶解氧含量无明显影响。

5. 无机氮含量

研究区域水体无机氮含量平均值分析图详见图3-55~图3-58。

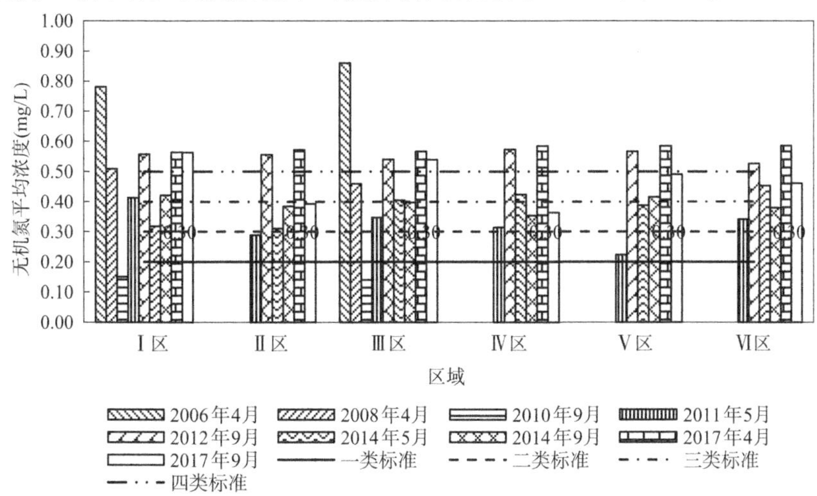

图3-55 2006—2017年研究区域水体无机氮含量平均值趋势分析图

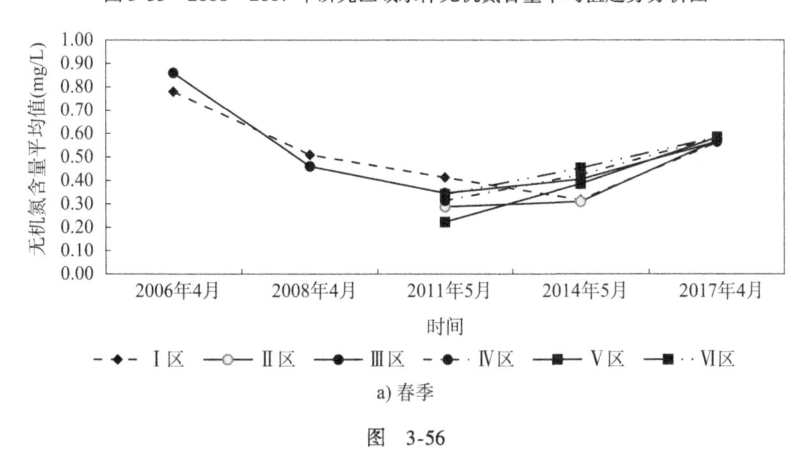

a) 春季

图 3-56

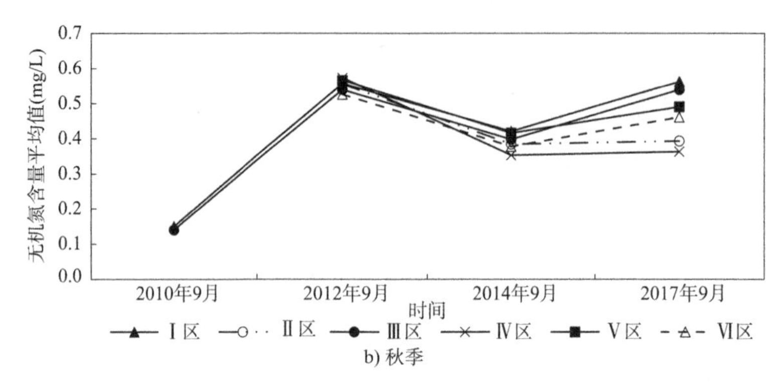

b) 秋季

图3-56　2006—2017年春、秋两季水体无机氮含量平均值年际变化趋势图

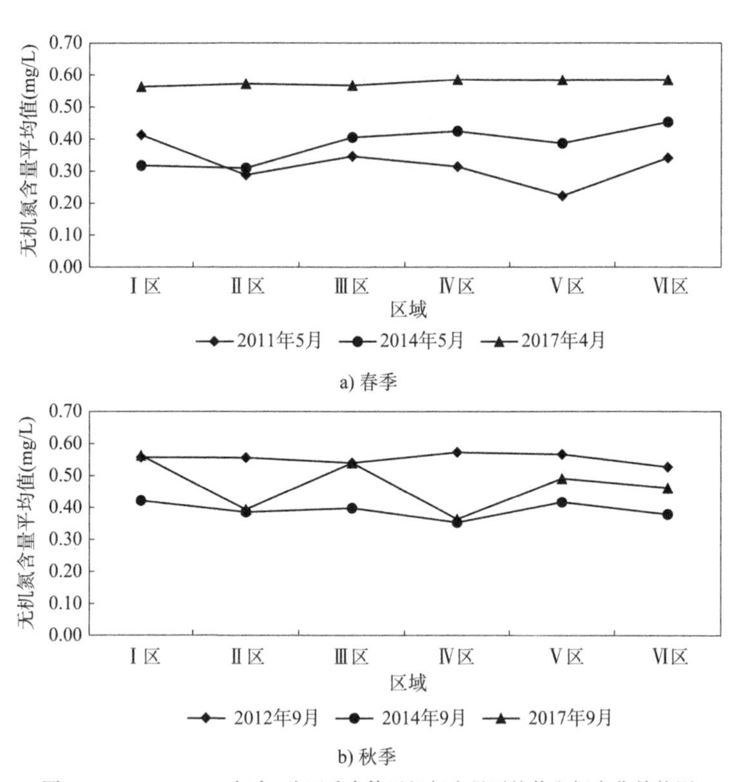

a) 春季

b) 秋季

图3-57　2011—2017年春、秋两季水体无机氮含量平均值空间变化趋势图

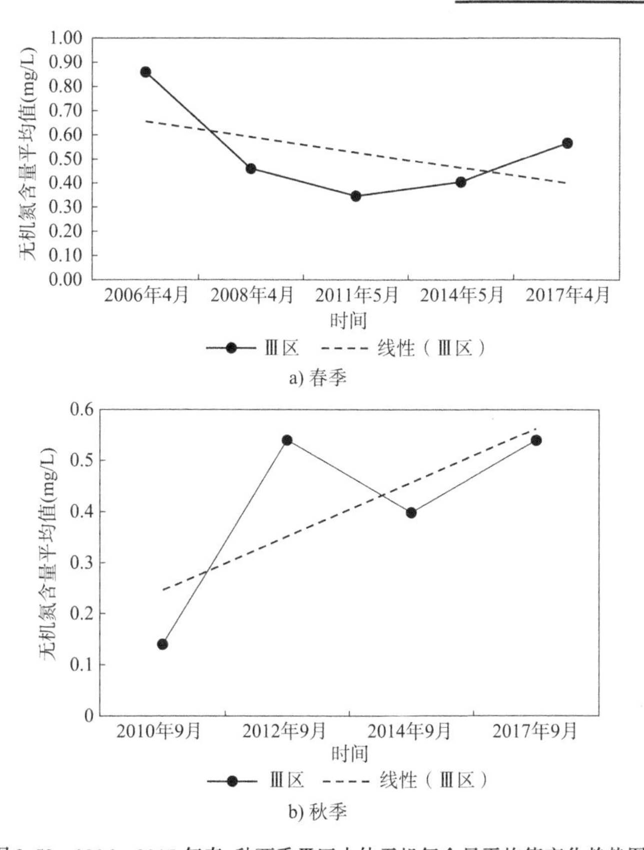

图 3-58 2006—2017 年春、秋两季Ⅲ区水体无机氮含量平均值变化趋势图

(1)环境质量评价

从图 3-55 中可以看出,2006—2017 年研究区域的水体无机氮含量平均值大多超过海水水质二类标准,而 2006 年 4 月、2012 年 9 月和 2017 年 4 月这三次监测区域平均值均超过四类标准。

(2)年际变化趋势

分析图 3-56 可知,从 2006—2017 年的年际变化来看,春季调查数据呈现出先降后升的趋势,秋季数据呈波动性上升趋势。

(3)空间变化趋势

分析图 3-57 可知,从平面分布来看,2011—2017 年各区域(Ⅰ区 ~ Ⅵ区)的水体无机氮含量平均值基本处于正常波动范围内,并无明显变化。

(4)围填海区域(Ⅲ区)变化趋势

分析图 3-58 可知,围填海区域水体无机氮含量平均值春季呈现先降后升的趋势,秋季则呈现波动性上升的趋势。高值分别出现在2006年4月(施工前)、2012年9月(施工中)、2017年4月和9月(施工后),可见水体无机氮含量的变化与围填海工程实施相关性不明显,但研究区域水体无机氮含量超标严重,是该海域的主要污染因子。

6. 磷酸盐含量

研究区域水体磷酸盐含量平均值分析图详见图3-59~图3-62。

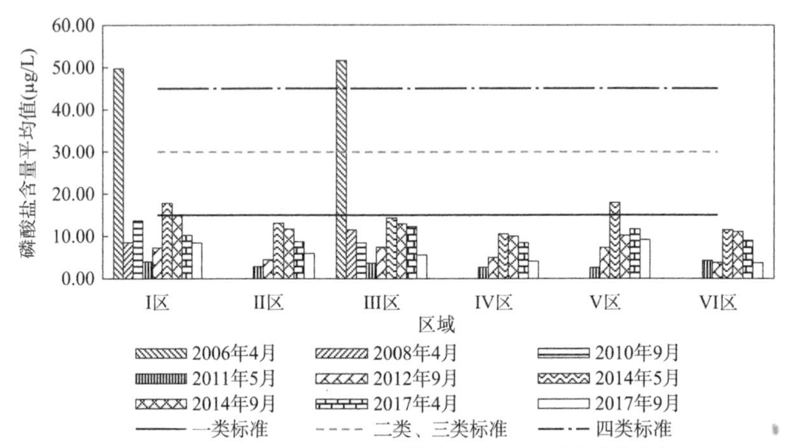

图3-59 2006—2017年研究区域水体磷酸盐含量平均值趋势分析图

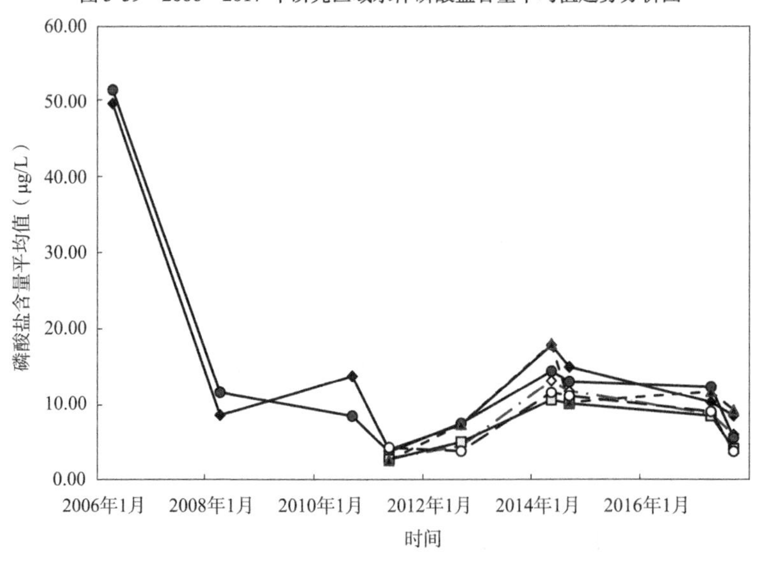

图3-60 2006—2017年研究区域水体磷酸盐含量平均值年际变化趋势图

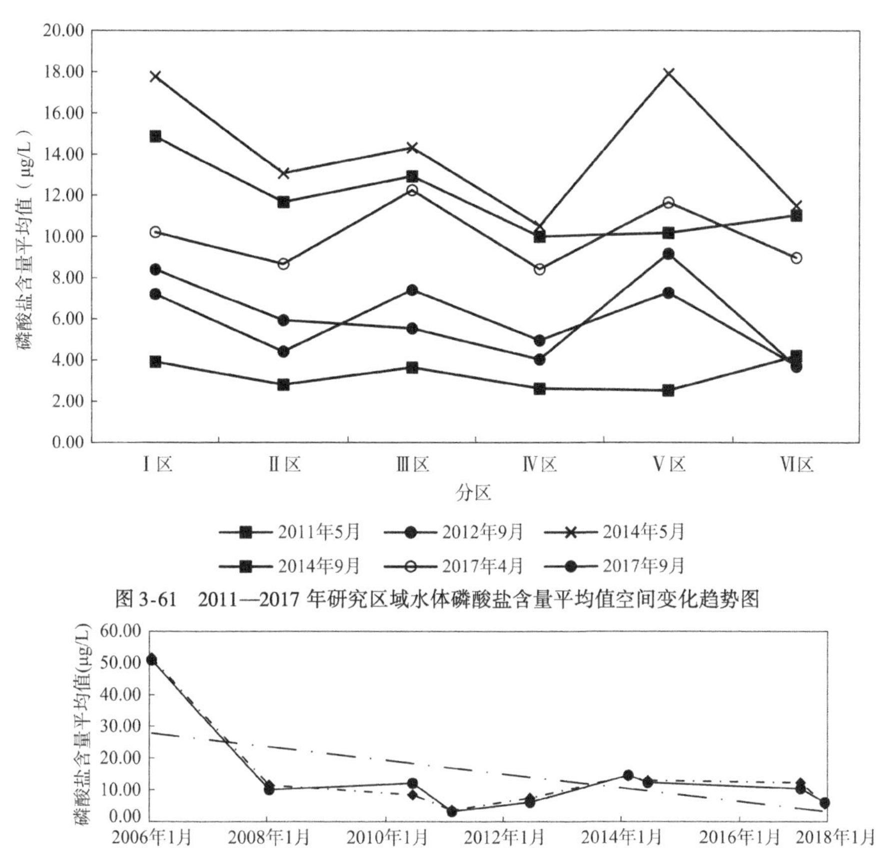

图 3-61　2011—2017 年研究区域水体磷酸盐含量平均值空间变化趋势图

	2006年4月	2008年4月	2010年9月	2011年5月	2012年9月	2014年5月	2014年9月	2017年4月	2017年9月
Ⅲ区	51.61	11.50	8.41	3.65	7.42	14.34	12.94	12.26	5.54
总平均值	50.89	10.07	12.06	3.28	6.13	14.54	12.3	10.35	6.07

图 3-62　2006—2017 年Ⅲ区水体磷酸盐含量平均值变化趋势图

（1）环境质量评价

从图 3-59 中可以看出，2006 年研究区域的Ⅰ区和Ⅲ区水体磷酸盐含量平均值未达到海水水质四类标准的要求，2014 年 5 月研究区域的Ⅰ区和Ⅴ区水体磷酸盐含量平均值未达到海水水质一类标准的要求，其余年份各区域水体磷酸盐含量平均值均能达到近岸海水水质一类标准的要求。

（2）年际变化趋势

分析图 3-60 可知，从 2006—2017 年的年际变化来看，研究区域水体磷酸盐含量平均值出现波动的趋势，除 2006 年调查结果明显偏高外，其他年份间波动幅度不大，最低值出现在2011年5月，然后逐年上升，至2014年9月又开始逐渐下降，2017年春季调查结果与2008年春季的调查结果基本持平。

（3）空间变化趋势

分析图3-61可知，从平面分布来看，各区域间水体磷酸盐含量平均值差异不大，处于正常的波动范围内，Ⅰ区和Ⅴ区水体磷酸盐含量平均值整体偏高，围填海区域（Ⅲ区）水体磷酸盐含量平均值处于区域平均水平。

（4）围填海区域（Ⅲ区）变化趋势

分析图3-62可知，围填海区域（Ⅲ区）除2006年调查结果明显偏高外，其余年份调查结果波动幅度不大，处于正常波动范围内，2006—2017年围填海工程对水体磷酸盐含量指标无明显影响。

7. 重金属含量

研究区域水体重金属含量平均值分析图详见图3-63～图3-66。

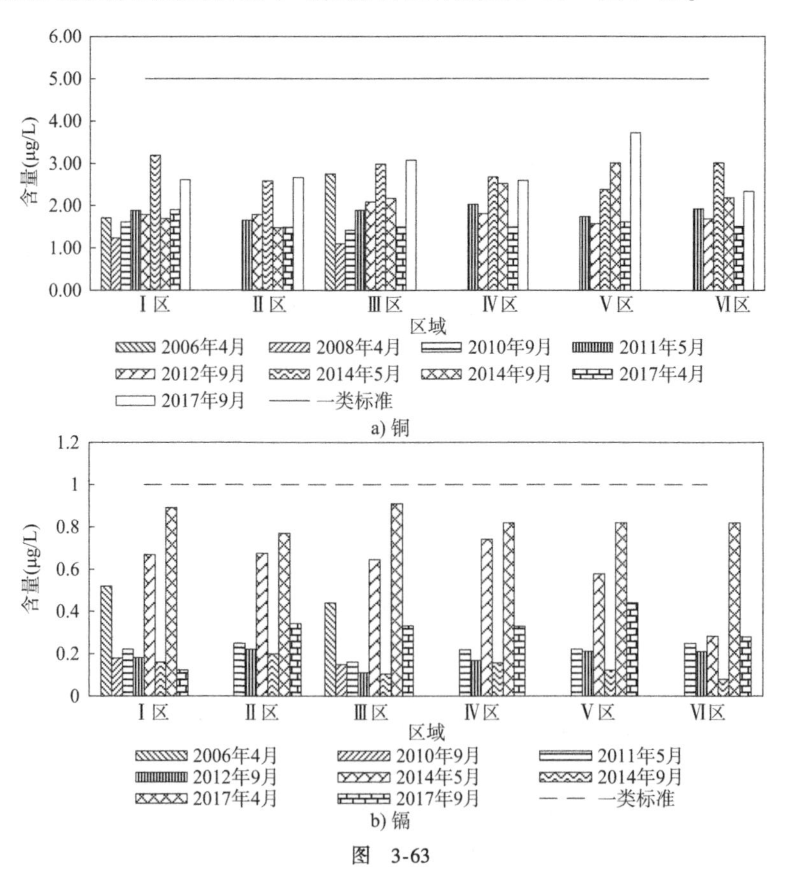

a）铜

b）镉

图 3-63

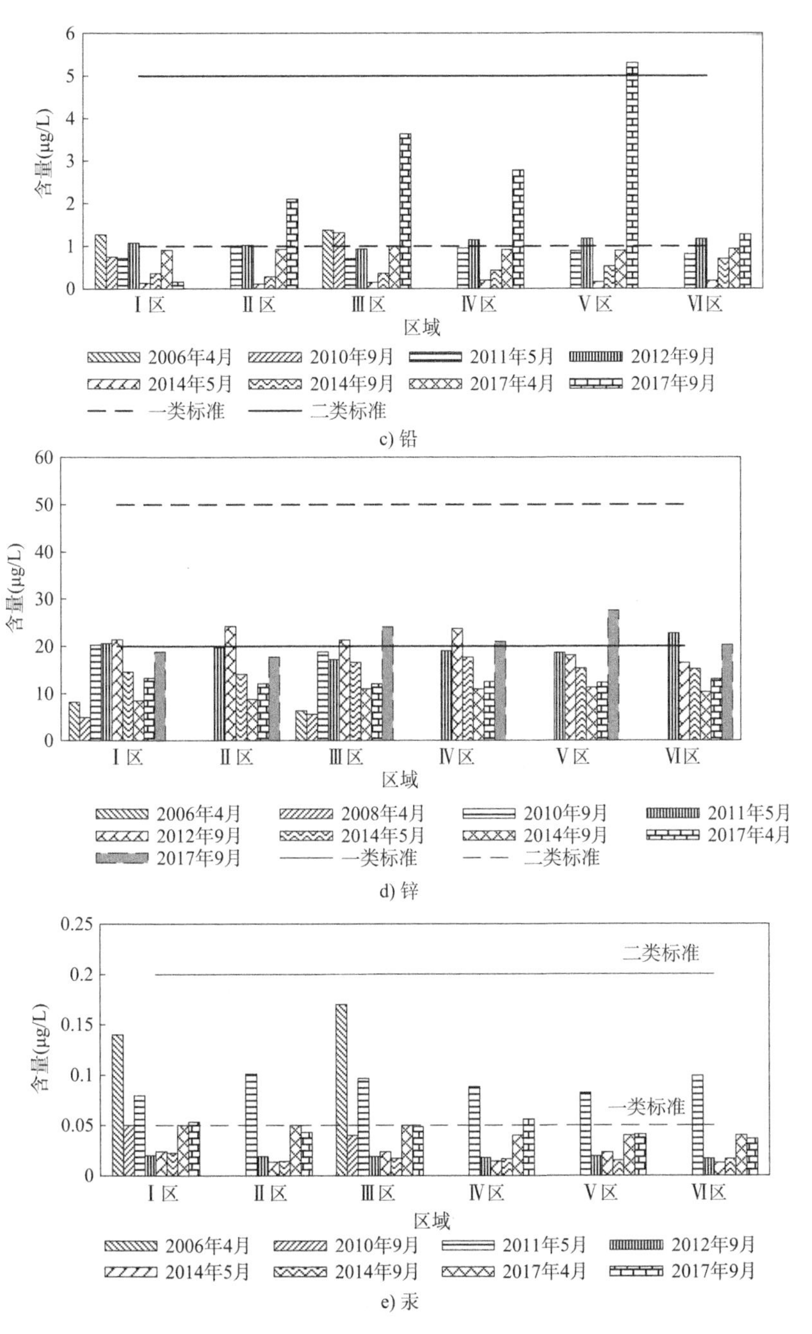

6
5
4
3
2
1
0
含量(μg/L)
Ⅰ区
Ⅱ区
Ⅲ区
Ⅳ区
Ⅴ区
Ⅵ区
区域
2006年4月
2010年9月
2011年5月
2012年9月
2014年5月
2014年9月
2017年4月
2017年9月
一类标准
二类标准
60
50
40
30
20
10
0
含量(μg/L)
Ⅰ区
Ⅱ区
Ⅲ区
Ⅳ区
Ⅴ区
Ⅵ区
区域
2006年4月
2008年4月
2010年9月
2011年5月
2012年9月
2014年5月
2014年9月
2017年4月
2017年9月
一类标准
二类标准
0.25
0.2
0.15
0.1
0.05
0
含量(μg/L)
二类标准
一类标准
Ⅰ区
Ⅱ区
Ⅲ区
Ⅳ区
Ⅴ区
Ⅵ区
区域
2006年4月
2010年9月
2011年5月
2012年9月
2014年5月
2014年9月
2017年4月
2017年9月

c) 铅

d) 锌

e) 汞

图 3-63

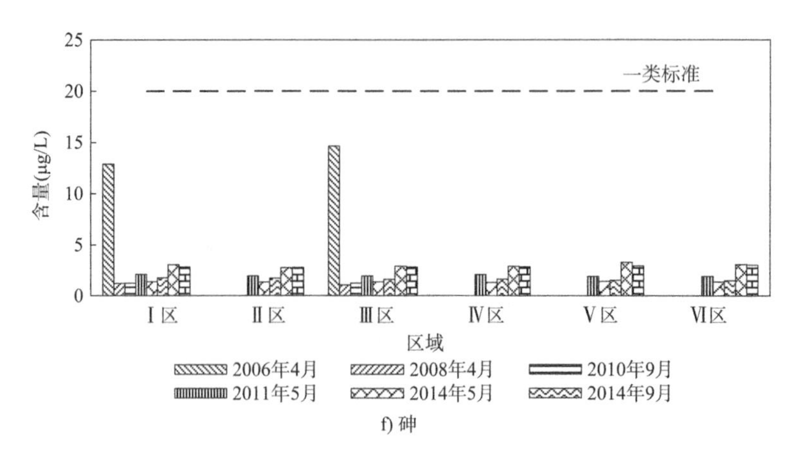

f) 砷

图 3-63　2006—2017 年研究区域水体重金属含量平均值趋势分析图

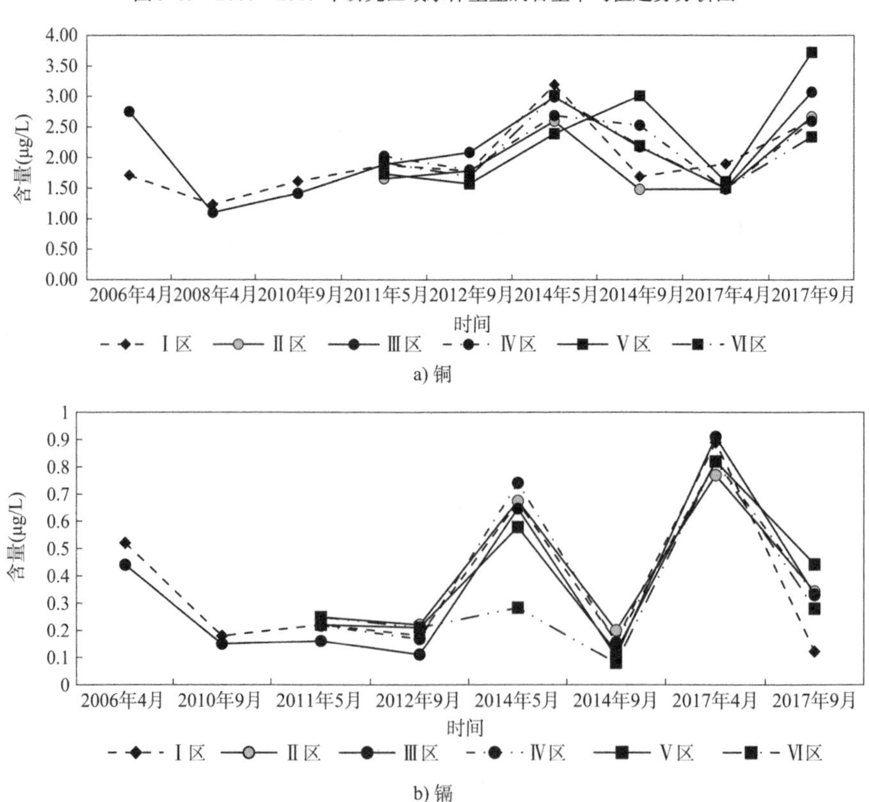

a) 铜

b) 镉

图　3-64

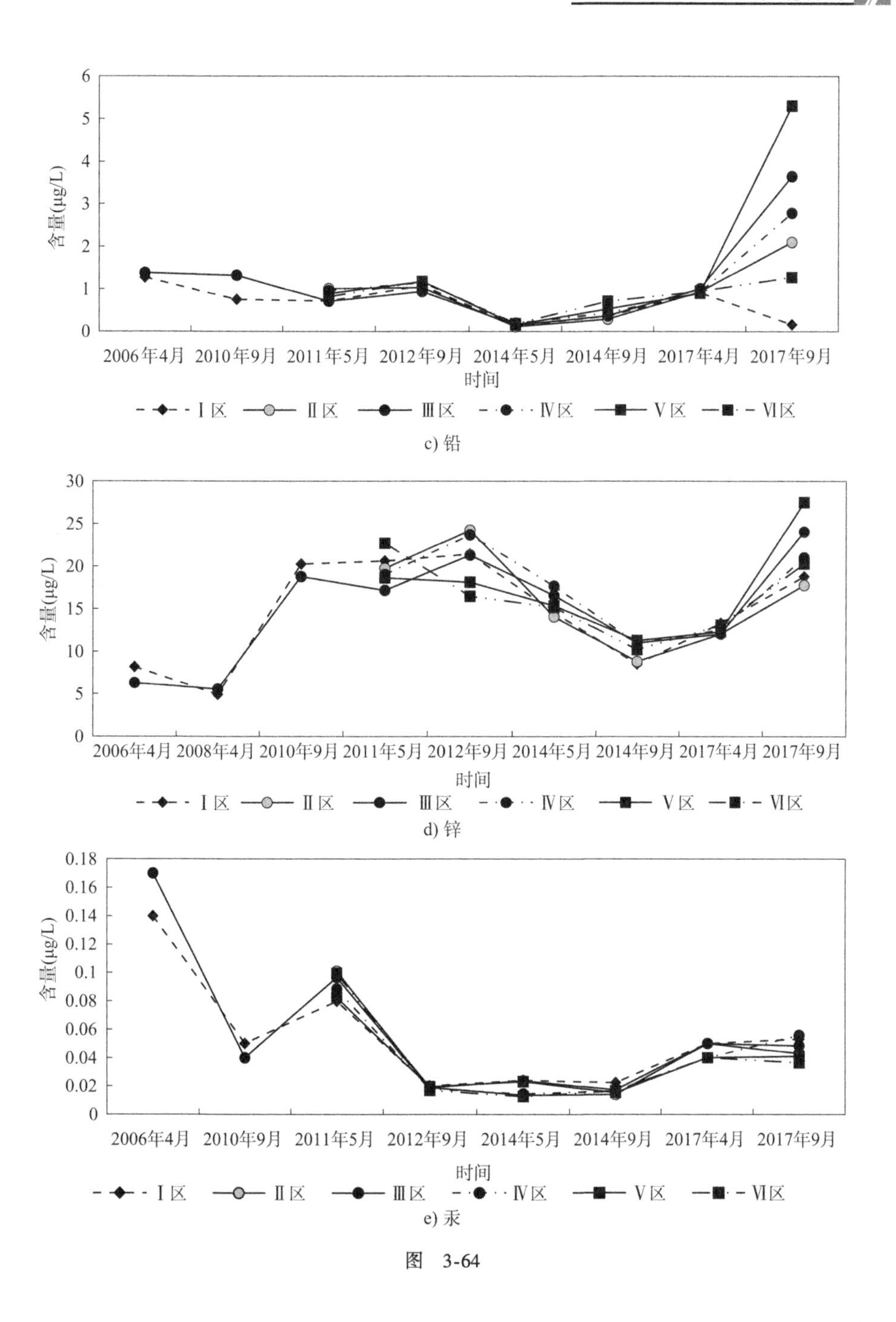

6
5
4
3
2
1
0
含量(μg/L)
2006年4月
2010年9月
2011年5月
2012年9月
2014年5月
2014年9月
2017年4月
2017年9月
时间
Ⅰ区
Ⅱ区
Ⅲ区
Ⅳ区
Ⅴ区
Ⅵ区

c) 铅

30
25
20
15
10
5
0
含量(μg/L)
2006年4月
2008年4月
2010年9月
2011年5月
2012年9月
2014年5月
2014年9月
2017年4月
2017年9月
时间
Ⅰ区
Ⅱ区
Ⅲ区
Ⅳ区
Ⅴ区
Ⅵ区

d) 锌

0.18
0.16
0.14
0.12
0.1
0.08
0.06
0.04
0.02
0
含量(μg/L)
2006年4月
2010年9月
2011年5月
2012年9月
2014年5月
2014年9月
2017年4月
2017年9月
时间
Ⅰ区
Ⅱ区
Ⅲ区
Ⅳ区
Ⅴ区
Ⅵ区

e) 汞

图 3-64

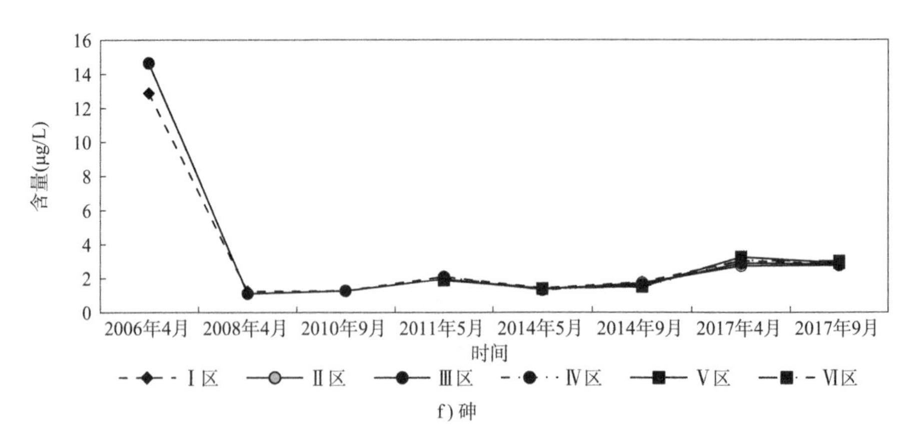

f) 砷

图 3-64　2006—2017 年研究区域水体重金属含量平均值年际变化趋势图

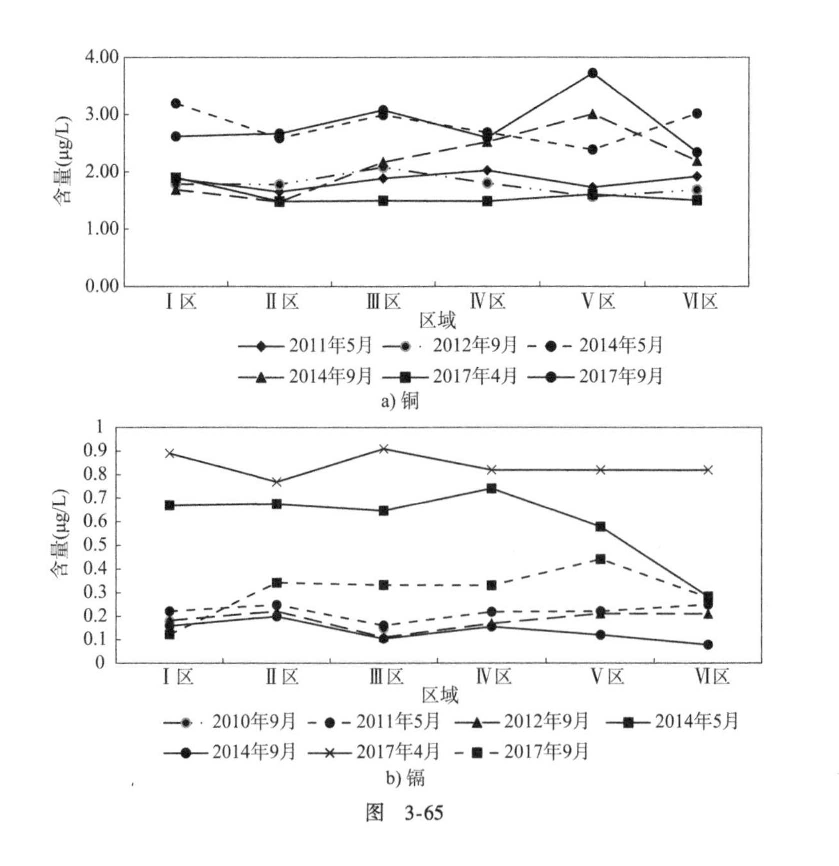

a) 铜

b) 镉

图　3-65

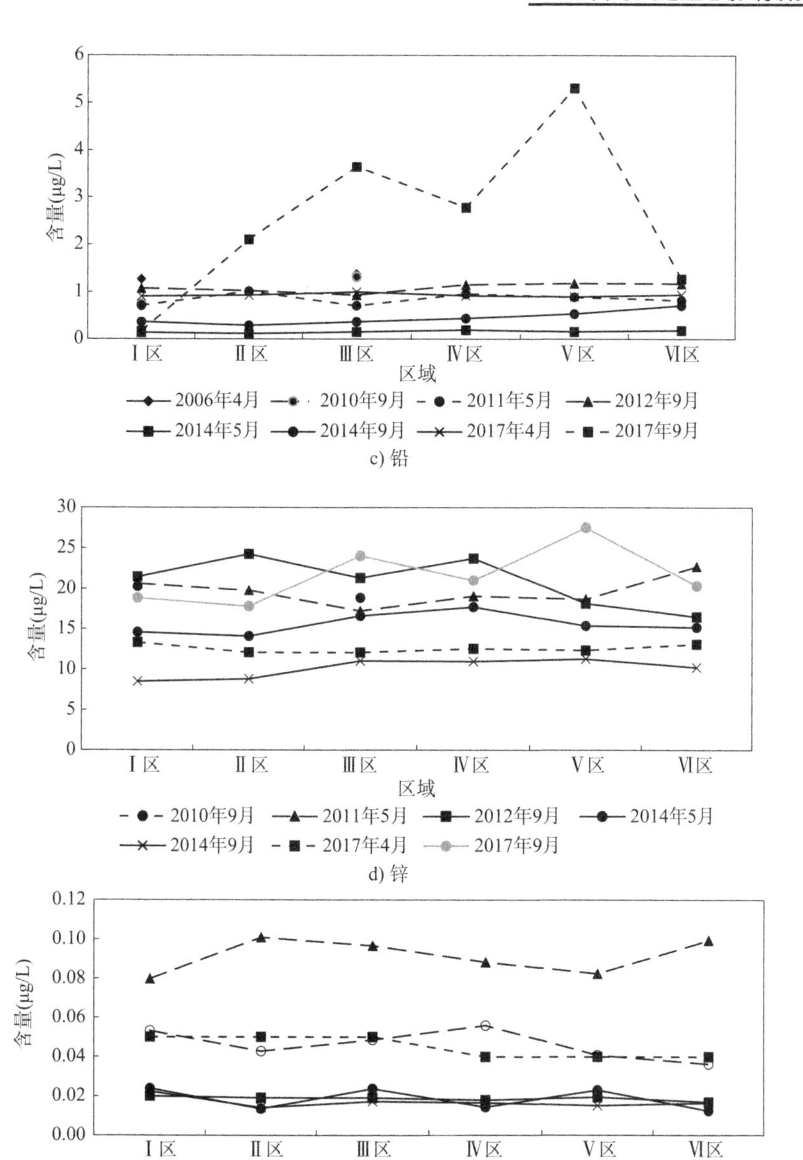

含量(μg/L)
0
1
2
3
4
5
6
Ⅰ区
Ⅱ区
Ⅲ区
Ⅳ区
Ⅴ区
Ⅵ区
区域
2006年4月
2010年9月
2011年5月
2012年9月
2014年5月
2014年9月
2017年4月
2017年9月

c) 铅

含量(μg/L)
0
5
10
15
20
25
30
Ⅰ区
Ⅱ区
Ⅲ区
Ⅳ区
Ⅴ区
Ⅵ区
区域
2010年9月
2011年5月
2012年9月
2014年5月
2014年9月
2017年4月
2017年9月

d) 锌

含量(μg/L)
0.00
0.02
0.04
0.06
0.08
0.10
0.12
Ⅰ区
Ⅱ区
Ⅲ区
Ⅳ区
Ⅴ区
Ⅵ区
区域
2011年5月
2012年9月
2014年5月
2014年9月
2017年4月
2017年9月

e) 汞

图 3-65

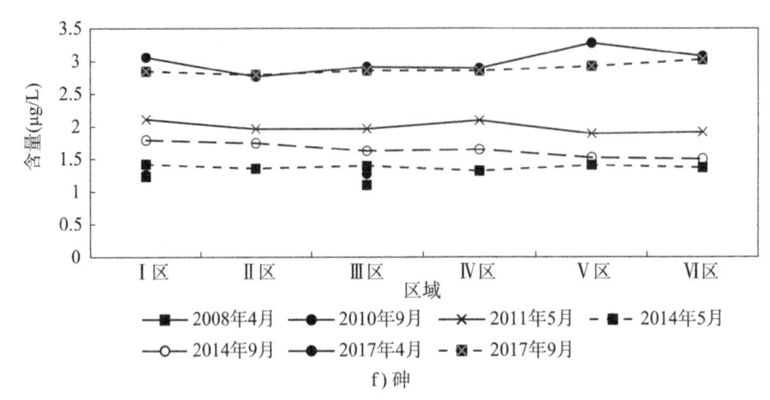

f) 砷

图 3-65　2006—2017 年研究区域水体重金属含量平均值空间变化趋势图

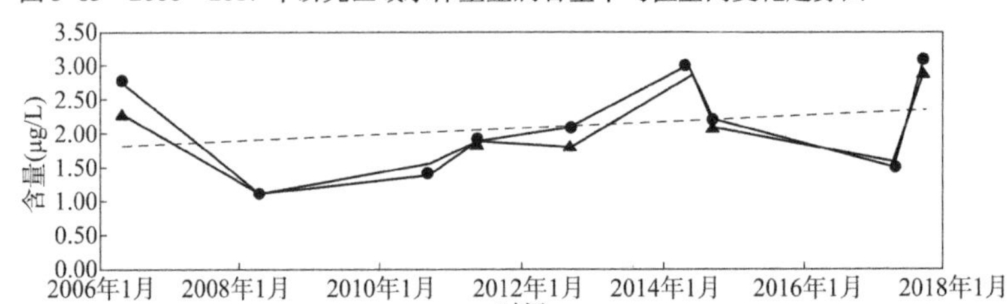

	2006年4月	2008年4月	2010年9月	2011年5月	2012年9月	2014年5月	2014年9月	2017年4月	2017年9月
—●— Ⅲ区	2.75	1.10	1.42	1.89	2.09	2.99	2.17	1.5	3.08
—▲— 总平均值	2.32	1.16	1.55	1.88	1.79	2.87	2.11	1.57	2.89

—●— Ⅲ区　—▲— 总平均值　- - - 线性（Ⅲ区）

a) 铜

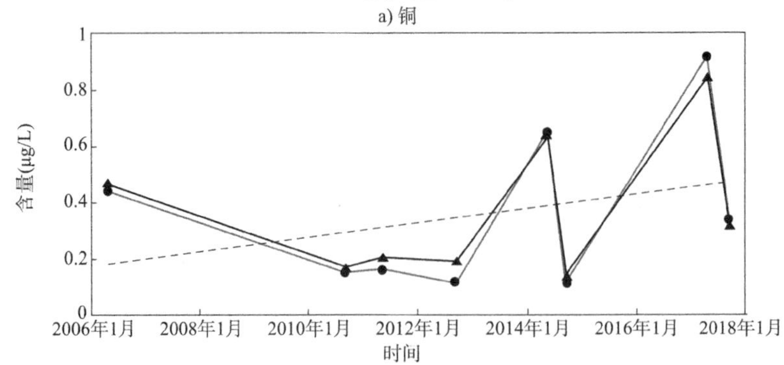

	2006年4月	2010年9月	2011年5月	2012年9月	2014年5月	2014年9月	2017年4月	2017年9月
—●— Ⅲ区	0.44	0.15	0.16	0.11	0.65	0.11	0.91	0.33
—▲— 总平均值	0.47	0.17	0.21	0.19	0.64	0.14	0.85	0.32

—●— Ⅲ区　—▲— 总平均值　- - - 线性（Ⅲ区）

b) 镉

图　3-66

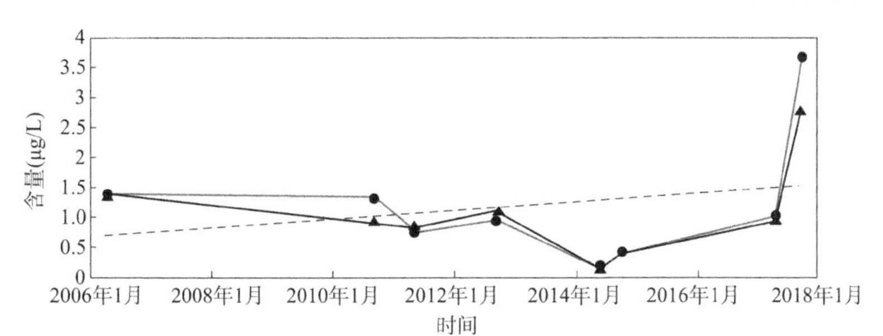

	2006年4月	2010年9月	2011年5月	2012年9月	2014年5月	2014年9月	2017年4月	2017年9月
Ⅲ区	1.38	1.32	0.71	0.94	0.15	0.37	1	3.64
总平均值	1.34	0.93	0.83	1.08	0.15	0.41	0.94	2.80

Ⅲ区　总平均值　线性（Ⅲ区）

c) 铅

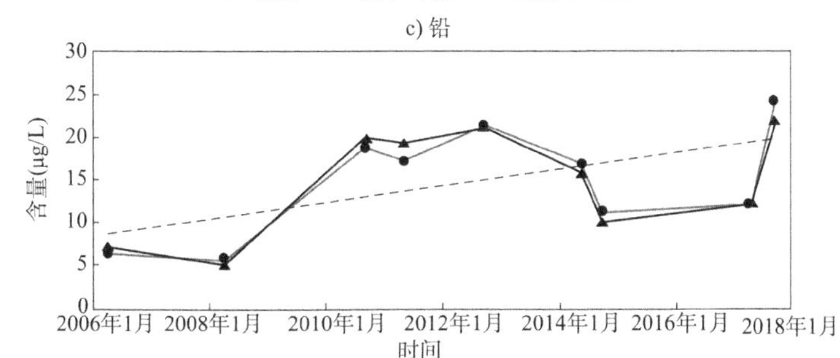

	2006年4月	2008年4月	2010年9月	2011年5月	2012年9月	2014年5月	2014年9月	2017年4月	2017年9月
Ⅲ区	6.29	5.55	18.8	17.18	21.30	16.58	11.02	12.06	24.04
总平均值	6.97	5.24	19.81	19.07	21.22	15.69	10.1	12.47	22.01

Ⅲ区　总平均值　线性（Ⅲ区）

d) 锌

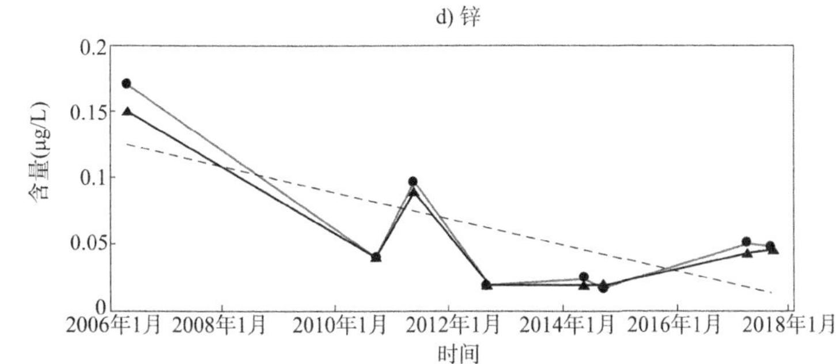

	2006年4月	2010年9月	2011年5月	2012年9月	2014年5月	2014年9月	2017年4月	2017年9月
Ⅲ区	0.17	0.04	0.10	0.02	0.02	0.02	0.05	0.05
总平均值	0.15	0.04	0.09	0.02	0.02	0.02	0.04	0.05

Ⅲ区　总平均值　线性（Ⅲ区）

e) 汞

图 3-66

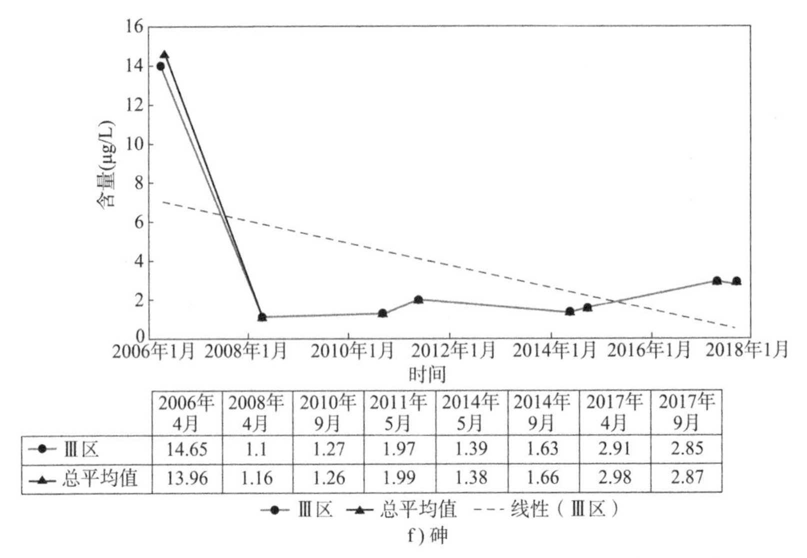

	2006年4月	2008年4月	2010年9月	2011年5月	2014年5月	2014年9月	2017年4月	2017年9月
—●— Ⅲ区	14.65	1.1	1.27	1.97	1.39	1.63	2.91	2.85
—▲— 总平均值	13.96	1.16	1.26	1.99	1.38	1.66	2.98	2.87

f）砷

图3-66　2006—2017年围填海区域（Ⅲ区）水体重金属含量平均值变化趋势图

（1）环境质量评价

图3-63中可以看出，水体铜、镉和砷含量各区域各年度调查平均值均满足海水水质一类标准的要求；水体铅含量大部分区域调查均值可以满足二类标准的要求，仅2017年9月Ⅴ区平均值超出二类标准，符合三类标准外，其余调查平均值均满足二类标准的要求；水体锌含量大部分区域调查平均值可以满足一类标准的要求，2011年5月、2012年9月和2017年9月部分区域平均值出现超标现象，但均符合二类标准的要求；水体汞含量大部分区域调查平均值能够满足一类标准要求，但在2006年4月和2011年5月这两次调查各区域平均值均超出一类标准，2017年9月部分区域平均值超出一类标准，全部调查均能满足二类标准的要求。

（2）年际变化趋势

分析图3-64可知，从2006—2017年的年际变化来看，水体铜、锌和镉含量呈现波动变化趋势；水体铅含量在2006年4月—2017年4月变化幅度不大，但2017年9月各区域调查平均值差异较大；水体汞含量呈现先波动性下降，然后又逐渐上升的趋势，2012—2014年处于最低水平；水体砷含量在2006年调查结果明显偏高，其余年份调查平均值波动幅度不大，在2008—2017年呈现缓慢上升的趋势。

（3）空间变化趋势

从图3-65可知，各区域间水体重金属含量调查平均值无明显变化规律，整体上区域间无明显差异，个别年份区域间差异较大，具体为2017年9月水体铅含量的调查平均值区域间差异较大，Ⅴ区最高，Ⅲ区次之；2014年5月Ⅵ区水体镉含量

的调查平均值明显低于其他区域。

(4)围填海区域(Ⅲ区)变化趋势

从图3-66可知,水体铜含量调查高值分别出现在2006年4月(施工前)、2014年5月(施工中)和2017年9月(施工后),且这总体差异不大,可见填海施工对该因子无明显影响。

水体铅含量调查结果自2006年4月(施工前)至2017年4月(施工后)无明显变化,表明填海施工对该因子无明显影响,2017年9月调查结果显著增高可能受其他外部因素影响,与围填海工程无明显相关性。

水体镉含量呈波动性变化,整个施工期间共计5次调查,仅有1次调查结果高于围填海施工前,说明围填海工程施工水体镉含量无明显影响。

水体汞含量调查结果呈下降趋势,围填海施工中和围填海后的调查结果均低于围填海前,说明围填海工程施工不会导致水体中汞含量增加,水体中的汞含量受陆源输入的影响较大,围填海施工对水体中汞含量无明显影响。

水体砷含量除2006年调查结果明显偏高外,其余年份调查结果波动幅度不大,处于正常波动范围内,2006—2017年围填海工程对砷含量无明显影响。

水体锌含量调查结果在2010—2014年出现高值区,然后稍有回落,但仍高于围填海前(2006年4月)水平,结合后面沉积物调查情况,沉积物中锌含量也呈现出逐年升高的趋势,综合分析认为围填海工程施工使得底质受到扰动,导致沉积物中锌离子释放到海水中,造成海水中锌含量升高。

3.3.2 沉积物环境影响研究

1. 石油类含量

研究区域沉积物石油类含量平均值分析图详见图3-67~图3-70。

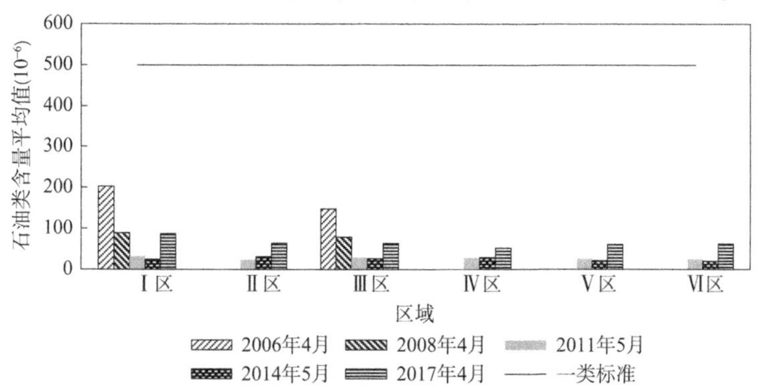

图3-67 2006—2017年研究区域沉积物石油类含量平均值趋势分析图

(1)环境质量评价

从图3-67中可以看出,本次收集的历史资料中,2006—2017年全部区域的沉积物石油类含量平均值均能达到沉积物质量一类标准的要求。

(2)年际变化趋势

分析图3-68可知,从2006—2017年的年际变化来看,沉积物石油类含量平均值呈现出先降后升的趋势,2012年和2014年处于较低水平,2017年略有回升,但仍明显低于2006年。

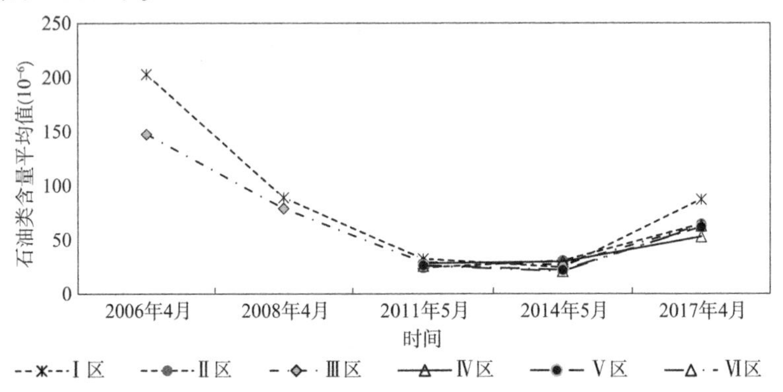

图3-68 2006—2017年研究区域沉积物石油类含量平均值年际变化趋势图

(3)空间变化趋势

分析图3-69可知,从平面分布来看,除Ⅰ区2017年监测值明显高于其他区域外,其他区域同一年的平均值非常接近,处于正常波动范围内;围填海区域(Ⅲ区)与其他区域无明显差异。

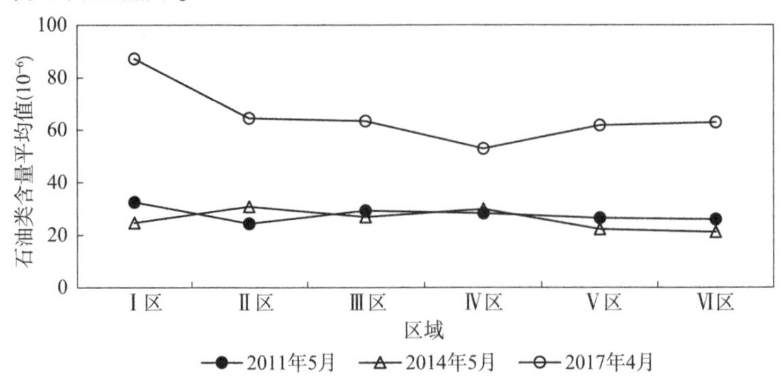

图3-69 2011—2017年研究区域沉积物石油类含量平均值空间变化趋势图

(4)围填海区域(Ⅲ区)变化趋势

分析图3-70可知,围填海区域沉积物石油类含量平均值呈现出先降后升的趋势,与区域总平均值相差很小。仅从沉积物石油类含量指标分析,海域沉积物含量在2017年略有回升,但并未超过2008年平均值,可见2006—2017年围填海工程实施虽令区域沉积物石油类含量出现一定的波动,但并未造成明显影响。

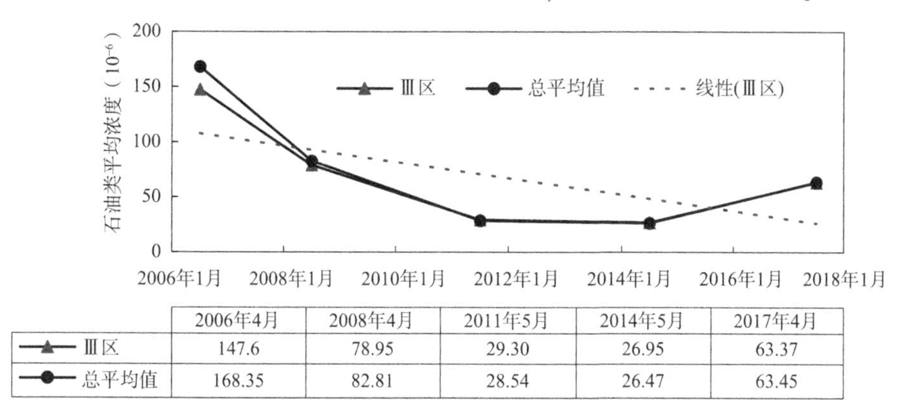

	2006年4月	2008年4月	2011年5月	2014年5月	2017年4月
Ⅲ区	147.6	78.95	29.30	26.95	63.37
总平均值	168.35	82.81	28.54	26.47	63.45

图3-70　2006—2017年Ⅲ区沉积物石油类含量平均值变化趋势图

2. 有机碳含量

研究区域沉积物有机碳含量平均值分析图详见图3-71～图3-74。

(1)环境质量评价

从图3-71中可以看出,本次收集的历史资料中,2006—2017年全部区域的沉积物有机碳含量平均值均能达到沉积物质量一类标准的要求。

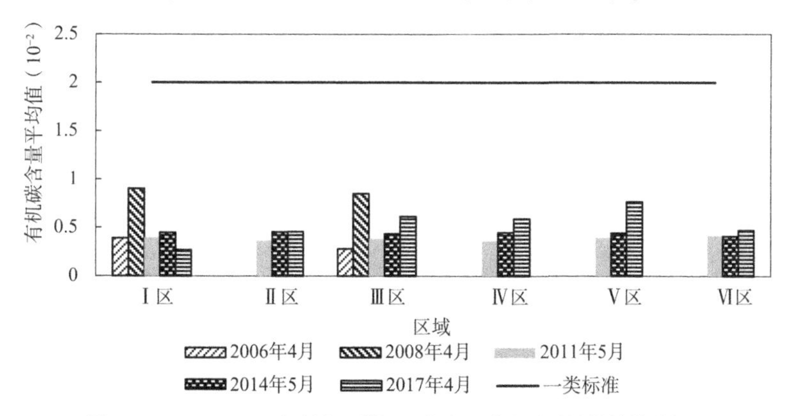

图3-71　2006—2017年研究区域沉积物有机碳含量平均值趋势分析图

(2)年际变化趋势

分析图3-72可知,从2006—2017年的年际变化来看,不同年份间研究区域沉积物有机碳含量平均值在0.2%～1.0%间变化,2008年平均值最高,2006年、2011

年和2014年平均值较接近,2017年各区域平均值差异较大。

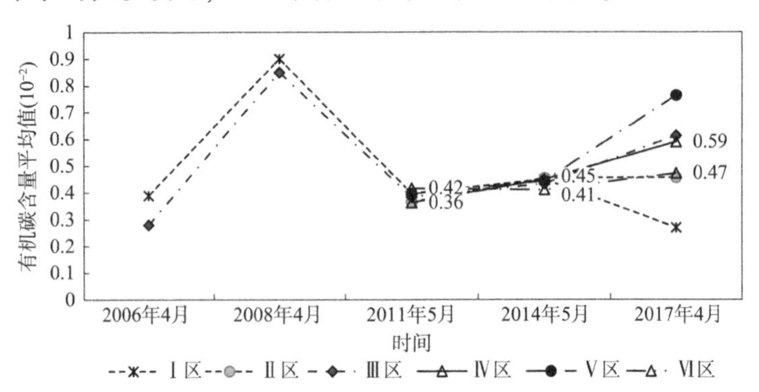

图3-72 2006—2017年研究区域沉积物有机碳含量平均值年际变化趋势图

(3)空间变化趋势

分析图3-73可知,从平面分布来看,2011年和2014年各区域沉积物有机碳含量平均值非常接近,2017年各区域沉积物有机碳含量平均值呈现一定的差异,其中Ⅴ区平均值最高,Ⅰ区平均值最低;围填海区域(Ⅲ区)与其他区域无明显差异。

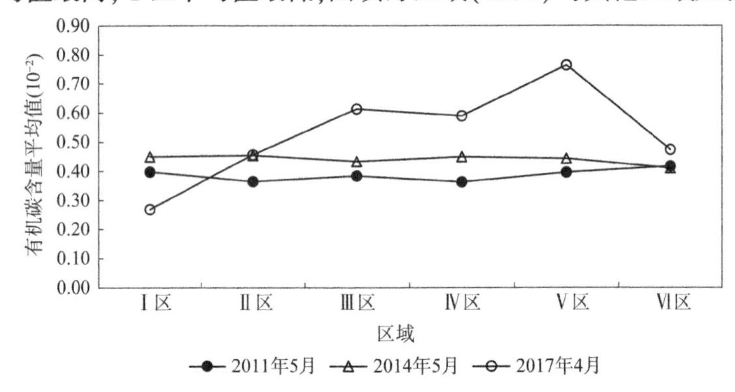

图3-73 2011—2017年研究区域沉积物有机碳含量平均值空间变化趋势图

(4)围填海区域(Ⅲ区)变化趋势

分析图3-74可知,围填海区域沉积物有机碳含量平均值从2011年5月后呈现缓慢上升的趋势,除2008年平均值最高外,其余时间的调查结果相差不大,且与区域总平均值差异不大。仅从沉积物有机碳含量指标分析,虽然近年来平均值略有升高,但并未超过2008年平均值,可见2006—2017年围填海工程实施虽令区域沉积物有机碳含量出现一定的波动,但并未造成明显影响。

3.硫化物含量

研究区域沉积物硫化物含量平均值分析图详见图3-75~图3-78。

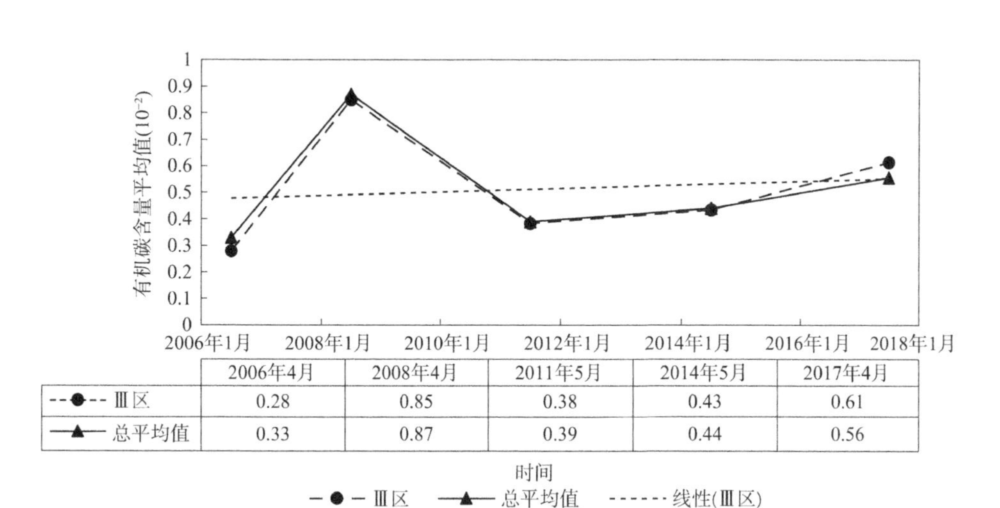

	2006年4月	2008年4月	2011年5月	2014年5月	2017年4月
Ⅲ区	0.28	0.85	0.38	0.43	0.61
总平均值	0.33	0.87	0.39	0.44	0.56

图 3-74　2006—2017 年Ⅲ区沉积物有机碳含量平均值变化趋势图

(1)环境质量评价

从图 3-75 中可以看出,本次收集的历史资料中,2011—2017 年全部区域的沉积物硫化物含量平均值均能达到沉积物质量一类标准的要求。

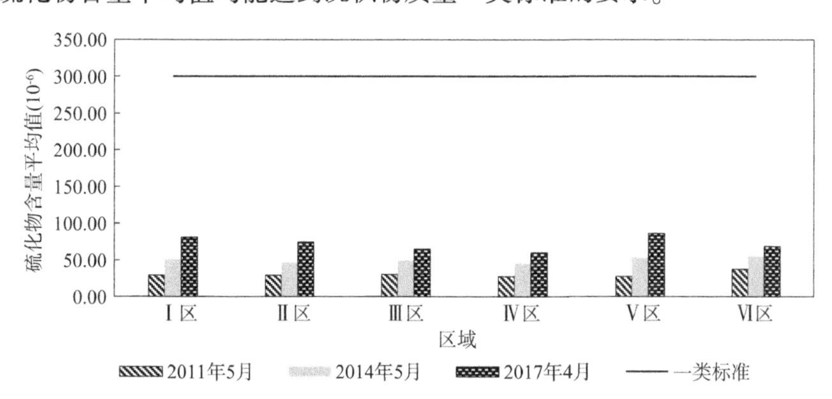

图 3-75　2011—2017 年研究区域沉积物硫化物含量平均值趋势分析图

(2)年际变化趋势

分析图 3-76 可知,从 2008—2017 年的年际变化来看,研究区域沉积物硫化物含量平均值呈现出逐渐上升的趋势。

(3)空间变化趋势

分析图 3-77 可知,从平面分布来看,2011 年和 2014 年各区域沉积物硫化物含量平均值非常接近,处于正常的波动范围内;2017 年各区域沉积物硫化物含量平均值呈现一定的差异,其中Ⅴ区平均值最高,Ⅳ区平均值最低;围填海区域(Ⅲ区)与其他区域无明显差异。

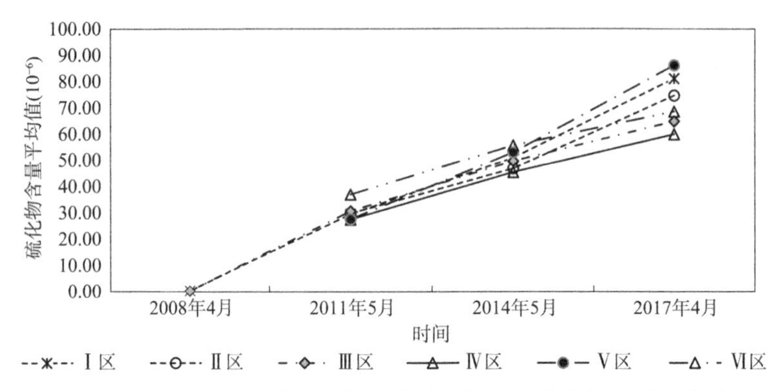

图 3-76 2008—2017 年研究区域沉积物硫化物含量平均值年际变化趋势图

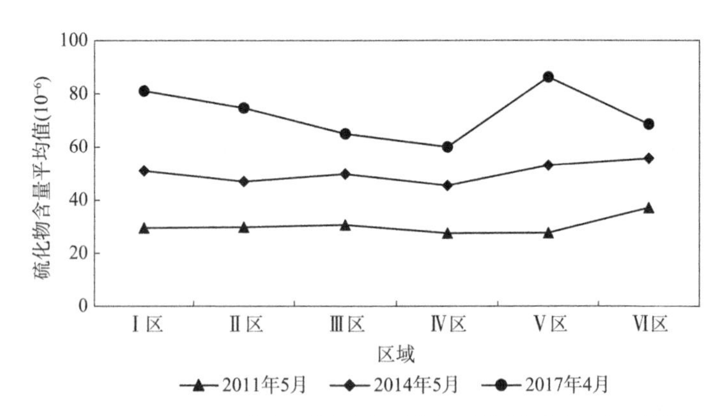

图 3-77 2011—2017 年研究区域沉积物硫化物含量平均值空间变化趋势图

(4)围填海区域(Ⅲ区)变化趋势

分析图 3-78 可知,围填海区域沉积物硫化物含量平均值呈现出逐年上升的趋势,与区域总平均值接近,虽然能够满足一类标准要求,但对沉积物硫化物含量平均值逐年增高的问题应加以重视。根据有关资料,海域沉积物中硫化物的来源主要有两个,一个是火山喷发物质,一个是地表径流夹带硫化物。研究区域 2006—2017 年并无大的地壳运动,分析认为沉积物中增加的硫化物可能源于地表径流,与围填海工程相关性不大。

4. 重金属含量

研究区域沉积物重金属含量平均值分析图详见图 3-79 ~ 图 3-82。

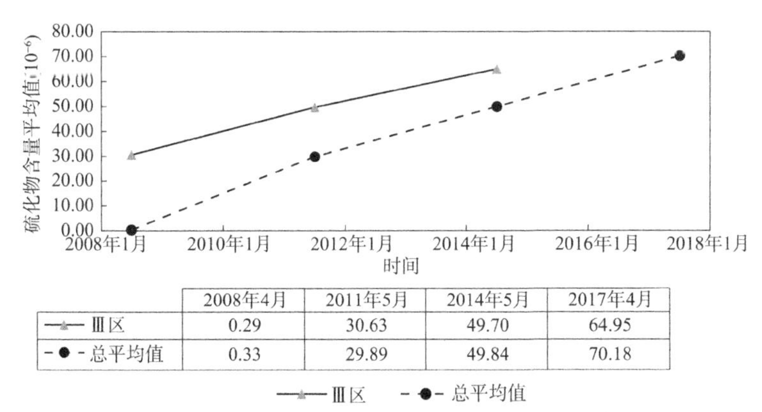

	2008年4月	2011年5月	2014年5月	2017年4月
—▲— Ⅲ区	0.29	30.63	49.70	64.95
- ● - 总平均值	0.33	29.89	49.84	70.18

图 3-78　2008—2017 年Ⅲ区沉积物硫化物含量平均值变化趋势图

(1)环境质量评价

从图 3-79 中可以看出,本次收集的历史资料中,2006—2017 年全部区域的沉积物重金属含量平均值均能达到沉积物质量一类标准的要求。

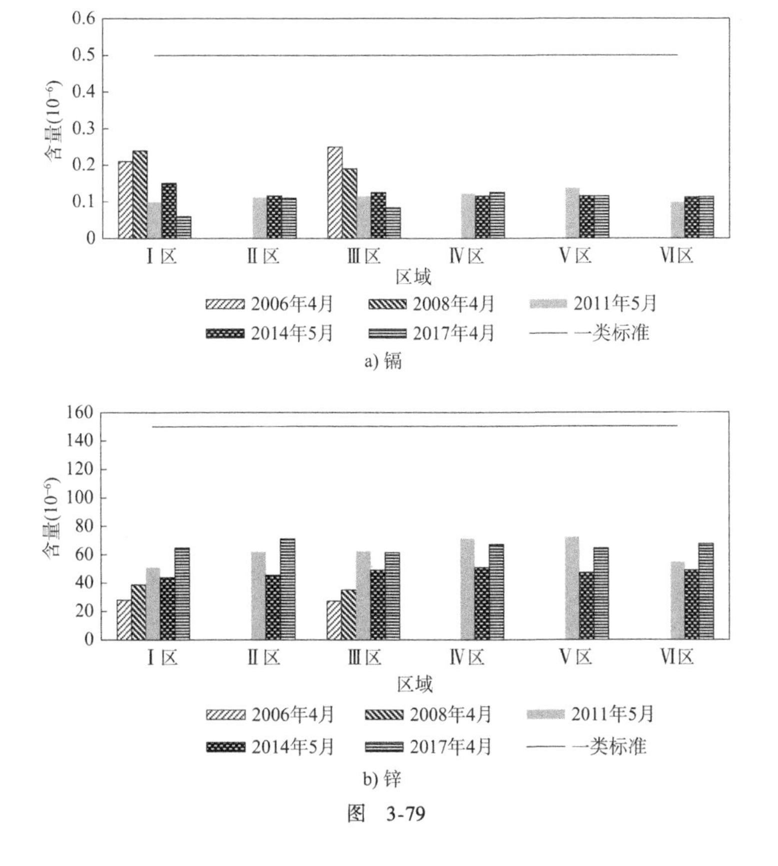

a) 镉

b) 锌

图　3-79

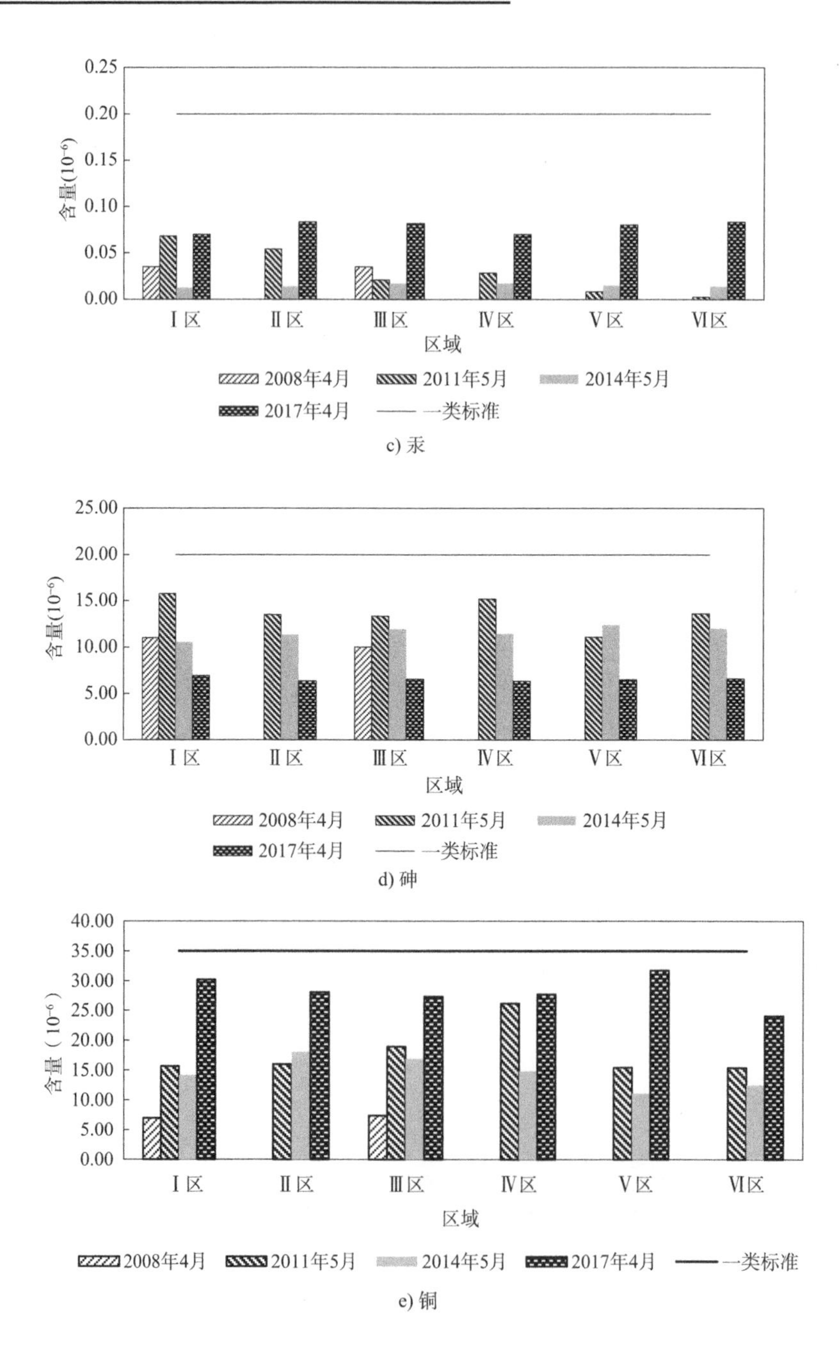
0.25
0.20
0.15
0.10
0.05
0.00
含量(10^{-6})
Ⅰ区
Ⅱ区
Ⅲ区
Ⅳ区
Ⅴ区
Ⅵ区
区域
2008年4月
2011年5月
2014年5月
2017年4月
一类标准

c) 汞

25.00
20.00
15.00
10.00
5.00
0.00
含量(10^{-6})
Ⅰ区
Ⅱ区
Ⅲ区
Ⅳ区
Ⅴ区
Ⅵ区
区域
2008年4月
2011年5月
2014年5月
2017年4月
一类标准

d) 砷

40.00
35.00
30.00
25.00
20.00
15.00
10.00
5.00
0.00
含量（10^{-6}）
Ⅰ区
Ⅱ区
Ⅲ区
Ⅳ区
Ⅴ区
Ⅵ区
区域
2008年4月
2011年5月
2014年5月
2017年4月
一类标准

e) 铜

图 3-79

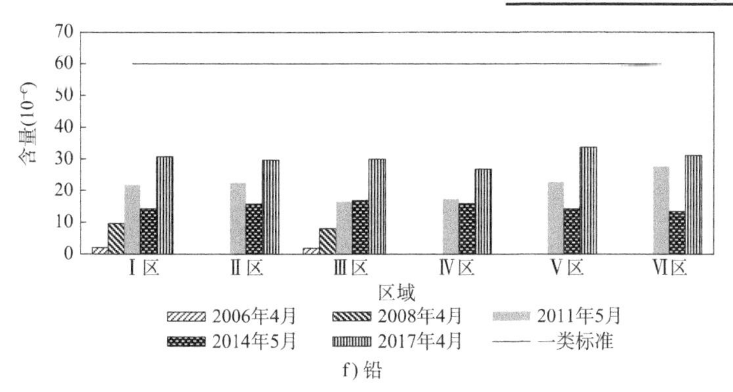

f) 铅

图 3-79 2006—2017 年研究区域沉积物重金属含量平均值趋势分析图

(2)年际变化趋势

分析图 3-80 可知,从 2006—2017 年的年际变化来看,沉积物镉和砷含量平均值总体上呈现出逐年下降的趋势,沉积物锌、铅和铜含量平均值总体上呈现出逐年上升的趋势,沉积物汞含量平均值不同年份间呈波动状态,无明显规律,但 2017 年的监测结果明显偏高。尽管均未超出一类标准,但沉积物中有 4 种重金属含量显示出上升的趋势,应对潜在的重金属污染问题给予重视。

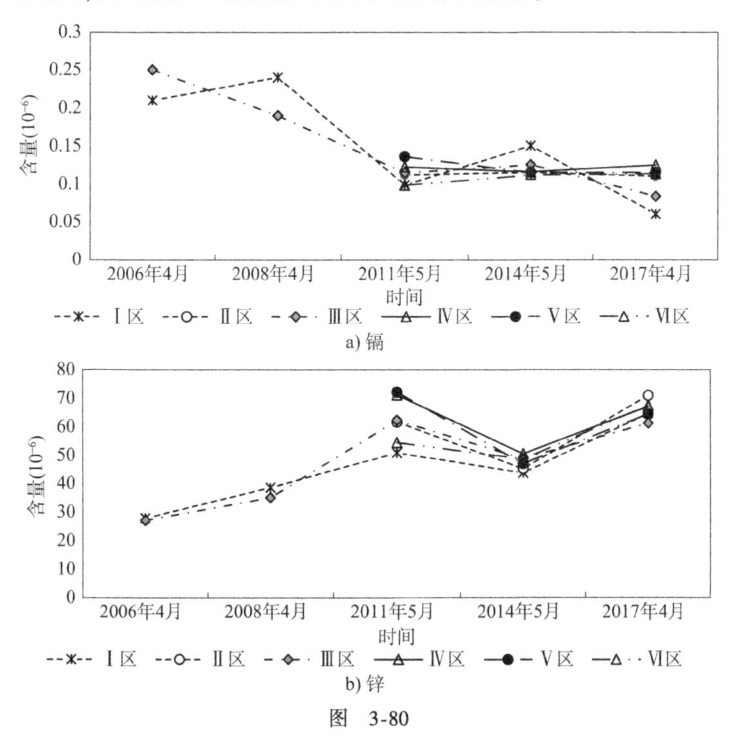

图 3-80

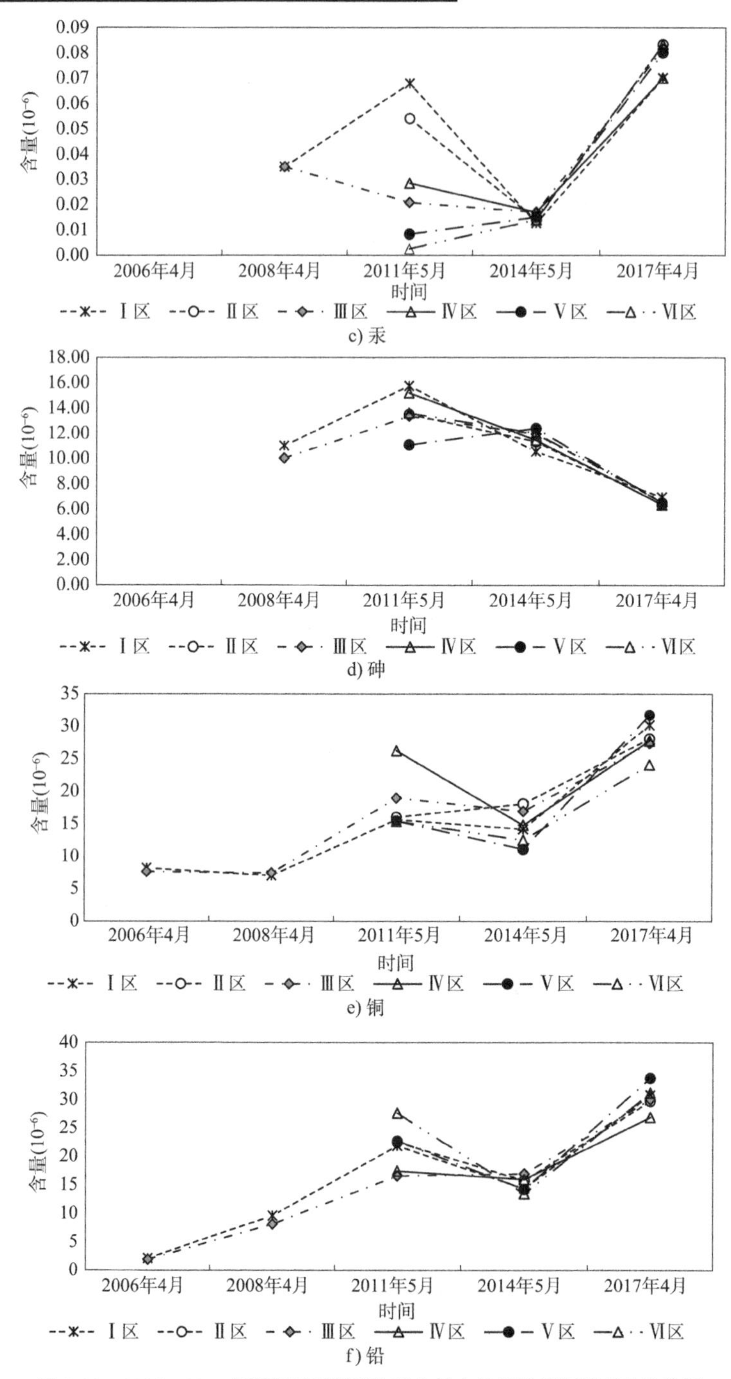

图 3-80　2006—2017 年研究区域沉积物重金属含量平均值年际变化趋势图

(3)空间变化趋势

分析图 3-81 可知,从平面分布来看,各区域沉积物镉、锌、砷、铜和铅含量平均值均处于正常的波动范围内;2014 年和 2017 年各区域沉积物汞含量平均值也处于正常波动范围内,但 2011 年各区域汞含量平均值差异较明显,其中围填海区域(Ⅲ区)处于平均水平。

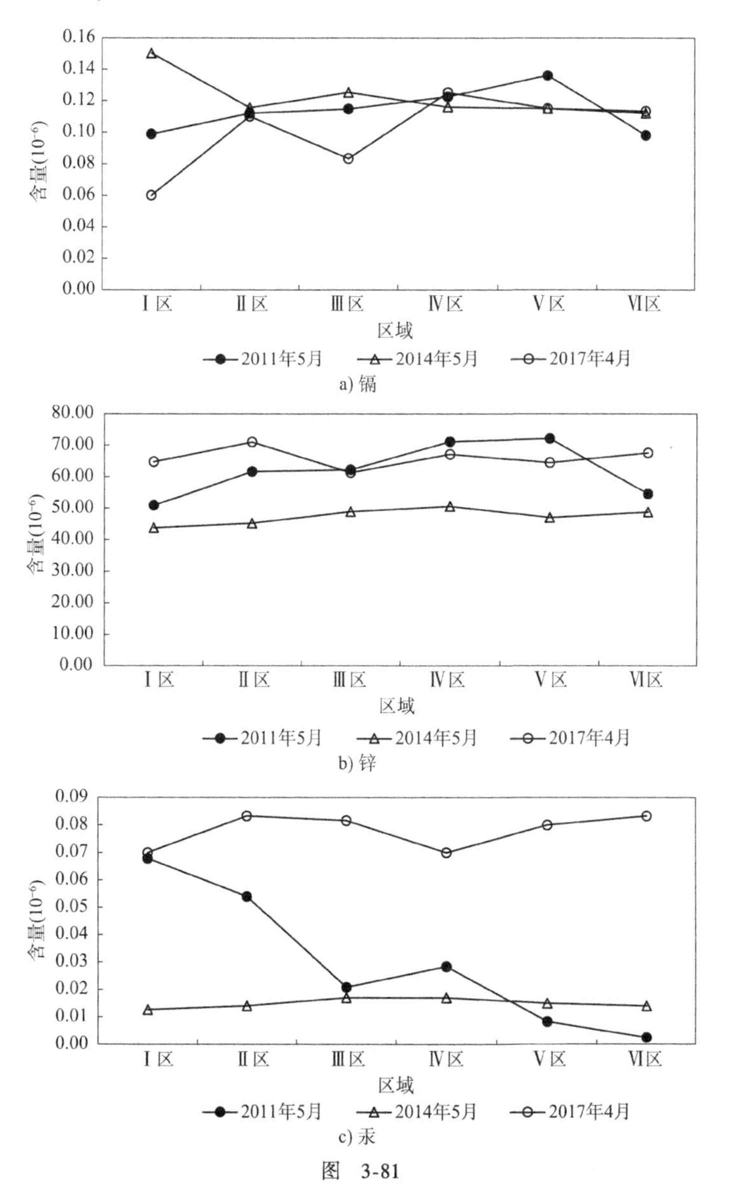

a) 镉

b) 锌

c) 汞

图 3-81

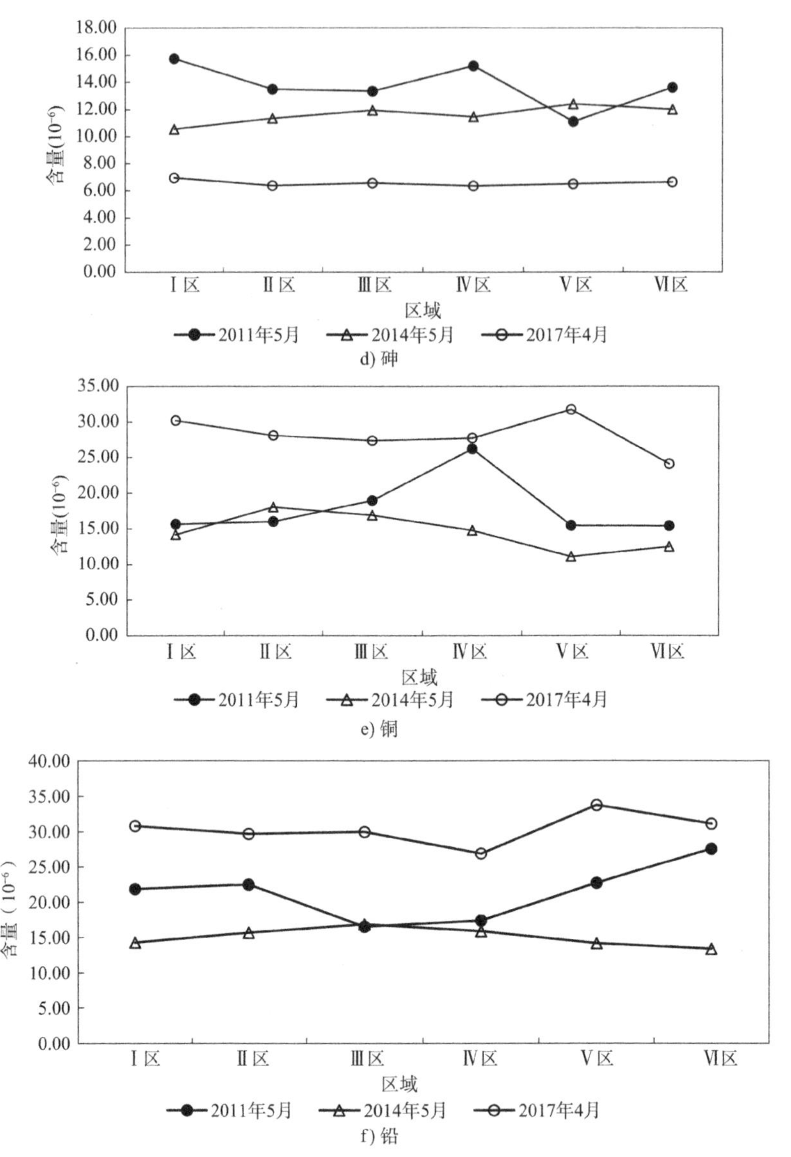

图 3-81　2011—2017 年研究区域沉积物重金属含量平均值空间变化趋势图

(4)围填海区域(Ⅲ区)变化趋势

分析图 3-82 可知,围填海区域(Ⅲ区)沉积物镉和砷含量平均值总体上呈现下降的趋势,沉积物锌、汞、铅和铜含量平均值总体上呈现上升的趋势,与整个研究范围变化规律一致,在区域总平均值附近上下波动,差异不大,应对潜在的重金属污染问题予以重视。

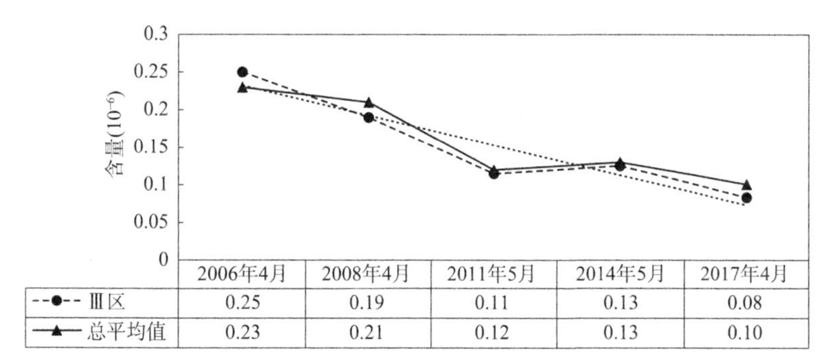
0.3
0.25
0.2
0.15
0.1
0.05
0
含量(10^{-6})
2006年4月 2008年4月 2011年5月 2014年5月 2017年4月
Ⅲ区 0.25 0.19 0.11 0.13 0.08
总平均值 0.23 0.21 0.12 0.13 0.10
时间
Ⅲ区 总平均值 线性（Ⅲ区）

a) 镉

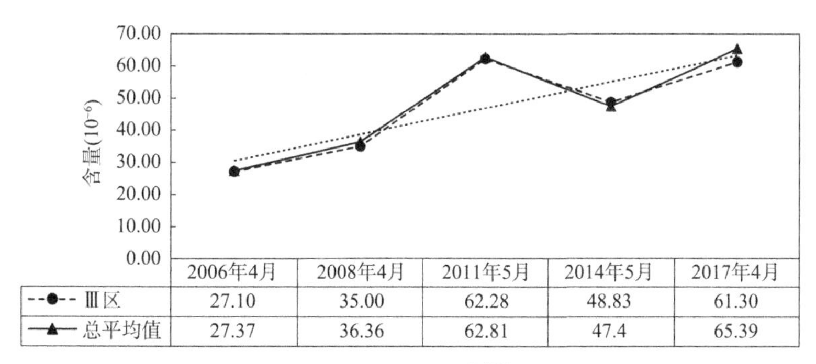
70.00
60.00
50.00
40.00
30.00
20.00
10.00
0.00
含量(10^{-6})
2006年4月 2008年4月 2011年5月 2014年5月 2017年4月
Ⅲ区 27.10 35.00 62.28 48.83 61.30
总平均值 27.37 36.36 62.81 47.4 65.39
时间
Ⅲ区 总平均值 线性（Ⅲ区）

b) 锌

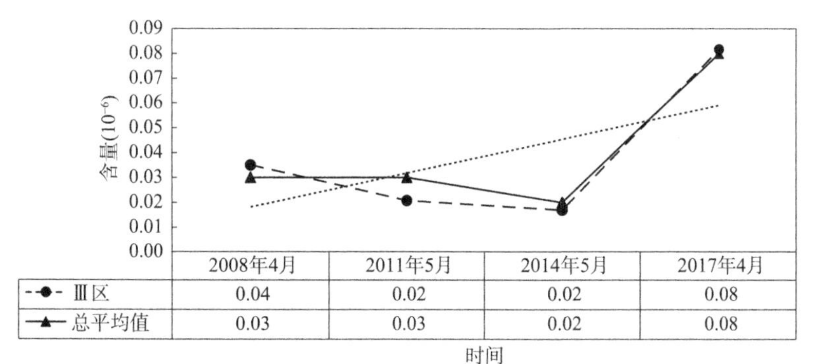
0.09
0.08
0.07
0.06
0.05
0.04
0.03
0.02
0.01
0.00
含量(10^{-6})
2008年4月 2011年5月 2014年5月 2017年4月
Ⅲ区 0.04 0.02 0.02 0.08
总平均值 0.03 0.03 0.02 0.08
时间
Ⅲ 总平均值 线性（Ⅲ区）

c) 汞

图 3-82

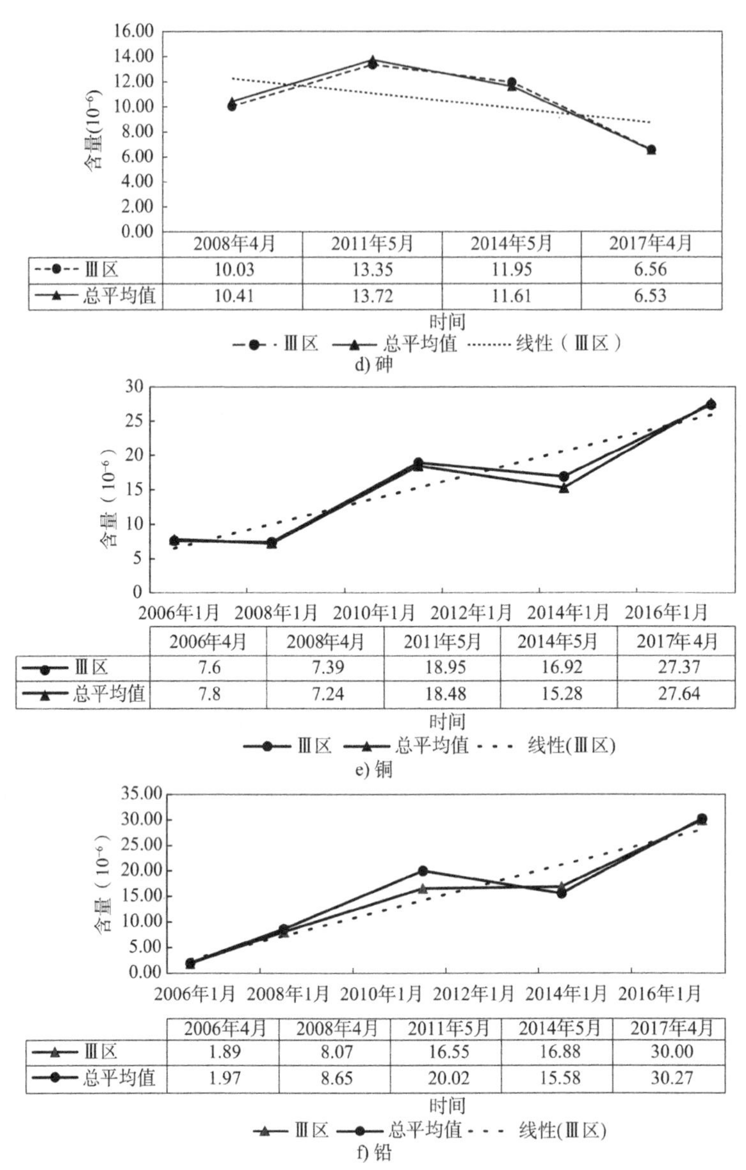

d) 砷

e) 铜

f) 铅

图 3-82　2006—2017 年Ⅲ区沉积物重金属含量平均值变化趋势图

3.3.3　小结

1. 海水水质

水体溶解氧、铜、镉和砷含量各区域各年度平均值均满足水质一类标准要求石

油类不能满足一类水质标准要求，水体COD、汞含量和锌含量各区域各年度平均值均满足水质二类标准要求，水体铅含量各区域各年度平均值满足水质三类标准要求，水体磷酸盐含量各区域2006年调查平均值超水质四类标准，其余年份达水质二类、三类标准，水体无机氮含量平均值普遍超水质二类标准。

围填海工程实施后，除铅、锌含量平均值上升外，其余监测指标施工前后无明显变化或有所下降。其中水体悬浮物含量在大规模围填海施工期间有所上升，施工结束后下降至正常水平；水体镉、铜含量在围填海施工期间有所上升，施工结束后又恢复至施工前水平；水体COD、DO含量、无机氮含量在施工前、施工中和施工后在合理范围内波动；水体磷酸盐、砷含量在施工前偏高，施工中和施工后调查结果较稳定；水体汞含量施工中和施工后均低于施工前水平。见表3-21。

海水水质变化趋势分析统计表 表3-21

项目	调查区域变化趋势	围填海区域变化趋势	围填海区域与区域总平均值相比	围填海区域平均值			质量达标情况
				2006年4月大规模围填海前	2017年	对比	
悬浮物含量	2006年偏高，其余时间正常波动	与区域变化趋势一致	整体略低	146.1mg/L	34.67mg/L（秋季）	↓	—
COD	下降	与区域变化趋势一致	在区域总平均值附近波动，幅度不大	1.90mg/L	0.72mg/L（春季）	↓	达二类
石油类含量	下降	与区域变化趋势一致	2017年略高于区域平均水平，2012年以前低于区域平均水平	9.17μg/L	6.84μg/L（秋季）	↑	达一类
DO含量	波动性下降	与区域变化趋势一致	在区域总平均值附近波动，幅度不大	9.17mg/L	6.92mg/L（春季）	↓	达一类
无机氮含量	春季先降后升，秋季波动性上升	与区域变化趋势一致	在一定范围内波动	0.86mg/L	0.57mg/L（春季）	↓	普遍超二类

续上表

<table>
<tr><th rowspan="2" colspan="2">项目</th><th rowspan="2">调查区域变化趋势</th><th rowspan="2">围填海区域变化趋势</th><th rowspan="2">围填海区域与区域总平均值相比</th><th colspan="3">围填海区域平均值</th><th rowspan="2">质量达标情况</th></tr>
<tr><th>2006年4月大规模围填海前</th><th>2017年</th><th>对比</th></tr>
<tr><td colspan="2">磷酸盐含量</td><td>2006年偏高，其余时间正常波动</td><td>与区域变化趋势一致</td><td>在区域总平均值附近波动，幅度不大</td><td>51.61μg/L</td><td>5.54μg/L（秋季）</td><td>↓</td><td>2006年4月超四类，其余达二类、三类</td></tr>
<tr><td rowspan="6">重金属含量</td><td>铜</td><td rowspan="6">铜、铅、锌和镉整体上升，汞和砷整体下降</td><td rowspan="6">与区域变化趋势一致</td><td rowspan="6">在区域总平均值附近波动，幅度不大</td><td>2.75μg/L</td><td>3.08μg/L（秋季）</td><td>正常范围内波动</td><td>达一类</td></tr>
<tr><td>铅</td><td>1.38μg/L</td><td>3.64μg/L（秋季）</td><td>↑</td><td>铅2017年9月Ⅴ区平均值达三类，其余均达二类</td></tr>
<tr><td>锌</td><td>6.29μg/L</td><td>24.04μg/L（秋季）</td><td>↑</td><td>达二类</td></tr>
<tr><td>镉</td><td>0.44μg/L</td><td>0.33μg/L（秋季）</td><td>正常范围内波动</td><td>达一类</td></tr>
<tr><td>汞</td><td>0.17μg/L</td><td>0.05μg/L（秋季）</td><td>↓</td><td>达二类</td></tr>
<tr><td>砷</td><td>14.65μg/L</td><td>2.85μg/L（秋季）</td><td>↓</td><td>达一类</td></tr>
</table>

说明：因施工前为春季调查数据，因此按季节分析的项目COD、DO、无机氮2017年数据选用4月的调查结果，其余项目选用9月调查结果。

结合趋势分析认为，大规模围填海施工使得水体悬浮物含量有所增高，随着围填海工程施工结束，水体悬浮物含量也恢复至正常水平，其影响是暂时的、可恢复的；水体石油类含量呈波动性下降趋势，围填海工程实施以及由此引起的人类活动增加是对水体石油类含量指标影响有限，但需加以重视；水体锌含量呈上升趋势，与沉积物中锌含量的调查结果一致，围填海工程施工使得底质受到扰动，导致沉积物中锌离子释放到海水中，造成海水中锌含量升高；水体铅含量调查结果自2006年4月（施工前）至2017年4月（施工后）无明显变化，表明填海施工对该因子无明

显影响,2017 年 9 月调查结果显著增高可能受其他外部因素影响,与围填海工程无明显相关性;围填海工程施工对水体 COD 和水体 DO、无机氮、磷酸盐、铜、镉、汞、砷含量无明显影响。

2. 沉积物

沉积物石油类、有机碳、硫化物、重金属含量各区域各年度平均值均满足沉积物质量一类标准要求。

围填海工程实施后,沉积物硫化物、锌、铜、铅含量逐年上升;沉积物有机碳、砷含量施工前、施工中和施工后无明显变化;沉积物汞含量施工前和施工中无明显变化,施工后上升;沉积物石油类、镉含量施工中和施工后均低于施工前。见表 3-22。

沉积物变化趋势分析统计表 表 3-22

项目		调查区域变化趋势	围填海区域变化趋势	围填海区域与区域总平均值相比	围填海区域平均值			质量达标情况
					2006 年 4 月大规模围填海前	2017 年 4 月近期	对比	
石油类含量		先降后升	与区域变化趋势一致	在区域总平均值附近波动,幅度不大	147.6×10^{-6}	63.37×10^{-6}	↓	达一类
有机碳含量		先下降后上升	与区域变化趋势一致	在区域总平均值附近波动,幅度不大	0.28×10^{-2}	0.61×10^{-2}	↑	达一类
硫化物含量		上升	与区域变化趋势一致	在区域总平均值附近波动,幅度不大	0.29×10^{-6}*	64.95×10^{-6}	↑	达一类
重金属含量	镉	镉和砷下降,锌、铅和铜上升,汞无明显规律	与区域变化趋势一致	在区域总平均值附近波动,幅度不大	0.25×10^{-6}	0.08×10^{-6}	↓	达一类
	锌				27.10×10^{-6}	61.30×10^{-6}	↑	达一类
	砷				10.03×10^{-6}*	6.56×10^{-6}	↓	达一类
	汞				0.04×10^{-6}*	0.08×10^{-6}	↑	达一类
	铜				7.6×10^{-6}*	27.37×10^{-6}	↑	达一类
	铅				1.89×10^{-6}	30.00×10^{-6}	↑	达一类

注:* 为 2008 年 4 月调查结果,2006 年无调查数据。

根据围填海工程施工方案,围填成陆主要是利用港池、航道的疏浚土吹填而成,施工会造成底质搅动,使得沉积物实现空间上的移动,但并不会带来新的污染源,尤其是重金属。分析认为沉积物硫化物、锌、汞、铜和铅含量上升可能是由于地表径流、陆源污染等原因,围填海工程对其影响不显著。围填海工程对沉积物石油类、有机碳、镉、砷含量无明显影响。

3.4 海洋生物生态影响研究

3.4.1 叶绿素 a 含量

研究区域多年叶绿素 a 含量变化趋势详见图 3-83。

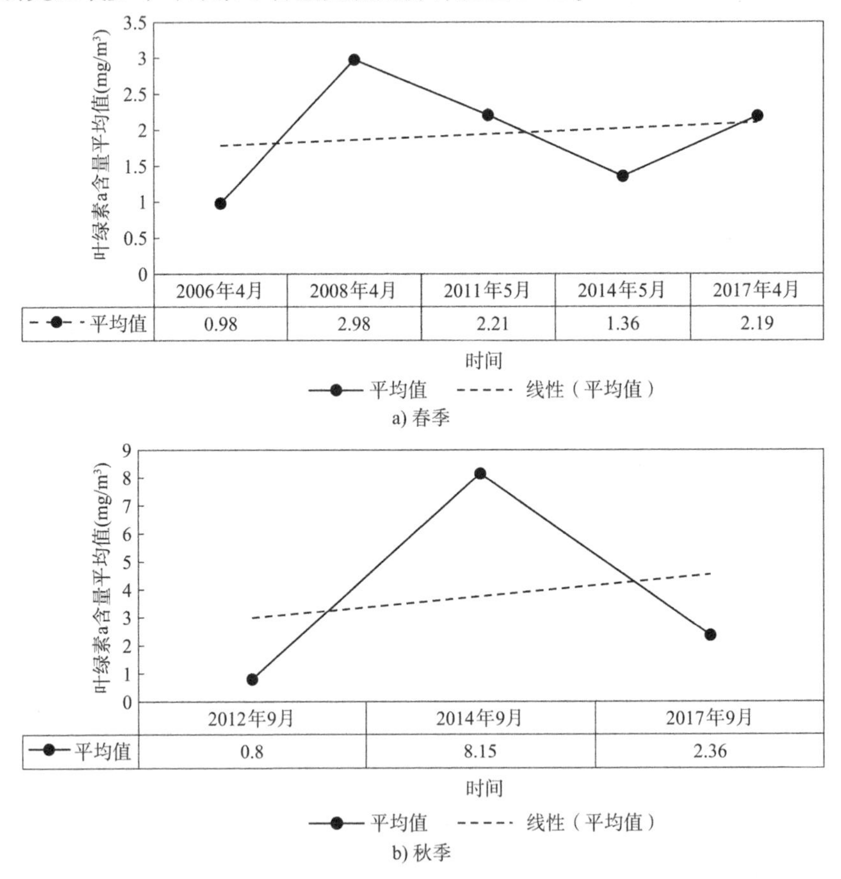

a) 春季

b) 秋季

图 3-83 叶绿素 a 含量平均值年际变化趋势图

分析图 3-83 可知,区域叶绿素 a 含量平均值年际调查结果出现一定的波动,但不论是春季还是秋季,趋势线变化都较平缓,呈缓慢上升趋势。

3.4.2 浮游植物

1. 多样性指数

研究区域浮游植物多样性指数变化趋势详见图 3-84 ~ 图 3-86。

(1)年际变化趋势

分析图 3-84 可知,春季浮游植物多样性指数在 2006—2017 年呈现先降后升的趋势,最低值在 2014 年 5 月,秋季浮游植物多样性指数在 2012—2017 年呈现逐渐上升的趋势。综合来看,不论是春季还是秋季,最新的调查数据(即 2017 年数据)均为 2006—2017 年的高值,但仍低于大规模围填海之前的调查结果(即 2006 年数据),从浮游植物多样性指标分析,研究区域近年来生态环境逐渐趋好,但仍未恢复至围填海之前的水平。

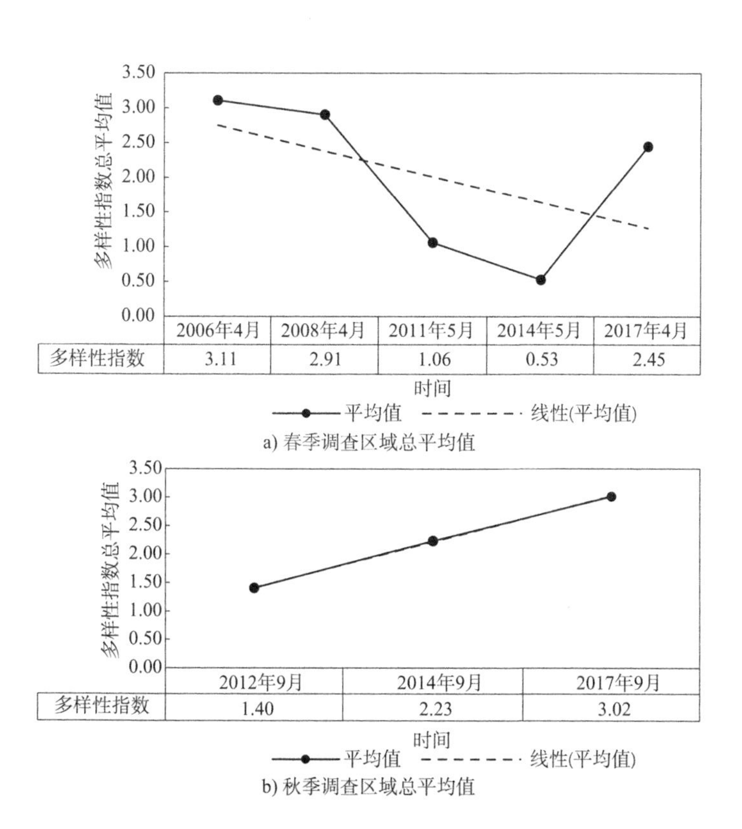

	2006年4月	2008年4月	2011年5月	2014年5月	2017年4月
多样性指数	3.11	2.91	1.06	0.53	2.45

a) 春季调查区域总平均值

	2012年9月	2014年9月	2017年9月
多样性指数	1.40	2.23	3.02

b) 秋季调查区域总平均值

图 3-84

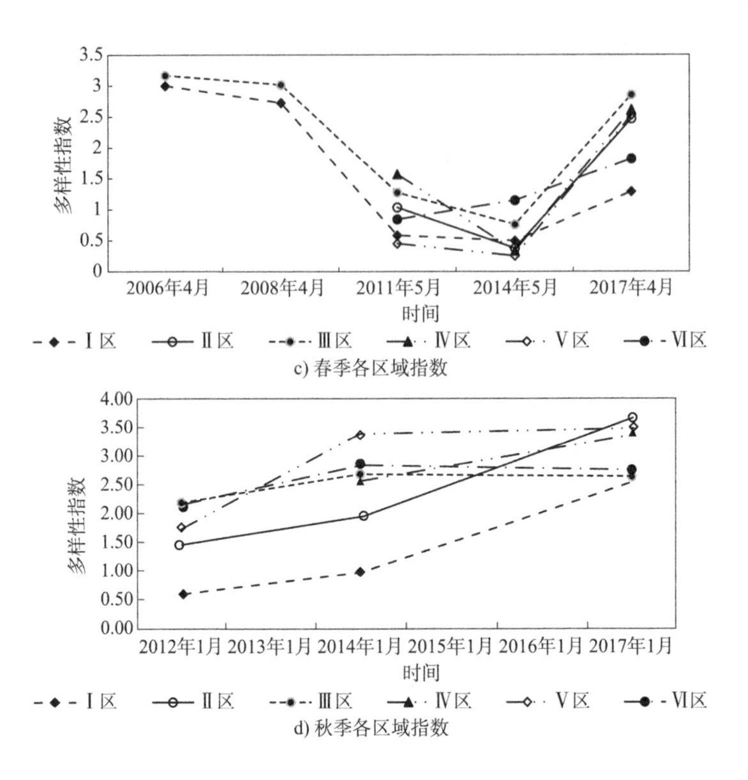

图 3-84　浮游植物多样性指数年际变化趋势图

(2)区域变化趋势

分析图 3-85 可知，Ⅰ区多次调查结果处于区域内较低水平，其他区域多样性指数无明显变化规律，Ⅲ区多样性指数基本处于区域平均水平。

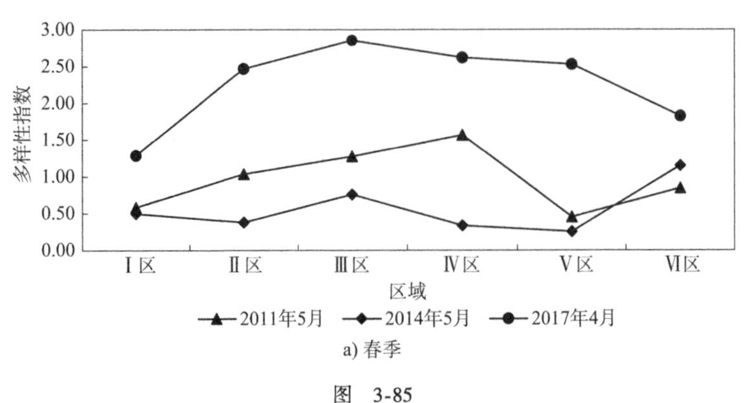

图　3-85

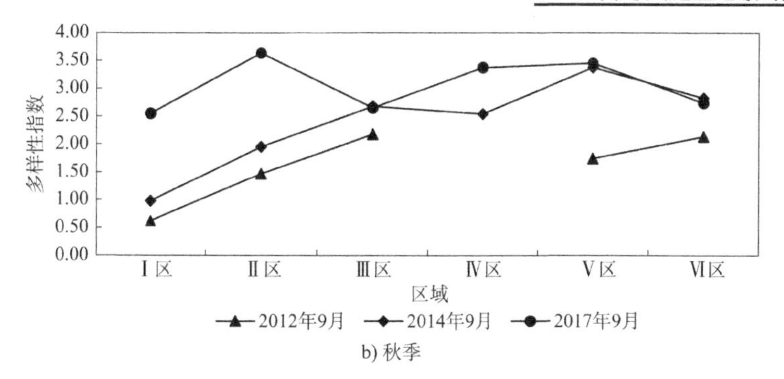

b) 秋季

图 3-85 浮游植物多样性指数区域变化趋势图

(3)围填海区域(Ⅲ区)变化趋势

分析图 3-86 可知,Ⅲ区春季浮游植物多样性指数在 2006—2017 年呈现出先降后升的趋势,围填海施工期间浮游植物多样性指数下降,自 2014 年开始施工强度降低,浮游植物多样性指数逐渐回升,但施工后的调查结果仍低于施工前。Ⅲ区秋季多样性指数在 2012—2017 年无明显变化。分析认为受大规模围填海工程施工影响,浮游植物多样性指数有所降低,自 2014 年以后,随着施工强度的降低,浮游植物多样性指数逐渐回升,但仍未恢复至施工前水平。

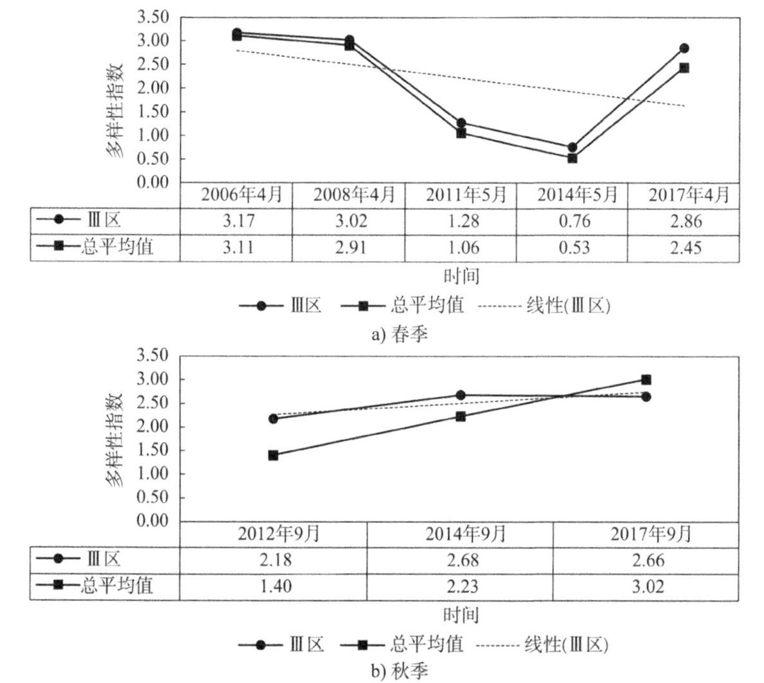

b) 秋季

图 3-86 Ⅲ区浮游植物多样性指数变化趋势图

2. 均匀度

研究区域浮游植物均匀度变化趋势详见图 3-87 ~ 图 3-89。

(1)年际变化趋势

分析图 3-87 可知,春季浮游植物均匀度在 2006—2017 年呈现先降后升的趋势,最低值在 2014 年 5 月,秋季均匀度在 2012—2017 年呈现逐渐上升的趋势。综合来看,最新的调查数据(即 2017 年数据)有所回升,但仍低于大规模围填海之前的调查结果(即 2006 年数据),从浮游植物均匀度指标分析来看,研究区域近年来生态环境逐渐趋好,但仍未恢复至围填海之前的水平。

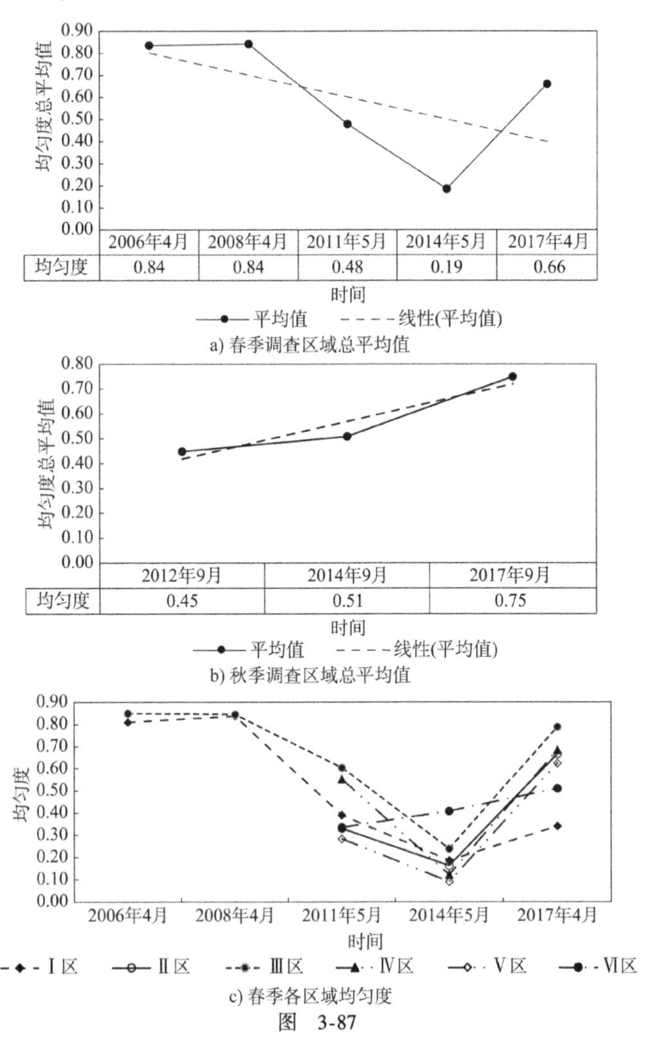

a) 春季调查区域总平均值

b) 秋季调查区域总平均值

c) 春季各区域均匀度

图 3-87

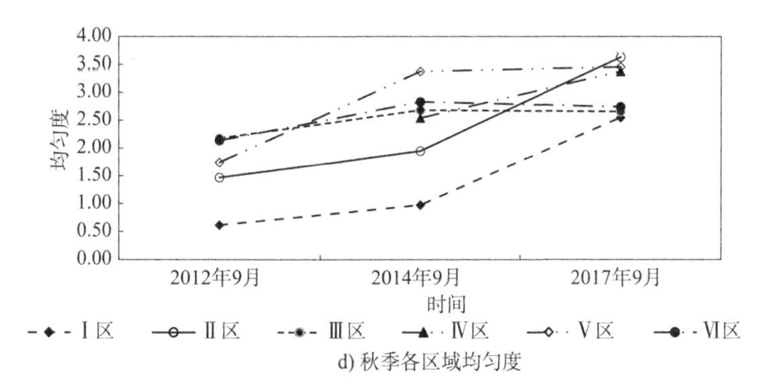

d) 秋季各区域均匀度

图 3-87 浮游植物均匀度年际变化趋势图

(2)区域变化趋势

分析图3-88可知,Ⅰ区多次调查结果处于区域内较低水平,其他区域均匀度无明显变化规律,Ⅲ区均匀度基本处于区域平均水平。

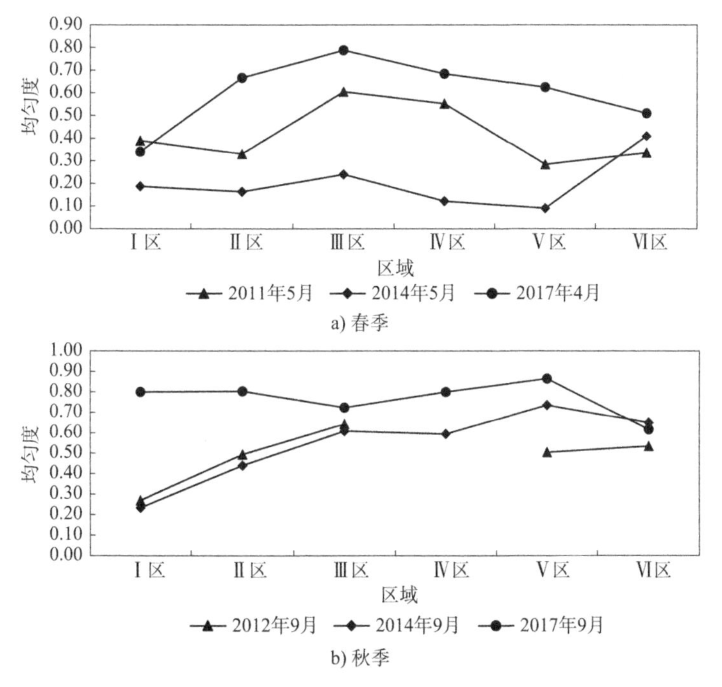

a) 春季

b) 秋季

图 3-88 浮游植物均匀度区域变化趋势图

(3)围填海区域(Ⅲ区)变化趋势

分析图3-89可知,Ⅲ区浮游植物均匀度变化趋势与多样性指数变化趋势基本一致，春季变化幅度较大，呈现先降后升的趋势，施工期间浮游植物均匀度下降，自2014年开始施工强度降低，浮游植物均匀度逐渐回升，但施工后的调查结果仍低于施工前。Ⅲ区秋季均匀度在2012—2017年无明显变化。分析认为受大规模围填海工程施工影响，浮游植物均匀度有所降低，自2014年以后，随着施工强度的降低，浮游植物均匀度逐渐回升，但仍未恢复至施工前水平。

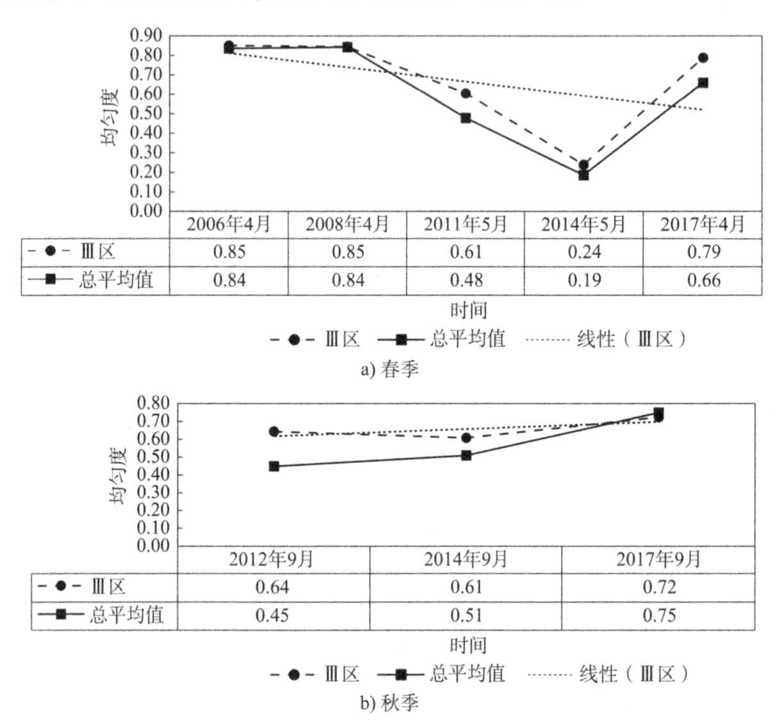

图3-89　Ⅲ区浮游植物均匀度变化趋势图

3. 丰度

研究区域浮游植物丰度变化趋势详见图3-90～图3-92。

(1)年际变化趋势

分析图3-90可知，春季浮游植物丰度在2006—2017年呈现出先降后升的趋势，最低值在2011年，2017年数据基本与2008年持平，但仍低于2006年；秋季丰度在2012—2014年呈现上升趋势，2014—2017年区域总平均值相同，各区域变化不一致，近岸的三个区域（Ⅰ区、Ⅲ区和Ⅴ区）呈下降趋势，但仍高于2011年，远岸的三个区域（Ⅱ区、Ⅳ区和Ⅵ区）继续上升。从浮游植物丰度指标分析来看，研究区域近年来生态环境呈好转趋势，但仍未达到围填海之前的水平。

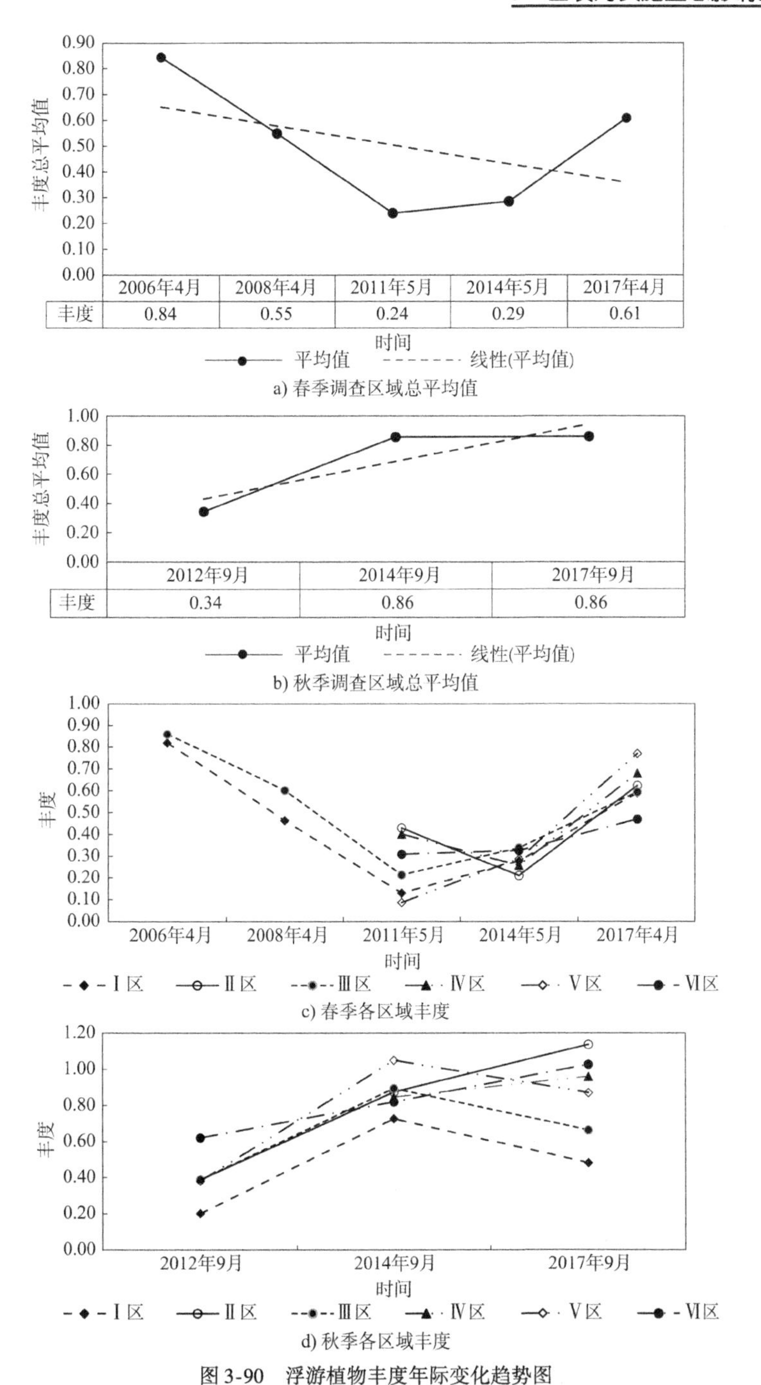

a) 春季调查区域总平均值

b) 秋季调查区域总平均值

c) 春季各区域丰度

d) 秋季各区域丰度

图 3-90 浮游植物丰度年际变化趋势图

(2)区域变化趋势分析

分析图3-91可知,各区域丰度无明显变化规律,Ⅲ区丰度基本处于区域平均水平。

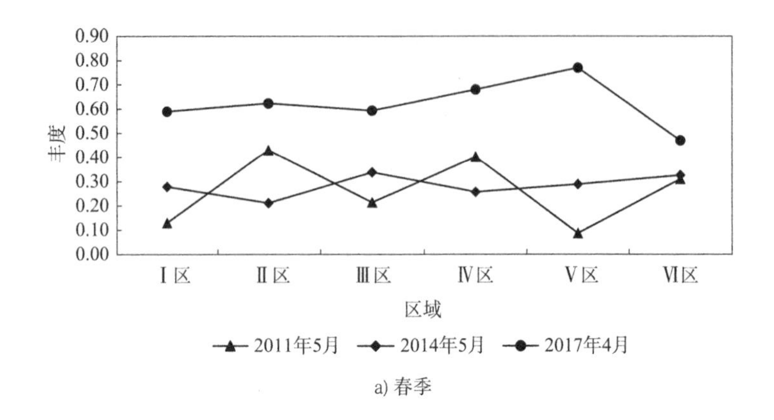

a) 春季

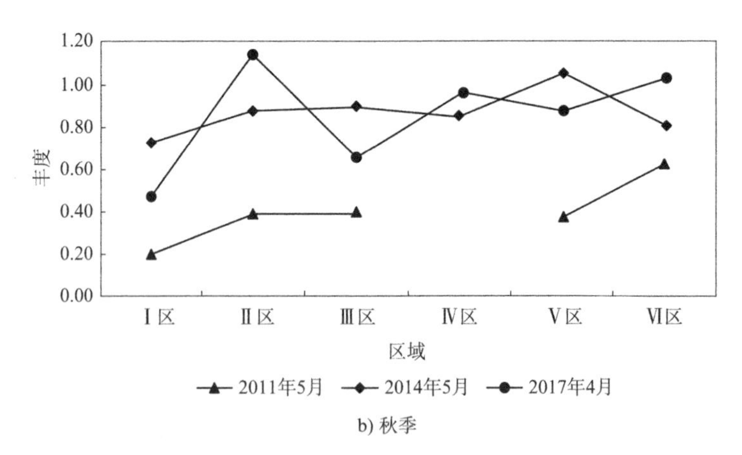

b) 秋季

图3-91　浮游植物丰度区域变化趋势图

(3)围填海区域(Ⅲ区)变化趋势

分析图3-92可知,Ⅲ区春季浮游植物丰度变化趋势与多样性指数变化趋势基本一致,呈现出先降后升的趋势,秋季丰度变化为先升后降。分析认为受大规模围填海工程施工影响,浮游植物丰度有所降低,自2014年开始,随着施工强度的降低,浮游植物丰度逐渐回升,但仍未恢复至区域围填海施工前的水平。

4. 种类数及优势种

研究区域浮游植物种类数及优势种变化趋势详见图3-93及表3-23、表3-24。

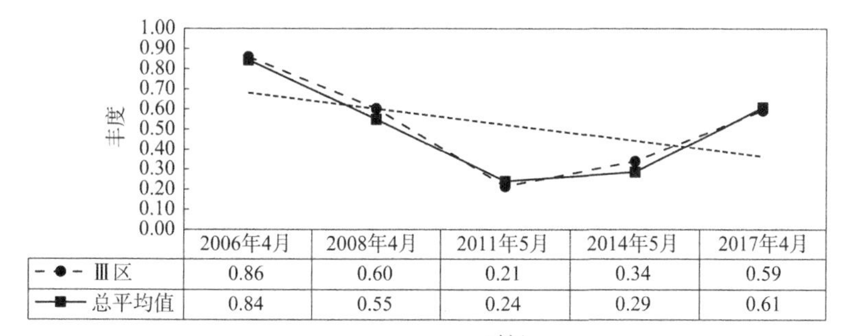

a) 春季

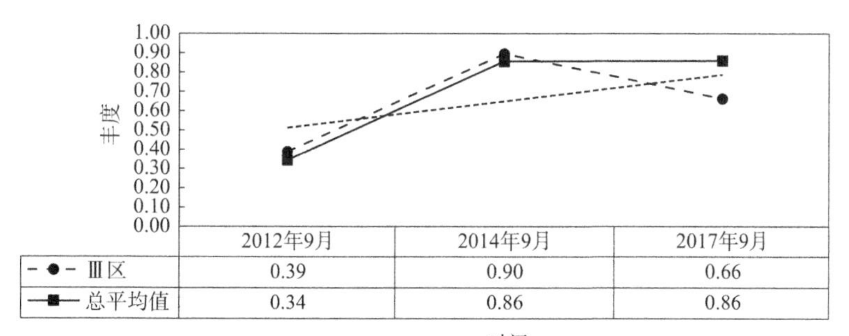

b) 秋季

图3-92　Ⅲ区浮游植物丰度变化趋势图

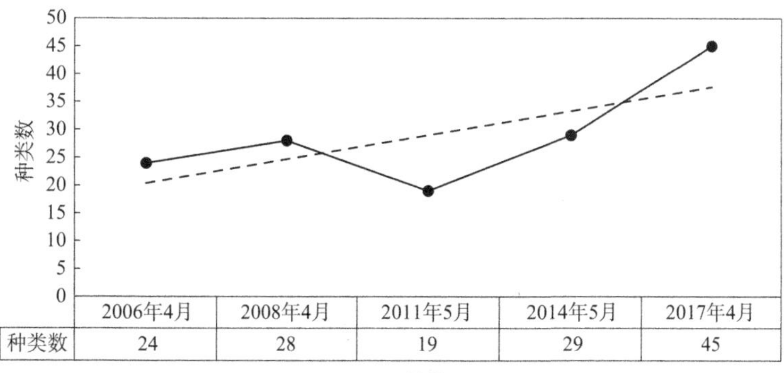

a) 春季

图　3-93

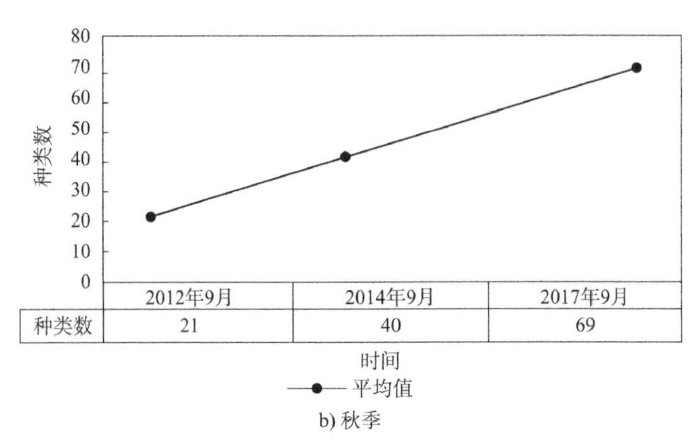

b) 秋季

图 3-93 浮游植物种类数变化趋势图

春季浮游植物种类数及优势种统计表 表 3-23

<table>
<tr><td colspan="3">调查时间</td><td>2006 年 4 月</td><td>2008 年 4 月</td><td>2011 年 5 月</td><td>2014 年 5 月</td><td>2017 年 4 月</td></tr>
<tr><td rowspan="6">浮游植物</td><td colspan="2">属类数</td><td>—</td><td>13</td><td>11</td><td>25</td><td>24</td></tr>
<tr><td colspan="2">种类数</td><td>24</td><td>28</td><td>19</td><td>29</td><td>45</td></tr>
<tr><td>硅藻门</td><td>种</td><td>23</td><td>27</td><td>16</td><td>22</td><td>39</td></tr>
<tr><td>甲藻门</td><td>种</td><td>—</td><td>1</td><td>3</td><td>6</td><td>6</td></tr>
<tr><td>金藻门</td><td>种</td><td>—</td><td>—</td><td>—</td><td>1</td><td>—</td></tr>
<tr><td>绿藻门</td><td>种</td><td>1</td><td>—</td><td>—</td><td>—</td><td>—</td></tr>
<tr><td colspan="3">优势种</td><td>辐射圆筛藻
星脐圆筛藻
中华盒形藻
丹麦角毛藻</td><td>偏心圆筛藻
布氏双尾藻
柔弱根管藻
琼氏圆筛藻
结节圆筛藻
尖刺菱形藻
虹彩圆筛藻
圆海链藻</td><td>新月菱形藻
夜光藻
辐射圆筛藻</td><td>斯氏几内亚藻</td><td>浮动弯角藻
刚毛根管藻
布氏双尾藻</td></tr>
</table>

秋季浮游植物种类数及优势种统计表 表3-24

调查时间			2012年9月	2014年9月	2017年9月
浮游植物	属类数		15	21	31
	种类数		21	40	69
	硅藻门	种	16	34	58
	甲藻门	种	5	6	10
	金藻门	种	—	—	—
	绿藻门	种	—	—	1
优势种			中肋骨条藻 尖刺拟菱形藻 旋链角毛藻	优美旭氏藻矮小变形	尖刺拟菱形藻 一种圆筛藻 中肋骨条藻

分析图3-93可知,春季浮游植物种类数在2008—2017年先降后升,施工期间种类数略有下降,最小值出现在2011年5月,然后逐年增加;秋季浮游植物种类数自2012年起呈现出逐年上升的趋势,2017年调查数据较大规模围填海施工前(2006年)有明显的增大,说明大规模围填海施工对浮游植物种类数会产生一定的影响,后随着施工强度降低,浮游植物种类数也逐渐恢复。从表3-23和表3-24分析可知,调查区域内浮游植物绝大多数属于温带近岸广温广盐种类,为渤海近岸海域常见种,硅藻占绝对优势。

3.4.3 浮游动物

1. 多样性指数

研究区域浮游动物多样性指数变化趋势详见图3-94~图3-96。

(1)年际变化趋势

分析图3-94可知,春季浮游动物多样性指数呈现逐年上升的趋势,秋季调查数据先升后降,总体变化趋势平稳,最新的调查数据(2017年数据)高于大规模围填海之前(2006年)。

(2)区域变化趋势

分析图3-95可知,各区域浮游动物多样性指数无明显变化规律,Ⅲ区浮游动物多样性指数基本处于区域平均水平。

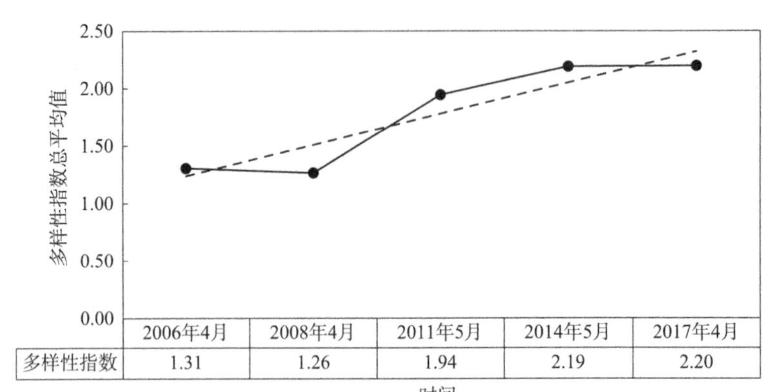

a) 春季调查区域总平均值

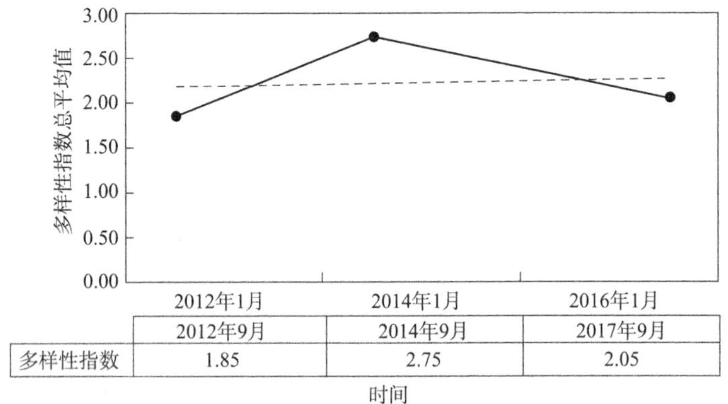

b) 秋季调查区域总平均值

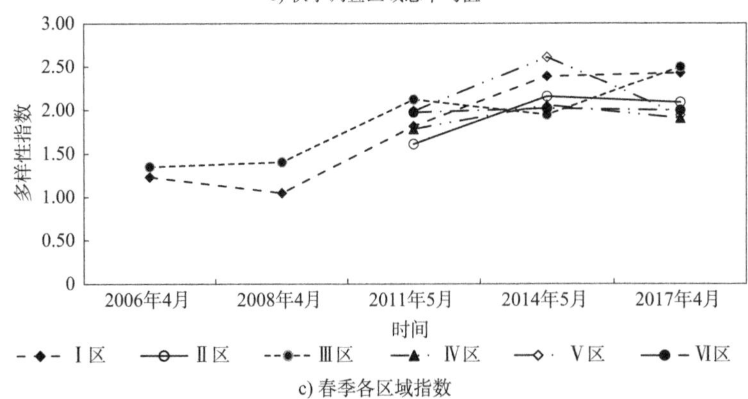

c) 春季各区域指数

图 3-94

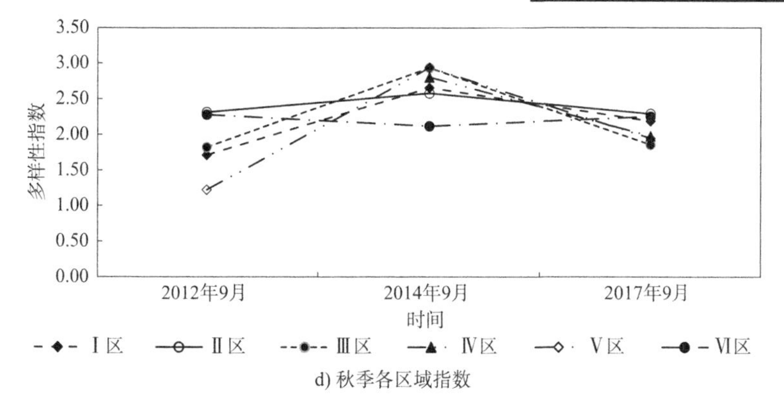

d) 秋季各区域指数

图 3-94　浮游动物多样性指数年际变化趋势图

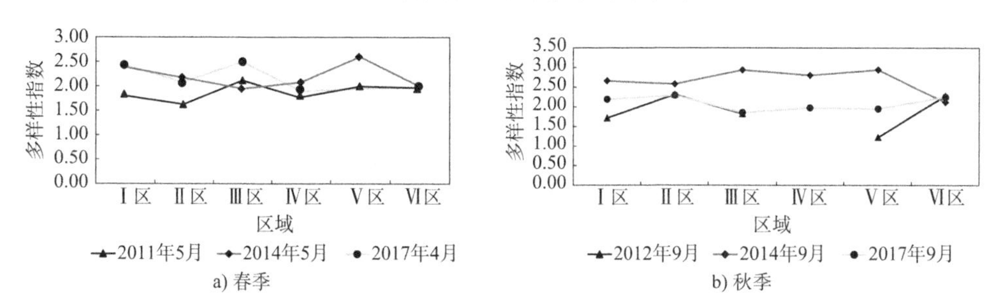

图 3-95　浮游动物多样性指数区域变化趋势图

(3)围填海区域(Ⅲ区)变化趋势分析

分析图 3-96 可知,Ⅲ区春季浮游动物多样性指数呈现上升趋势,秋季变化趋势较平稳,施工中和施工后的数据要高于围填海之前的结果,围填海施工对浮游动物多样性指数无显著影响。

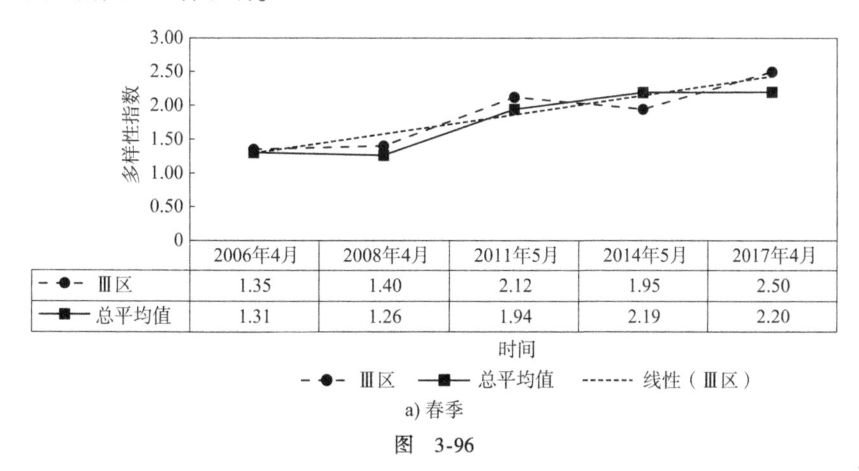

	2006年4月	2008年4月	2011年5月	2014年5月	2017年4月
Ⅲ区	1.35	1.40	2.12	1.95	2.50
总平均值	1.31	1.26	1.94	2.19	2.20

a) 春季

图　3-96

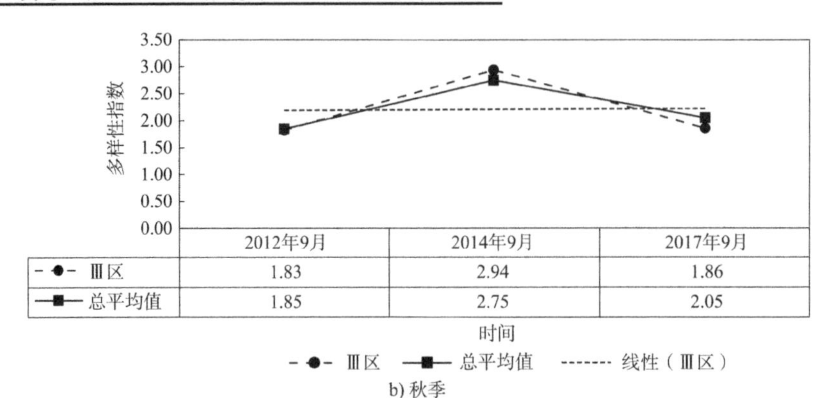

b) 秋季

图 3-96 Ⅲ区浮游动物多样性指数变化趋势图

2. 均匀度

研究区域浮游动物均匀度变化趋势详见图 3-97 ~ 图 3-99。

(1)年际变化趋势

分析图 3-97 可知，春、秋季浮游动物均匀度年际变化幅度较小，趋势变化平稳。最新的调查数据(2017 年数据)与大规模围填海之前(2006 年)处于同一水平。

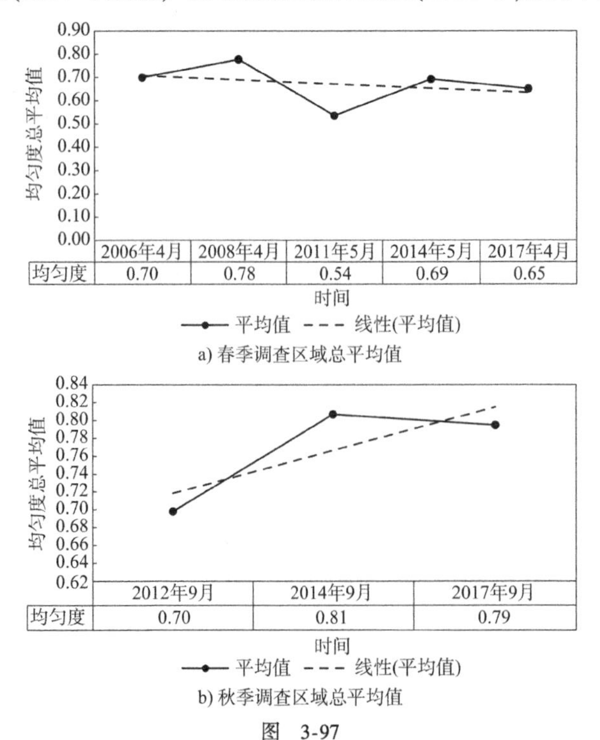

a) 春季调查区域总平均值

b) 秋季调查区域总平均值

图 3-97

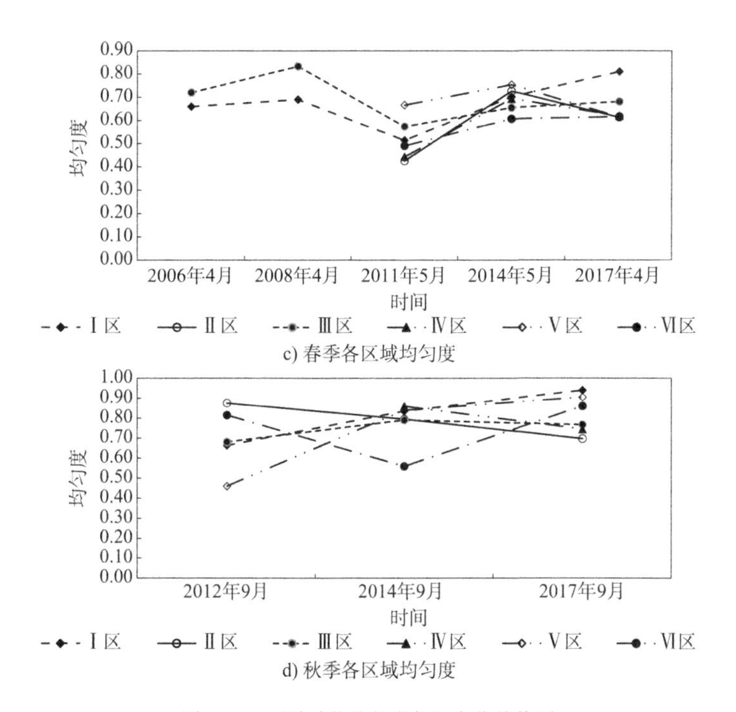

c) 春季各区域均匀度

d) 秋季各区域均匀度

图 3-97　浮游动物均匀度年际变化趋势图

(2) 区域变化趋势

分析图 3-98 可知,各区域浮游动物均匀度变化规律不明显,Ⅲ区浮游动物均匀度基本处于区域平均水平。

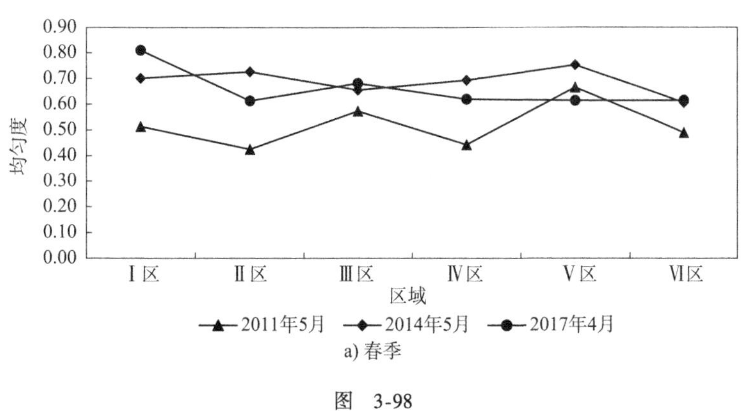

a) 春季

图　3-98

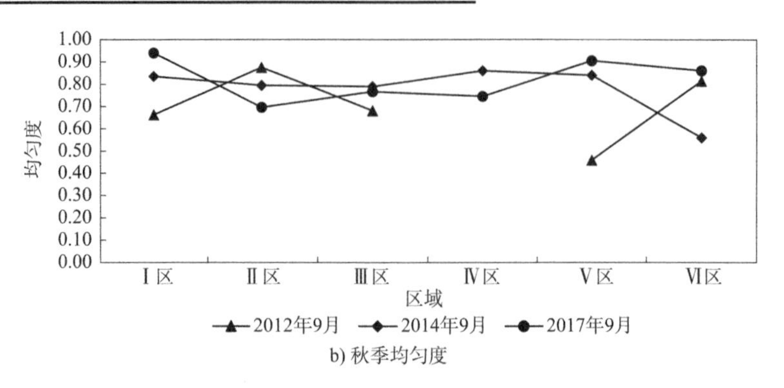

b) 秋季均匀度

图 3-98　浮游动物均匀度区域变化趋势图

(3)围填海区域(Ⅲ区)变化趋势

分析图 3-99 可知,2008—2017 年春季浮游动物均匀度呈现出先降后升的趋势,施工期间浮游动物均匀度略有下降,随着施工强度的降低,浮游动物均匀度逐渐恢复,但仍未恢复到施工前水平。2012—2017 年秋季浮游动物均匀度变化幅度不大。

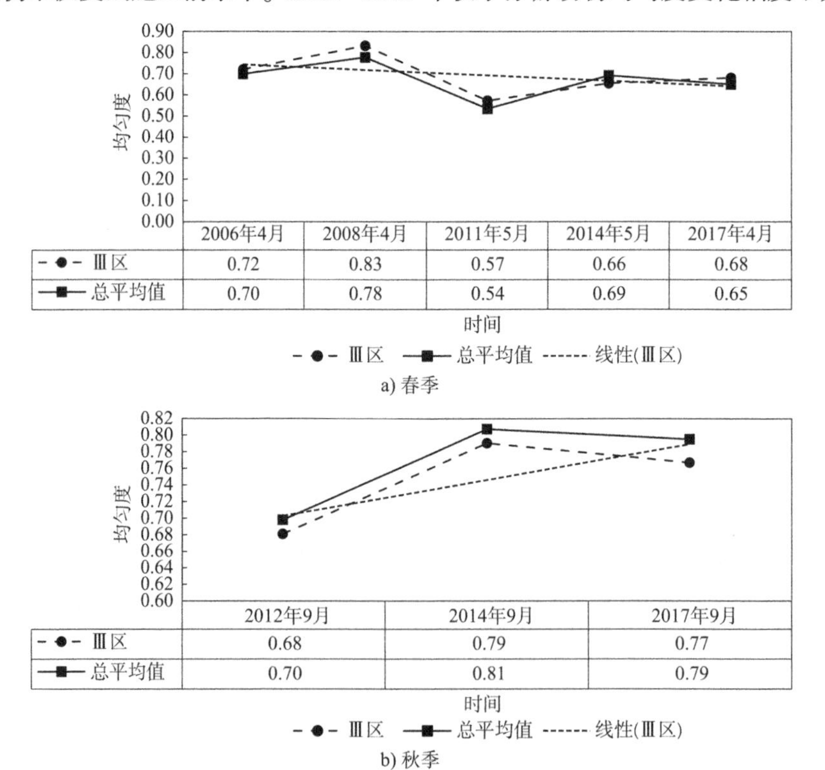

a) 春季

b) 秋季

图 3-99　Ⅲ区浮游动物均匀度变化趋势图

3. 丰度

研究区域浮游动物丰度变化趋势详见图 3-100 ~ 图 3-102。

(1)年际变化趋势

分析图 3-100 可知,春季浮游动物丰度波动性上升,秋季先升后降,最新的调查数据(2017 年数据)高于大规模围填海之前(2006 年)。

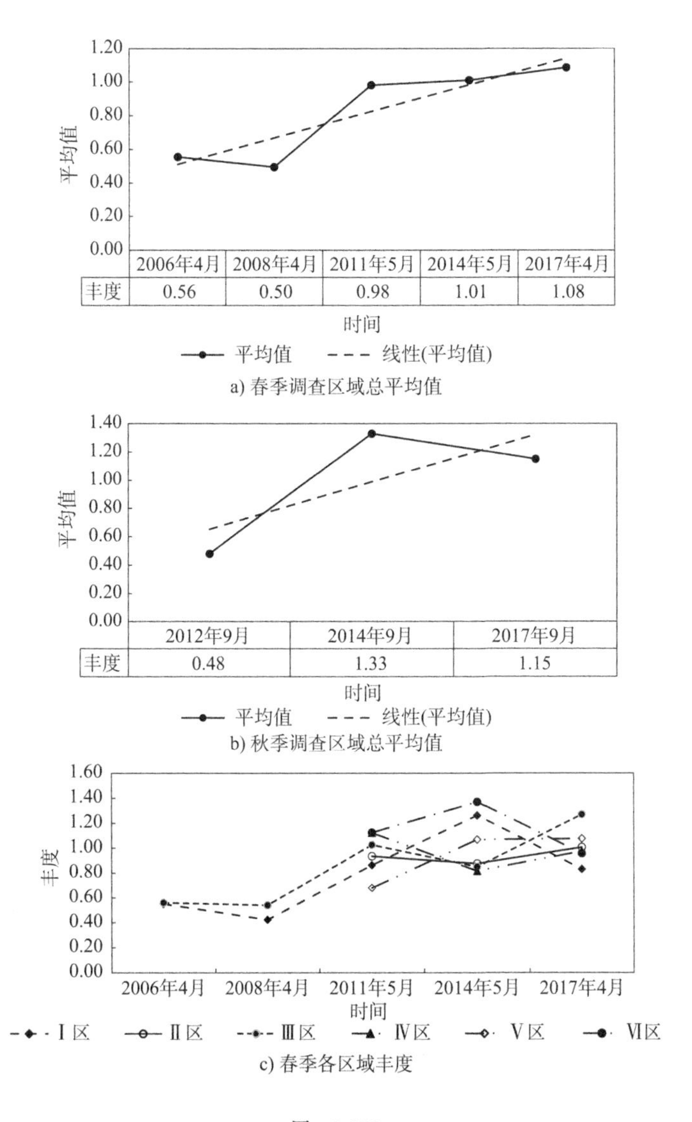

a) 春季调查区域总平均值

b) 秋季调查区域总平均值

c) 春季各区域丰度

图 3-100

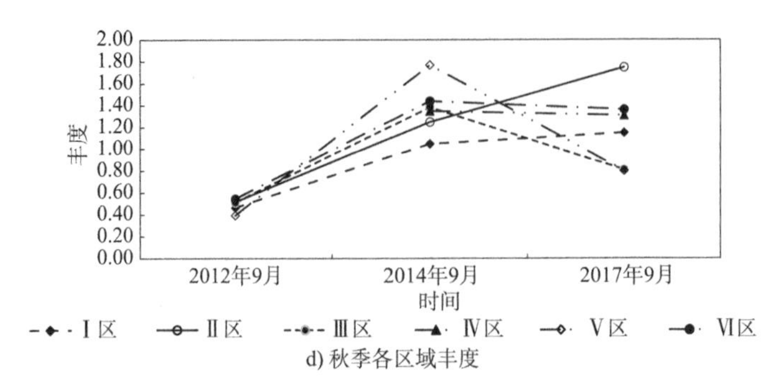

d) 秋季各区域丰度

图 3-100　浮游动物丰度年际变化趋势图

(2)区域变化趋势

分析图 3-101 可知,各区域浮游动物丰度变化规律不明显,Ⅲ区浮游动物丰度基本处于区域平均水平。

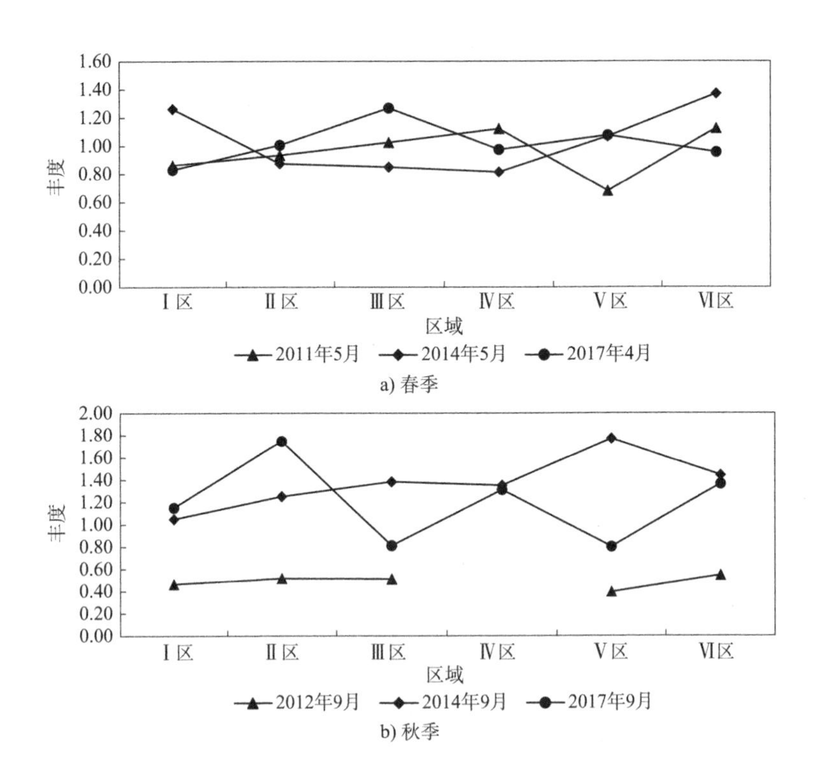

图 3-101　浮游动物丰度区域变化趋势图

(3)围填海区域(Ⅲ区)变化趋势

分析图3-102可知,Ⅲ区春季浮游动物丰度呈现上升趋势,秋季先升后降,施工中和施工后的数据均高于围填海之前的结果,围填海施工对浮游动物丰度指数无显著影响。

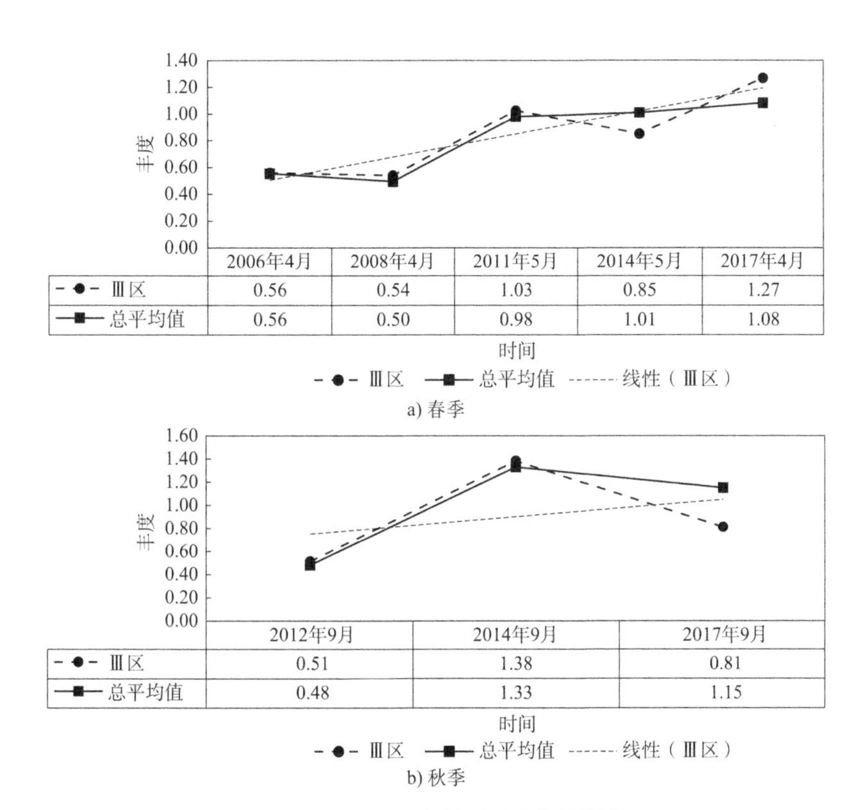

	2006年4月	2008年4月	2011年5月	2014年5月	2017年4月
Ⅲ区	0.56	0.54	1.03	0.85	1.27
总平均值	0.56	0.50	0.98	1.01	1.08

a)春季

	2012年9月	2014年9月	2017年9月
Ⅲ区	0.51	1.38	0.81
总平均值	0.48	1.33	1.15

b)秋季

图3-102 Ⅲ区浮游动物丰度变化趋势图

4. 生物量

研究区域浮游动物生物量变化趋势见图3-103~图3-105。

(1)年际变化趋势

分析图3-103可知,春季浮游动物生物量总平均值呈现出逐年增加的趋势,秋季则呈现出逐年下降的趋势。

(2)区域变化趋势

分析图3-104可知,Ⅱ区春季浮游动物生物量普遍偏高,其他区域春、秋季均无明显变化规律,围填海区域(Ⅲ区)基本处于区域平均水平。

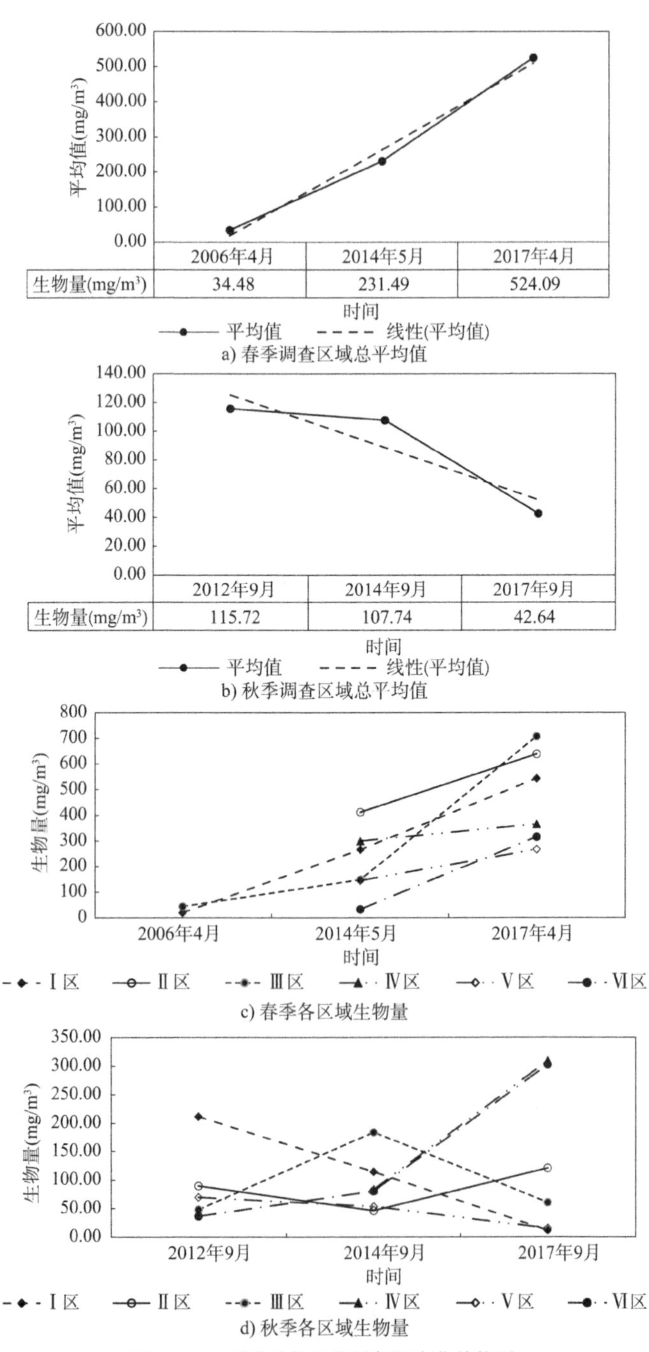

a) 春季调查区域总平均值

b) 秋季调查区域总平均值

c) 春季各区域生物量

d) 秋季各区域生物量

图 3-103 浮游动物生物量年际变化趋势图

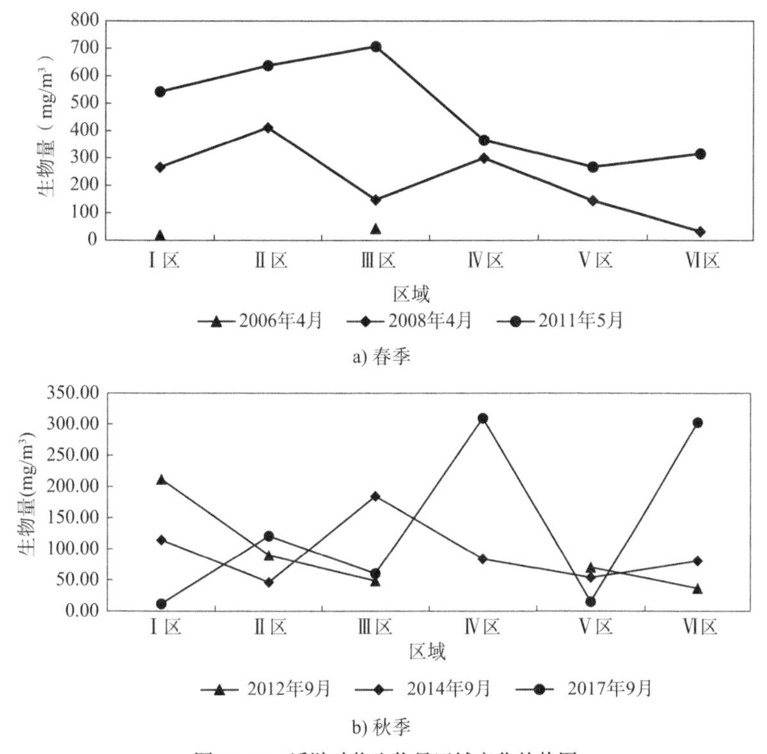

a) 春季

b) 秋季

图 3-104　浮游动物生物量区域变化趋势图

(3)围填海区域(Ⅲ区)变化趋势

分析图3-105可知,围填海区域春季浮游动物生物量呈现上升趋势,秋季变化趋势较平稳,近年来的数据要高于围填海之前的结果。

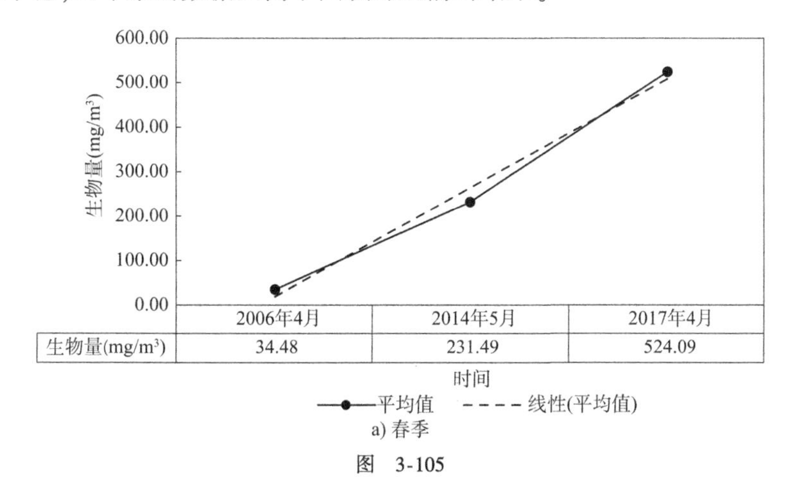

	2006年4月	2014年5月	2017年4月
生物量(mg/m³)	34.48	231.49	524.09

a) 春季

图　3-105

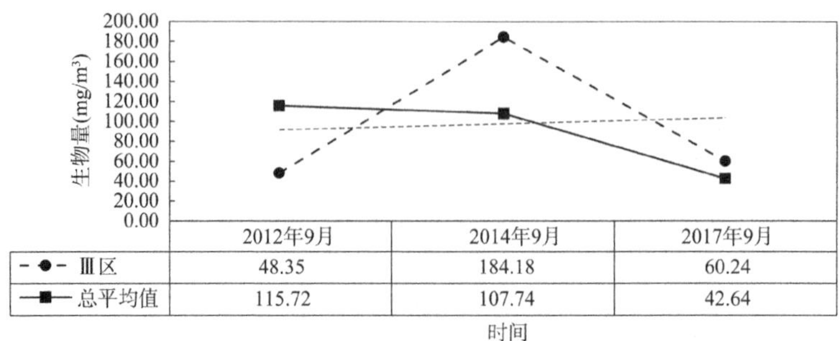

b) 秋季

图 3-105　Ⅲ区浮游动物生物量变化趋势图

5. 种类数及优势种

研究区域浮游动物种类数及优势种变化趋势详见图 3-106 及表 3-25、表 3-26。

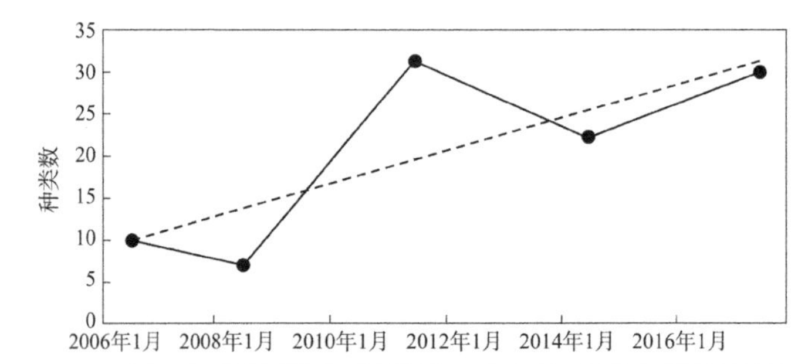

a) 春季

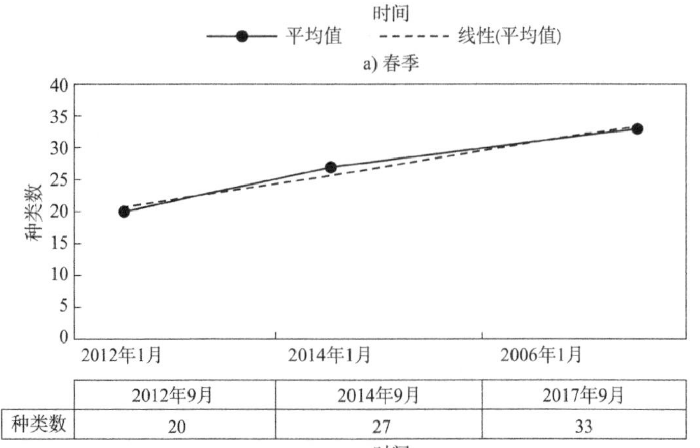

b) 秋季

图 3-106　浮游动物种类数变化趋势图

春季浮游动物种类数及优势种统计表 表3-25

调查时间			2006年4月	2008年4月	2011年5月	2014年5月	2017年4月
浮游动物	种类数		8	5	15	16	23
	桡足类	种	3	3	9	10	15
	毛颚类	种	1	1	1	1	1
	腔肠类	种	1	—	—	—	—
	夜光虫	种	—	—	—	—	1
	节肢类	种	—	1	—	—	—
	水母类	种	—	—	3	4	3
	端足类	种	—	—	1	—	—
	甲壳类	种	3	—	—	—	3
	糠虾类	种	—	—	1	—	—
	莹虾类	种	—	—	—	1	—
幼虫、幼体、鱼卵、仔鱼		种	2	1	16	6	7
优势种			强壮箭虫 真刺唇角水蚤	强壮箭虫 小拟哲水蚤	双毛纺锤水蚤 拟长腹剑水蚤	小拟哲水蚤 双毛纺锤水蚤	中华哲水蚤 一种纺锤水蚤 胸刺水蚤

秋季浮游动物种类数及优势种统计表 表3-26

调查时间			2012年9月	2014年9月	2017年9月
浮游动物	种类		13	17	21
	桡足类	种	6	10	14
	毛颚类	种	1	1	1
	原生动物	种	—	—	1
	节肢动物	种	—	—	1
	水母类	种	4	4	2
	端足类	种	—	1	—
	被囊类	种	1	1	—
	尾索动物	种	—	—	2
	樱虾类	种	1	—	—
幼虫、幼体、鱼卵、仔鱼		种	7	10	12
优势种			小拟哲水蚤 拟长腹剑水蚤	无节幼虫	一种纺锤水蚤 强壮箭虫

分析图3-106可知,2006—2017年春季浮游动物种类数呈波动性上升趋势,秋季呈现逐年上升的趋势,2017年调查数据较大规模围填海前(2006年)有明显的增大。从表3-25和表3-26统计分析可知,调查区域内浮游动物绝大多数以温带近岸性种类为主,桡足类占绝对优势。

3.4.4 底栖生物

1. 多样性指数

研究区域底栖生物多样性变化趋势详见图3-107~图3-109。

(1)年际变化趋势

分析图3-107可知,春、秋季底栖生物多样性指数均呈现上升的趋势,最新的调查数据(2017年数据)高于大规模围填海之前(2006年)。

(2)区域变化趋势

分析图3-108可知,各区域底栖生物多样性指数无明显变化规律,Ⅲ区底栖生物多样性指数基本处于区域平均水平。

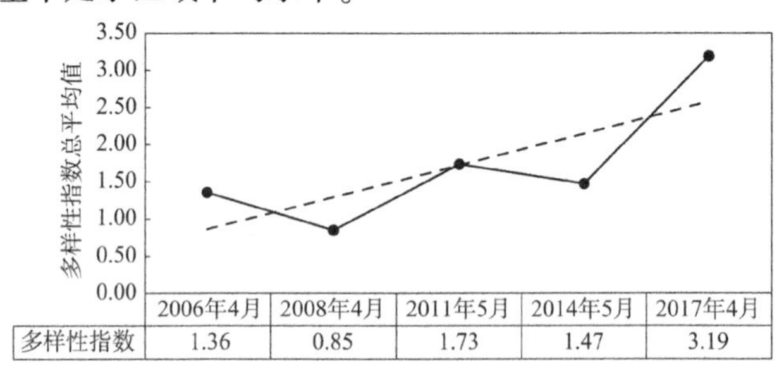

	2006年4月	2008年4月	2011年5月	2014年5月	2017年4月
多样性指数	1.36	0.85	1.73	1.47	3.19

a) 春季调查区域总平均值

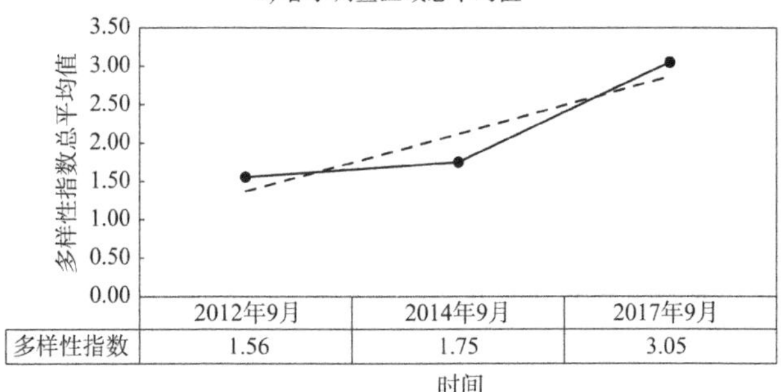

	2012年9月	2014年9月	2017年9月
多样性指数	1.56	1.75	3.05

b) 秋季调查区域总平均值

图 3-107

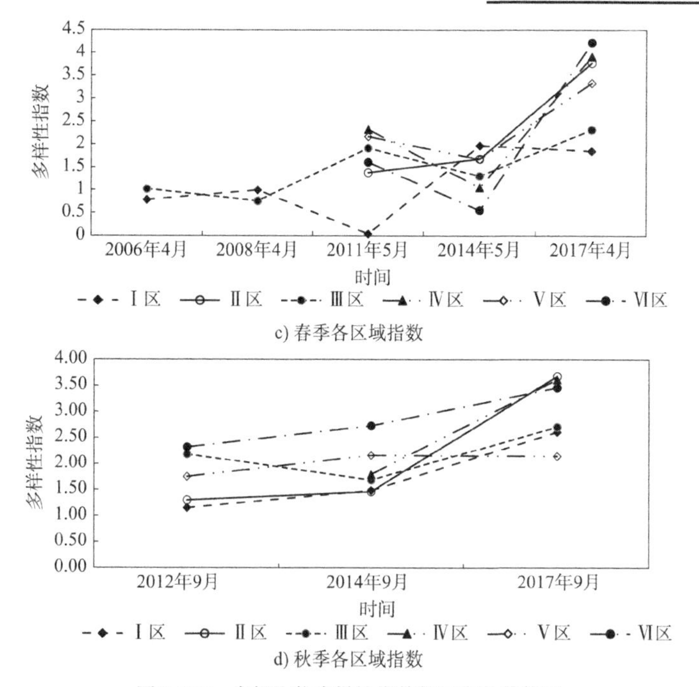

c) 春季各区域指数

d) 秋季各区域指数

图 3-107 底栖生物多样性指数年际变化趋势图

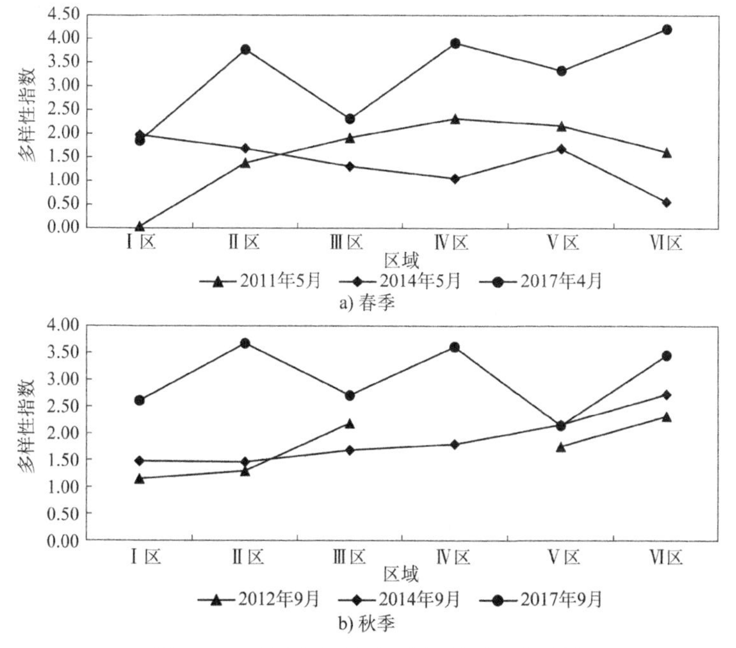

a) 春季

b) 秋季

图 3-108 底栖生物多样性指数区域变化趋势图

(3)围填海区域(Ⅲ区)变化趋势分析

分析图3-109可知,Ⅲ区春季底栖生物多样性指数呈现上升趋势,秋季先降后升,整体呈上升趋势,2017年的数据要高于围填海之前的结果。

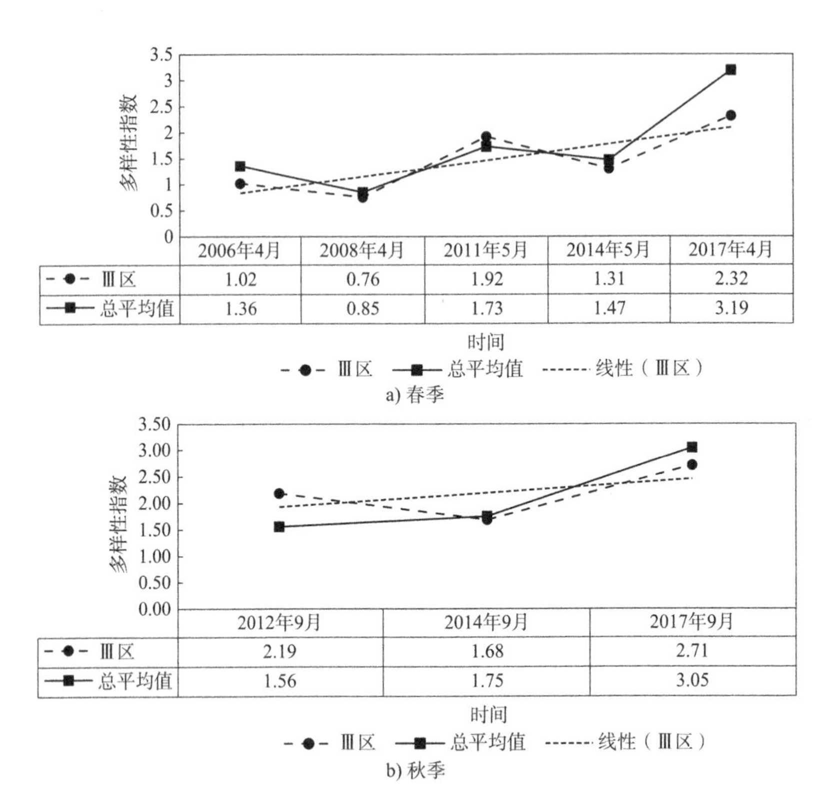

图3-109　Ⅲ区底栖生物多样性指数变化趋势图

2. 均匀度

研究区域底栖生物均匀度变化趋势详见图3-110~图3-112。

(1)年际变化趋势

分析图3-110可知,春季底栖生物均匀度呈上升趋势,秋季变化幅度较小,趋势变化平稳。最新的调查数据(2017年数据)高于大规模围填海之前(2006年)的结果。

(2)区域变化趋势

分析图3-111可知,各区域底栖生物均匀度变化规律不明显,Ⅲ区底栖生物均匀度基本处于区域平均水平。

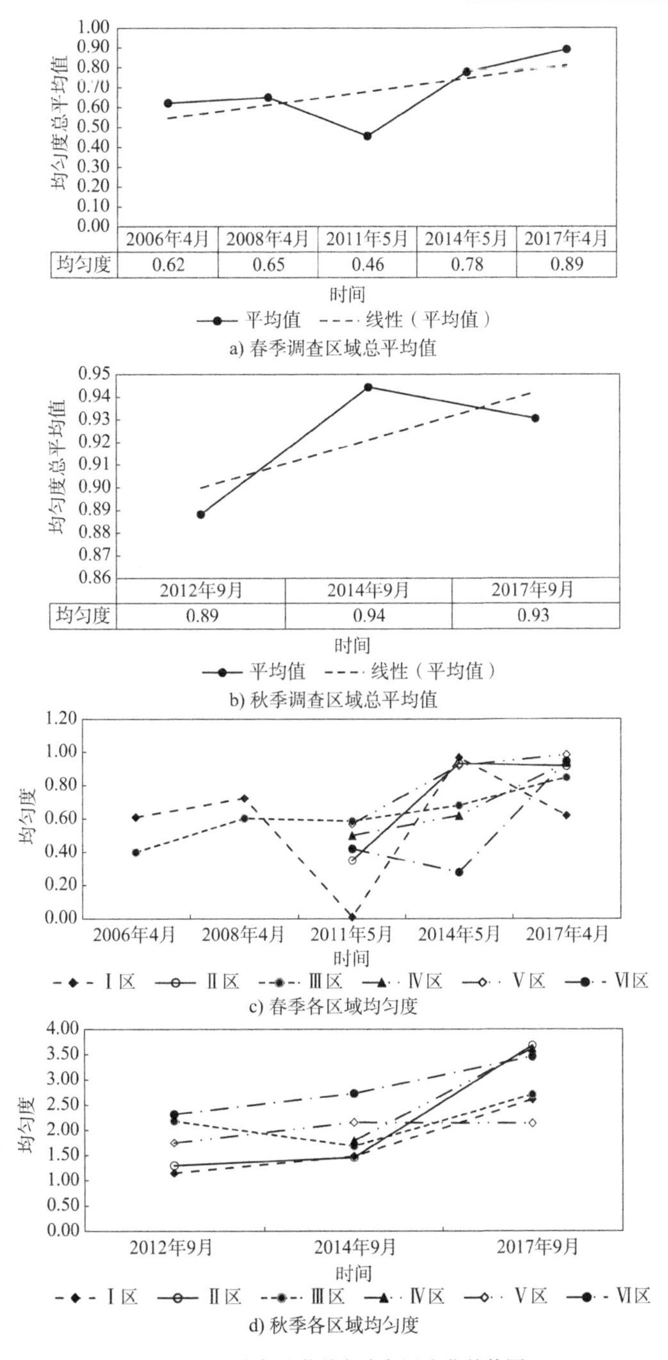

a) 春季调查区域总平均值

b) 秋季调查区域总平均值

c) 春季各区域均匀度

d) 秋季各区域均匀度

图 3-110 底栖生物均匀度年际变化趋势图

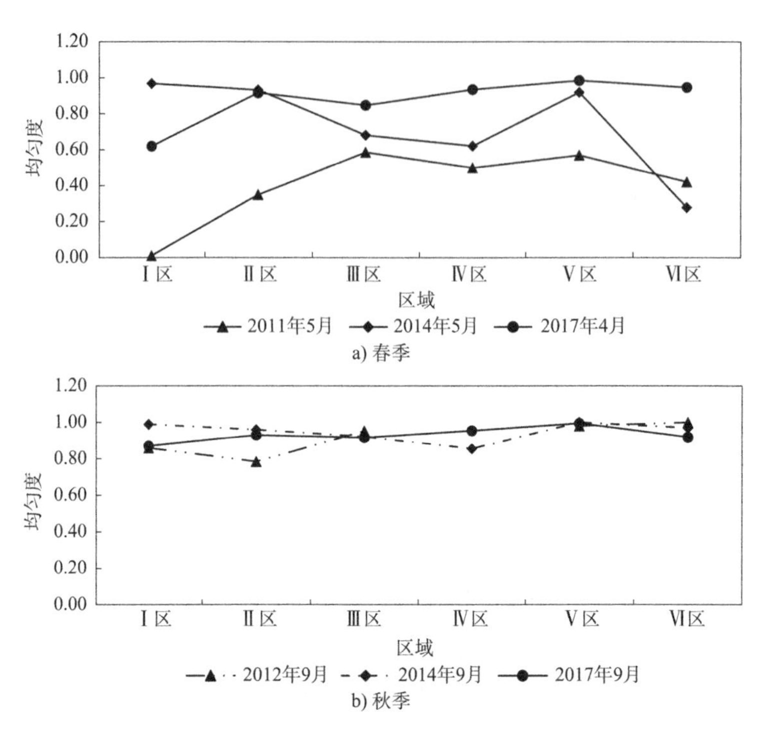

图 3-111　底栖生物均匀度区域变化趋势图

(3)围填海区域(Ⅲ区)变化趋势

分析图 3-112 可知,Ⅲ区春季底栖生物均匀度呈现逐渐上升的趋势,秋季则变化较平稳,变化幅度小,总体上 2017 年的调查数据高于围填海之前的结果。

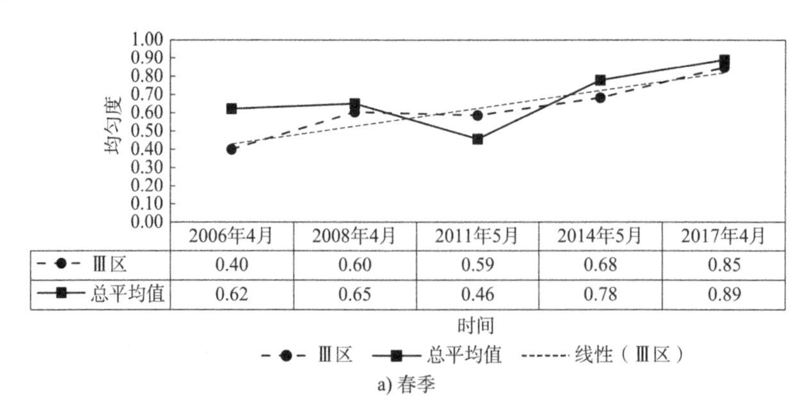

图　3-112

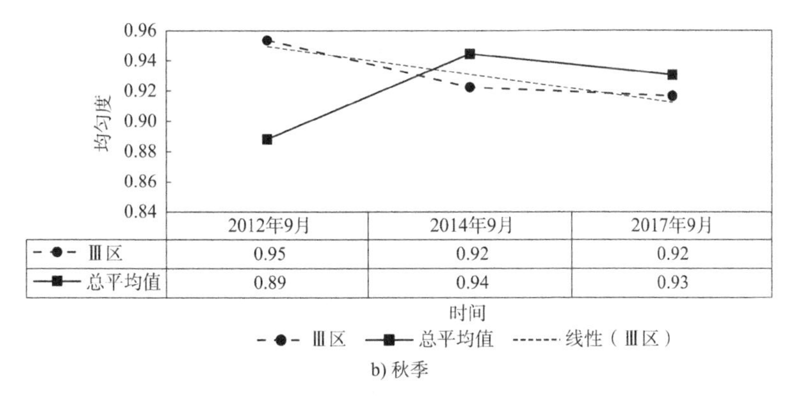

b) 秋季

图3-112 Ⅲ区底栖生物均匀度变化趋势图

3. 丰度

研究区域底栖生物丰度变化趋势详见图3-113～图3-115。

(1)年际变化趋势

分析图3-113可知，春、秋季底栖生物丰度均呈现上升的趋势，最新的调查数据(2017年数据)高于大规模围填海之前(2006年)的结果。

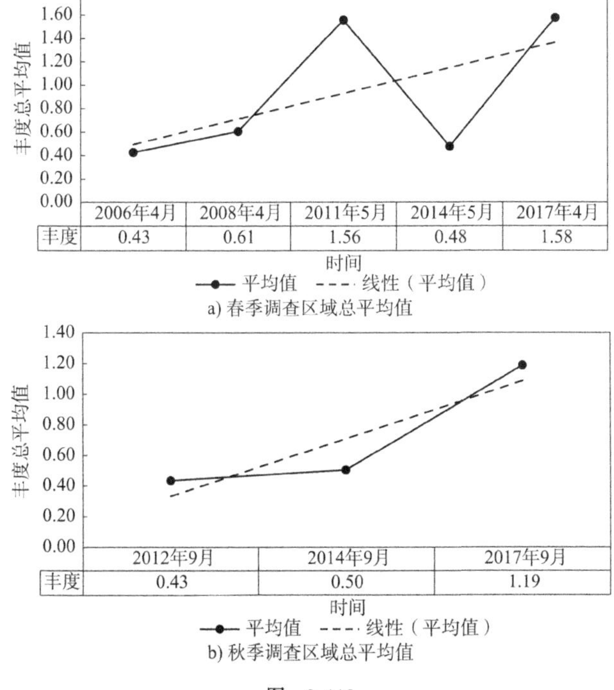

a) 春季调查区域总平均值

b) 秋季调查区域总平均值

图 3-113

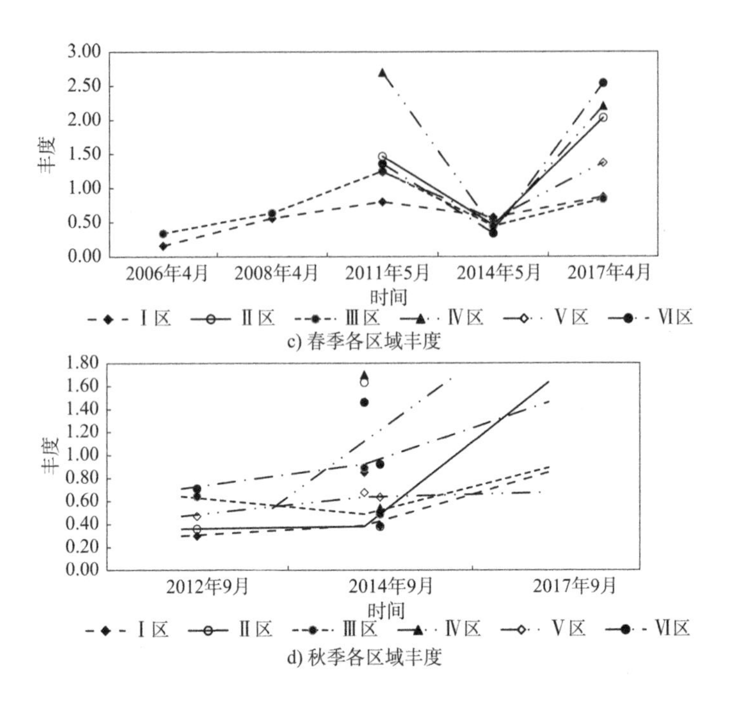

c) 春季各区域丰度

d) 秋季各区域丰度

图 3-113 底栖生物丰度年际变化趋势图

(2)区域变化趋势

分析图 3-114 可知,各区域底栖生物丰度变化规律不明显,Ⅲ区底栖生物丰度基本处于区域平均水平。

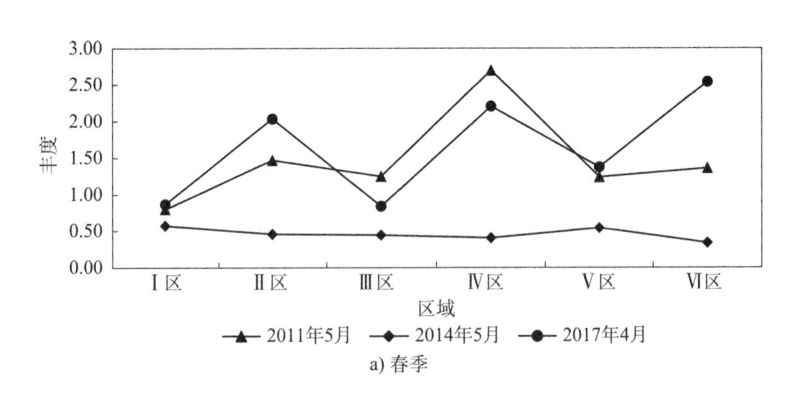

a) 春季

图 3-114

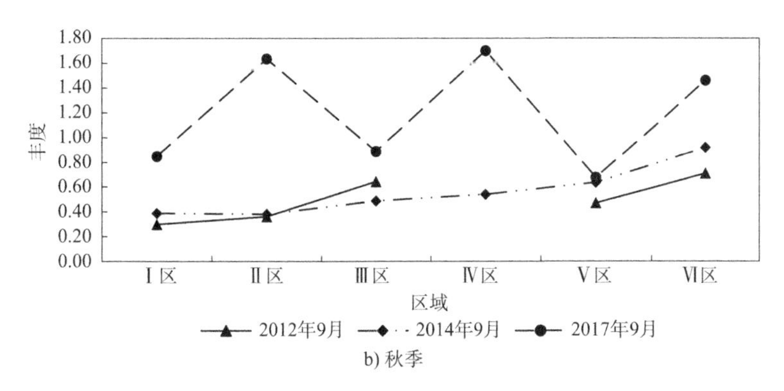

b) 秋季

图 3-114　底栖生物丰度区域变化趋势图

(3)围填海区域(Ⅲ区)变化趋势分析

分析图 3-115 可知,Ⅲ区春、秋季底栖生物丰度均呈现上升的趋势,2017 年的调查数据均高于围填海之前的结果。

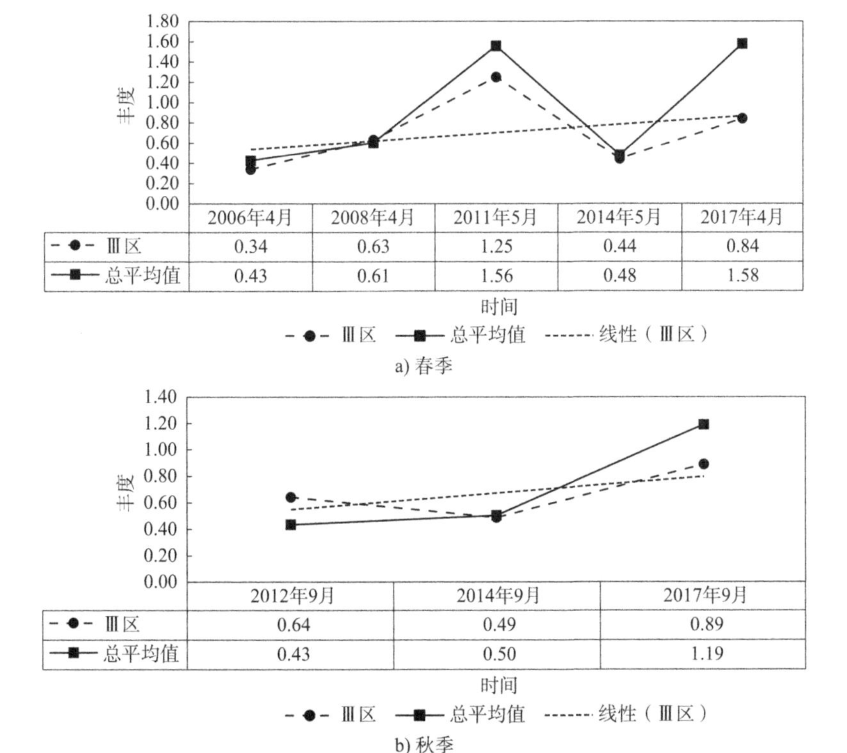

	2006年4月	2008年4月	2011年5月	2014年5月	2017年4月
Ⅲ区	0.34	0.63	1.25	0.44	0.84
总平均值	0.43	0.61	1.56	0.48	1.58

a) 春季

	2012年9月	2014年9月	2017年9月
Ⅲ区	0.64	0.49	0.89
总平均值	0.43	0.50	1.19

b) 秋季

图 3-115　Ⅲ区底栖生物丰度变化趋势图

4. 生物量

研究区域底栖生物生物量变化趋势见图3-116～图3-118。

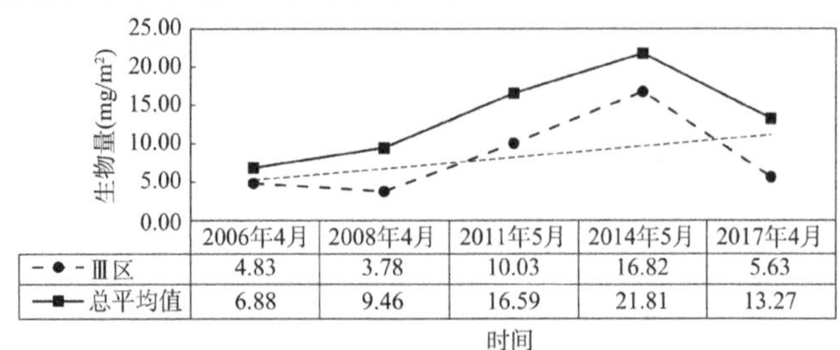

	2006年4月	2008年4月	2011年5月	2014年5月	2017年4月
Ⅲ区	4.83	3.78	10.03	16.82	5.63
总平均值	6.88	9.46	16.59	21.81	13.27

a) 春季调查区域总平均值

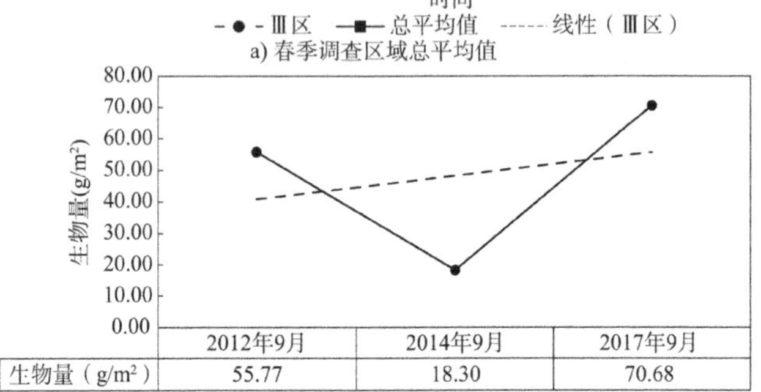

	2012年9月	2014年9月	2017年9月
生物量（g/m²）	55.77	18.30	70.68

b) 秋季调查区域总平均值

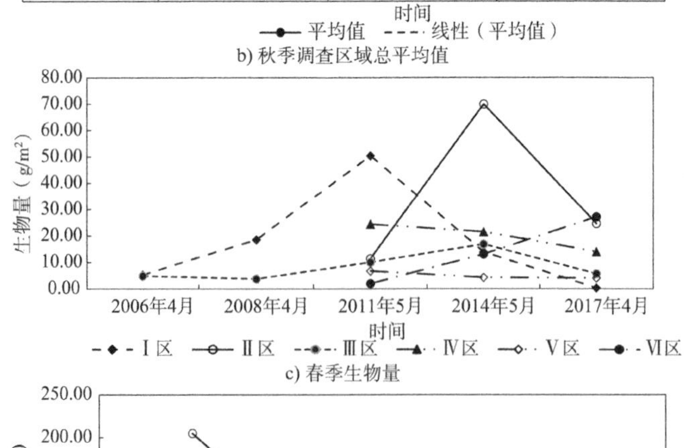

c) 春季生物量

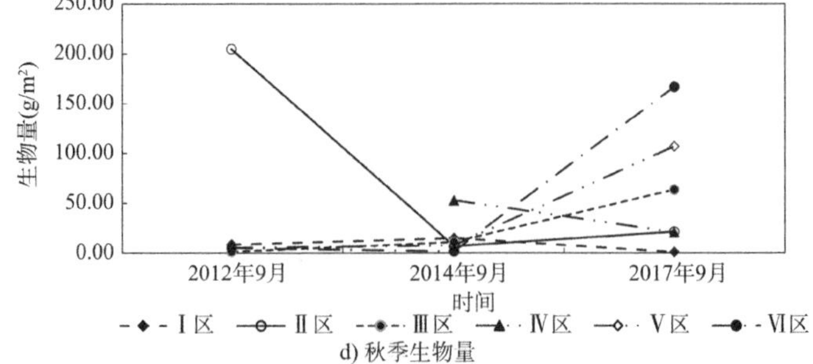

d) 秋季生物量

图3-116　底栖生物生物量年际变化趋势图

(1)年际变化趋势

分析图3-116可知,春季底栖生物生物量先升后降,秋季先降后升,2017年调查数据高于大规模围填海之前的结果。

(2)区域变化趋势

分析图3-117可知,各区域春、秋季底栖生物生物量均无明显变化规律,围填海区域(Ⅲ区)底栖生物生物量基本处于区域平均水平。

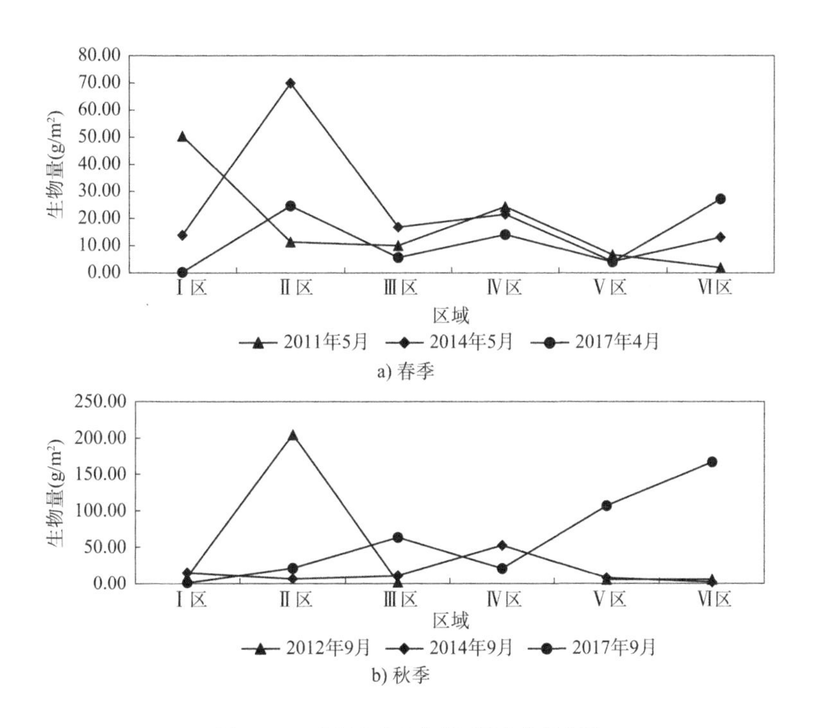

图3-117 底栖生物生物量区域变化趋势图

(3)围填海区域(Ⅲ区)变化趋势

分析图3-118可知,围填海区域春、秋季底栖生物生物量均呈现上升趋势,2017年来的数据要高于围填海之前的结果。分析认为底栖生物生物量增加可能与区域近年来采取的生态恢复措施有关,但Ⅲ区底栖生物生物量均低于区域平均水平,说明围填海施工对底栖生物的生物量会产生一定的影响。

5.种类数及优势种

研究区域底栖生物种类数及优势种变化趋势详见图3-119及表3-27、表3-28。

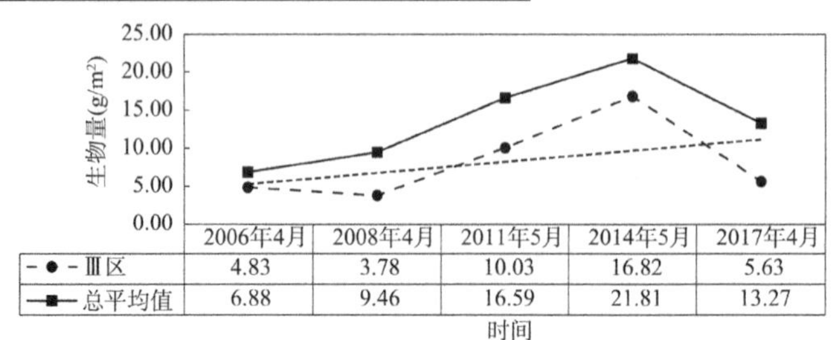

a) 春季

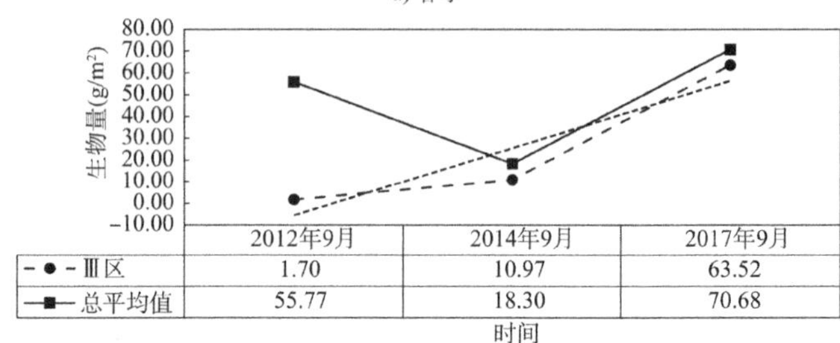

b) 秋季

图 3-118　Ⅲ区底栖生物生物量变化趋势图

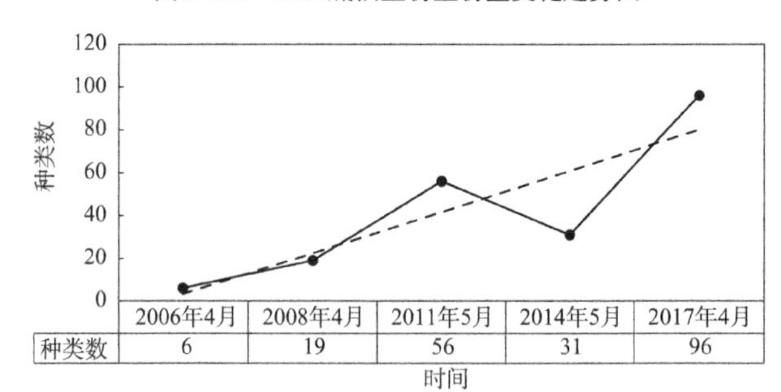

a) 春季

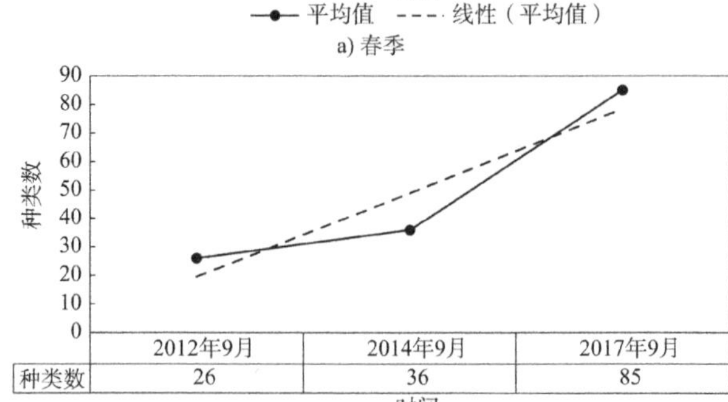

b) 秋季

图 3-119　底栖生物种类数变化趋势图

春季底栖生物种类数及优势种统计表　　表 3-27

调查时间			2006 年 4 月	2008 年 4 月	2011 年 5 月	2014 年 5 月	2017 年 4 月
底栖生物	种类数		6	19	56	31	96
	软体动物	种	4	6	20	4	29
	环节动物	种	1	8	13	13	37
	节肢动物	种	1	—	14	7	22
	纽形动物	种	—	1	—	1	1
	棘皮动物	种	—	2	6	5	6
	鱼类	种	—	—	—	1	1
	甲壳类	种	—	2	—	—	—
	腔肠类	种	—	—	2	—	—
	腕足动物	种	—	—	1	—	—
优势种			无	棘刺锚参 光亮倍棘蛇尾	长竹蛏 棘刺锚参	日本倍棘蛇尾 棘刺锚参	纤细长涟虫

秋季底栖生物种类数及优势种统计表　　表 3-28

调查时间			2012 年 9 月	2014 年 9 月	2017 年 9 月
底栖生物	种类数		26	36	85
	软体动物	种	6	9	21
	环节动物	种	10	14	36
	节肢动物	种	5	7	22
	纽形动物	种	1	1	1
	棘皮动物	种	3	4	4
	鱼类	种	—	—	1
	头索动物	种	—	1	—
	腔肠动物	种	1	—	—
优势种			海葵 凸壳肌蛤	棘刺锚参	无

分析图 3-119 可知，不论是春季还是秋季，研究区域底栖生物种类数均呈现上升的趋势，2017 年调查数据较大规模围填海前(2006 年)有明显增大。从表 3-27 和表 3-28 统计分析可知，棘刺锚参是研究区域多年调查中出现频率较高的底栖生物优势种。

3.4.5 潮间带

1. 种类数

春季各航次潮间带生物组成及种类数如图 3-120 所示。2008 年 4 月潮间带生物种类最多(23 种),其次为 2017 年 4 月(12 种),2014 年 5 月种类数较少(6 种)。从图中分析可知,潮间带生物种类数呈现先降后升的趋势,大规模围填海施工造成潮间带生物种类数下降,施工结束后种类数逐渐增加,但仍低于围填海施工初期水平。

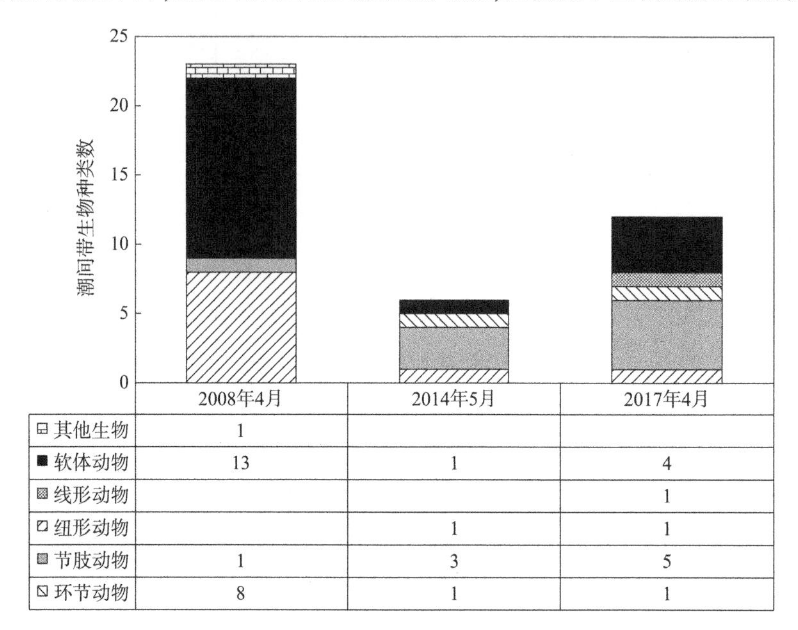

	2008年4月	2014年5月	2017年4月
其他生物	1		
软体动物	13	1	4
线形动物			1
纽形动物		1	1
节肢动物	1	3	5
环节动物	8	1	1

图 3-120　春季各航次潮间带生物组成及种类数

2. 生物量

春季各航次潮间带生物量平均值变化趋势如图 3-121 所示。从变化趋势来看,生物量逐年上升,说明围填海施工主要造成围填区域及其附近有限范围内潮间带生物损失,对周边海域潮间带生物量影响不显著。

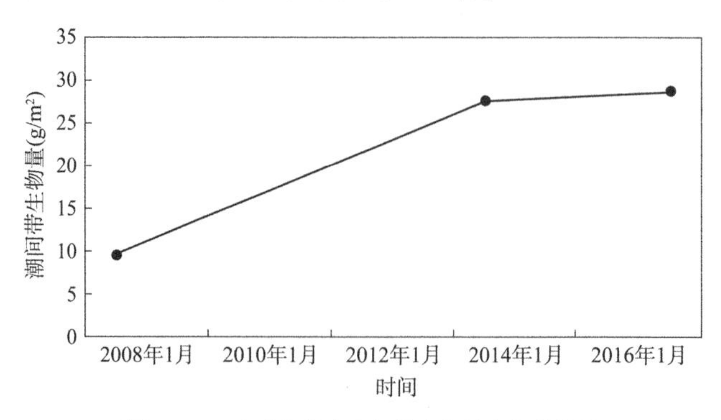

图 3-121　春季各航次潮间带生物量变化趋势图

3.4.6 生物体质量

收集资料中的生物体质量统计结果见表3-29。贝类(双壳类)生物体内污染物质含量评价标准采用《海洋生物质量》(GB 18421—2001)规定的第一类标准值,其他软体动物和甲壳类、鱼类体内污染物质(除石油烃外)含量评价标准采用《全国海岸带和海涂资源综合调查简明规程》中规定的生物质量标准,石油烃含量的评价标准采用《第二次全国海洋污染基线调查技术规程》(第二分册)中规定的生物质量标准。

生物体质量统计结果　　表3-29

监测时间	测站数量与生物类别	超标情况	达标项目
2007年12月	1个测站,四角蛤蜊	铜、锌、镉超标	总汞、石油烃
2011年5月	3个测站,葛氏长臂虾、斑尾复鰕虎鱼、焦氏舌鳎	无	总汞、镉、铅、铜、锌、砷、石油烃
2014年5月	16个测站,脉红螺、四角蛤蜊和青鳞鱼等3种生物	无	总汞、镉、铅、铜、锌、铬、砷、石油烃
2014年9月	16个测站,脉红螺、四角蛤蜊和青鳞鱼等3种生物	无	总汞、镉、铅、铜、锌、铬、砷、石油烃
2017年4月	26个测站,口虾蛄、脉红螺等2种生物	石油烃在2个测站出现超标(超标样品均为脉红螺),超标率7%	总汞、镉、铅、铜、锌
2017年9月	26个测站,口虾蛄、半滑舌鳎、虾虎鱼、三疣梭子蟹	镉在2个测站出现超标(超标样品均为口虾蛄),超标率7%	铜、锌、总汞、铅和石油烃

分析可知,研究区域生物体质量较好,6次调查中有3次全部达标,2017年的两次调查虽出现了超标现象,但超标率较低,仅为7%,相较于2007年的调查,生物体质量有所好转,说明围填海施工对生物体质量影响不显著。

3.5 渔业资源影响研究

本次研究收集了多年春、秋两季的渔业资源调查资料,具体监测信息详列于表3-30中。

现状渔业资料监测信息 表3-30

监测时间	监测单位	数据来源	监测项目及监测站数量	备注
2007年5月	河北省水产研究所	黄骅港扩容完善工程环境影响报告书	鱼卵、仔鱼、游泳动物:21个	两次监测站位一致
2007年8月	河北省水产研究所	黄骅港扩容完善工程环境影响报告书	游泳动物:21个	
2011年7月	中国水产科学研究院黄海水产研究所	河北冀海港务有限公司年吞吐量350万吨公共码头项目环境影响报告书	游泳动物:12个	两次监测站位一致
2011年10月	中国水产科学研究院黄海水产研究所	河北冀海港务有限公司年吞吐量350万吨公共码头项目环境影响报告书	游泳动物:12个	
2012年5月	中国水产科学研究院黄海水产研究所	河北冀海港务有限公司年吞吐量350万吨公共码头项目环境影响报告书	鱼卵、仔鱼、游泳动物:12个	
2014年5月	国家海洋局秦皇岛海洋环境监测中心站	黄骅港散货港区原油码头一期工程环境监测报告	鱼卵、仔鱼、游泳动物:12个	两次监测站位一致
2014年9月	国家海洋局秦皇岛海洋环境监测中心站	黄骅港散货港区原油码头一期工程环境监测报告	游泳动物:12个	
2015年6月	中国水产科学研究院黄海水产研究所	黄骅港综保区保税仓库项目海洋环境影响报告书	鱼卵、仔鱼、游泳动物:12个	两次监测站位一致
2015年9月	中国水产科学研究院黄海水产研究所	黄骅港综保区保税仓库项目海洋环境影响报告书	游泳动物:12个	
2017年5月	青岛环海海洋工程勘察研究院	黄骅港综合保税区公用仓储物流工程海洋环评	鱼卵、仔鱼、游泳动物:21个	两次监测站位一致
2017年9月	青岛环海海洋工程勘察研究院	黄骅港综合保税区公用仓储物流工程海洋环评	游泳动物:21个	

3.5.1 鱼卵和仔鱼

1.种类数

春季各航次鱼卵种类数如图3-122所示。2007年5月鱼卵种类最多(9种),

其次为2014年5月(7种),2015年6月种类数较少(5种)。

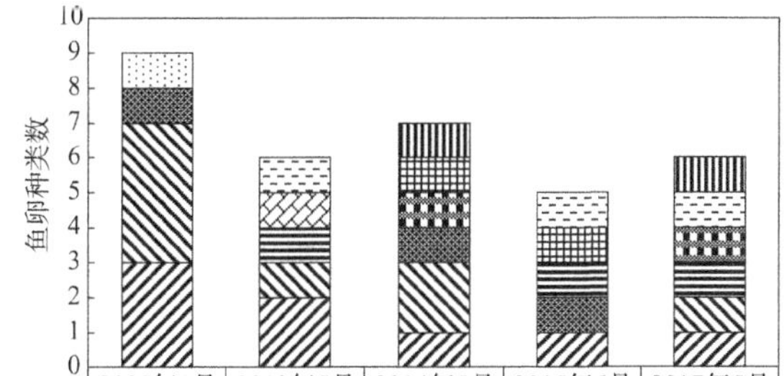

	2007年5月	2012年5月	2014年5月	2015年6月	2017年5月
其他	1				
鮋科			1		1
鮁科		1		1	1
舌鰨科			1	1	
鯔科			1		1
鯒科		1			
鯷科		1		1	1
带鱼科	1		1	1	
石首科	4	1	2		1
鯡科	3	2	1	1	1

图3-122　春季各航次鱼卵种类数

春季各航次仔鱼种类数如图3-123所示。2007年5月仔鱼种类最多(10种),其次为2015年6月(7种),2014年5月种类数稍少(4种)。

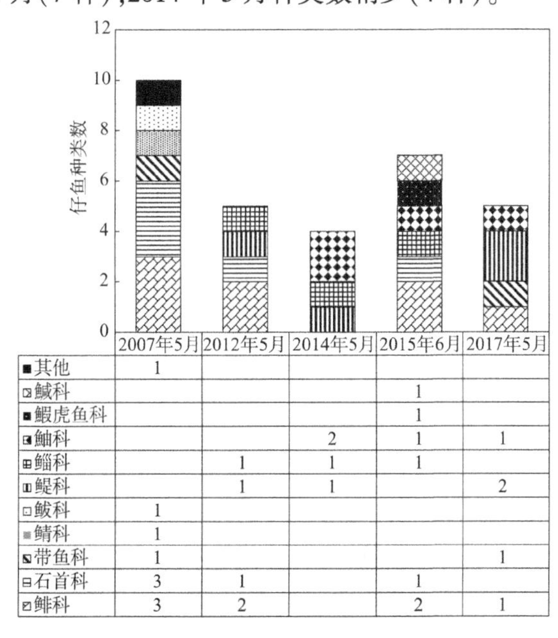

	2007年5月	2012年5月	2014年5月	2015年6月	2017年5月
其他	1				
鱵科				1	
鰕虎鱼科				1	
鮋科			2	1	1
鯔科		1	1	1	
鯷科		1	1		2
鮁科	1				
鯖科	1				
带鱼科	1				1
石首科	3	1		1	
鯡科	3	2		2	1

图3-123　春季各航次仔鱼种类数

通过年间对比来看,鱼卵和仔鱼中鲱科和石首科种类数均较多。

2. 密度

春季各航次鱼卵密度平均值变化趋势如图 3-124 所示。从趋势来看,鱼卵密度先降后升,2015 年 6 月密度平均值最低,2017 年 5 月密度平均值已有所回升,虽低于 2007 年 5 月调查数据,但已超过 2012 年 5 月和 2014 年 5 月的调查结果。

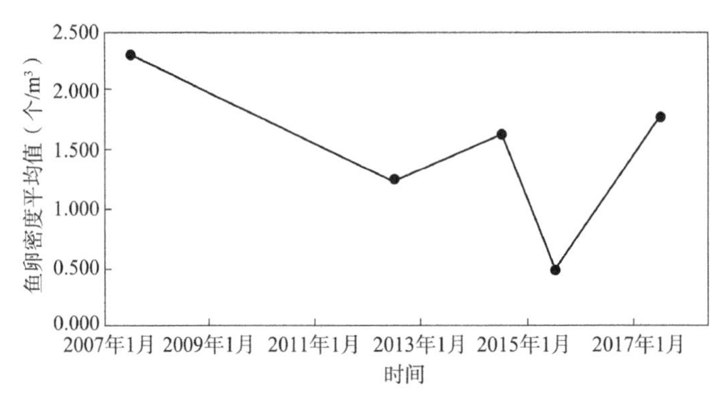

图 3-124　春季各航次鱼卵密度平均值变化趋势图

春季各航次仔鱼密度平均值变化趋势如图 3-125 所示。从趋势来看,仔鱼密度也先降后升,最低值出现在 2014 年 5 月,然后逐步回升,2017 年 5 月密度平均值虽低于 2007 年 5 月调查数据,但已超过其他年份的调查结果。

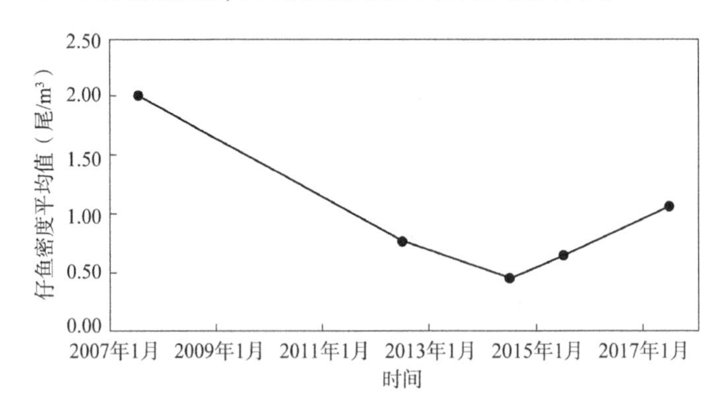

图 3-125　春季各航次仔鱼密度平均值变化趋势图

从图 3-124 和图 3-125 可知,鱼卵和仔鱼呈现出同样的变化趋势,说明大规模围填海施工造成鱼卵和仔鱼密度下降,随着施工结束,近几年鱼卵和仔鱼数量有所恢复,但仍未恢复至施工前水平。

3.5.2 游泳动物

1. 种类数

各航次游泳动物种类数如图 3-126 所示。各航次均以鱼类占优势,其次为甲壳类。其中 2017 年 5 月种类最多(37 种),其次是 2015 年 6 月(31 种),2007 年 5 月和 2012 年 5 月种类最少(21 种)。从趋势来看,春季游泳动物种类数呈现逐渐增大的趋势,夏、秋季各次调查结果较接近,波动幅度不大。

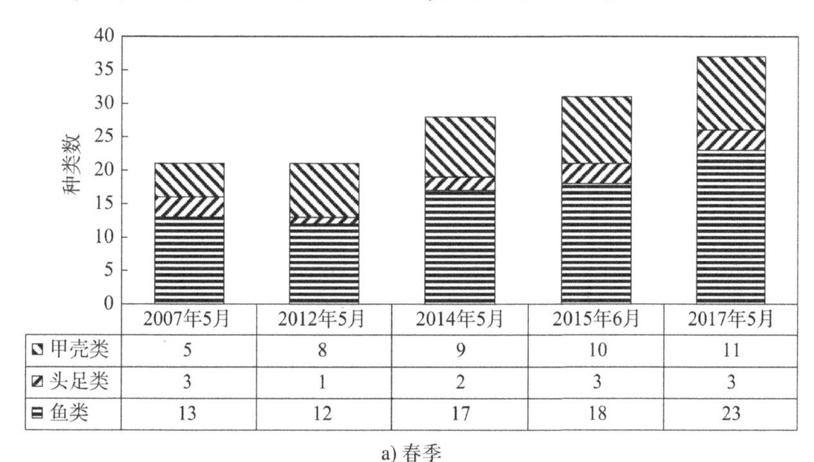

	2007年5月	2012年5月	2014年5月	2015年6月	2017年5月
甲壳类	5	8	9	10	11
头足类	3	1	2	3	3
鱼类	13	12	17	18	23

a) 春季

	2007年8月	2011年7月	2011年10月	2014年9月	2015年6月	2017年9月
甲壳类	7	8	6	7	9	9
头足类	2	2	3	3	2	3
鱼类	16	14	18	18	19	17

b) 夏、秋季

图 3-126 2007—2017 年各航次游泳动物种类数

2. 资源密度

2007 年春、秋两季游泳动物生物量的监测结果极低,分别为 0.145kg/km^2 和

0.467kg/km²,明显低于区域正常水平,因此资源密度趋势性分析将不采用2007年的数据,其余各航次游泳动物资源密度如图3-127所示。从趋势来看,春、夏、秋季各航次游泳动物资源密度整体均先升后降,最高值均出现在2014年,说明围填海施工对游泳动物资源密度影响不大。

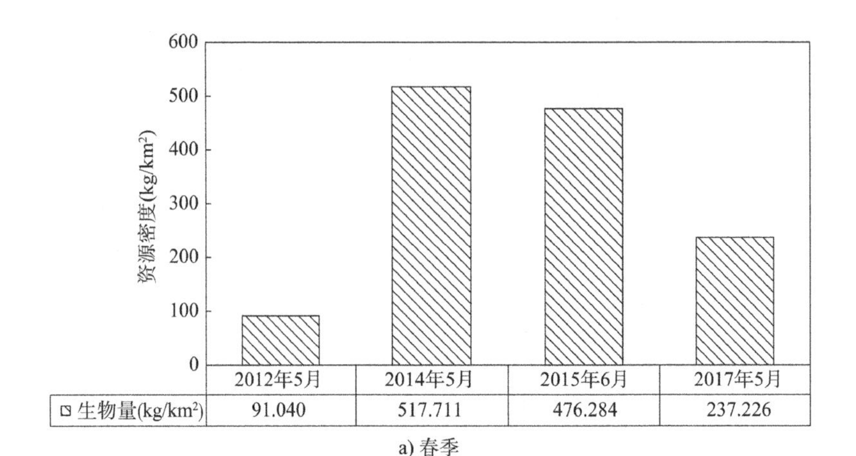

a) 春季

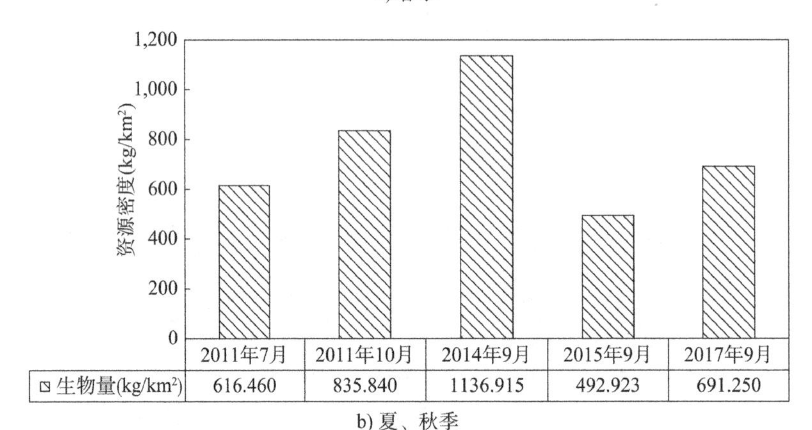

b) 夏、秋季

图3-127 2011—2017年各航次游泳动物资源密度变化趋势图

3. 优势种

各航次游泳动物优势种统计如表3-31所示。日本枪乌贼、尖尾鰕虎鱼和焦氏舌鳎是各航次出现次数较多的优势种,其次是斑鰶、黄鲫、口虾蛄和青鳞鱼,其他优势种偶见于各航次。

各航次游泳动物优势种统计 表 3-31

物种	2007年5月	2007年8月	2011年7月	2011年10月	2012年5月	2014年5月	2014年9月	2015年6月	2015年9月	2017年5月	2017年9月	出现频次
青鳞鱼	+	+						+	+			4
斑鰶	+	+		+	+				+		+	6
赤鼻棱鳀	+	+	+									3
黄鲫	+	+	+	+					+		+	6
小黄鱼	+	+		+								3
小带鱼	+	+										2
中国对虾	+	+										2
三疣梭子蟹	+	+										2
日本枪乌贼	+	+	+	+	+	+	+	+	+		+	10
口虾蛄						+	+	+	+	+	+	6
尖尾鰕虎鱼			+	+	+	+	+	+	+	+	+	9
焦氏舌鳎			+	+	+	+		+		+	+	7
叫姑				+								1
银鲳				+							+	2
短鳍衔					+							1
裸项栉鰕虎鱼					+							1
凹鳍孔鰕虎					+							1
葛氏长臂虾						+		+				2
日本鼓虾						+		+		+		3
矛尾刺鰕虎鱼							+		+			2
红狼牙鰕虎鱼									+			1
长蛸											+	1
总计	9	9	5	8	7	6	4	7	8	4	8	

3.6 近岸海洋生态健康评价

根据本次研究收集的2014年5月和2017年4月的两季监测数据，构建渤海新区近岸海域海洋生态系统健康评价指标体系。

3.6.1 评价指标及标准

海洋生态系统健康评价指标的选取遵循整体性、简明性、可操作性、代表性、差异性、科学性和独立性原则，根据《近岸海洋生态健康评价指南》（HY/T 087—2005）中的“河口及海湾生态系统生态环境健康评价方法”，遴选5类评价指标：①水环境指标，包括溶解氧含量、pH值以及活性磷酸盐含量、无机氮含量和石油类含量；②沉积物环境指标，包括有机碳含量和硫化物含量；③生物残毒指标，包括汞、镉、铅、砷的含量和石油烃含量；④生物栖息地指标，包括滨海湿地面积和沉积物主要组分含量的变化；⑤生物指标，包括浮游植物密度、浮游动物密度、浮游动物生物量、鱼卵和仔鱼的密度、底栖生物密度以及底栖生物生物量。

各项指标权重见表3-32，各项评价指标标准见表3-33。

河口及海湾生态系统健康状况评价指标及权重 表3-32

评价指标	水环境	沉积物环境	生物残毒	生物栖息地	生物
权重	15	10	10	15	50

河口及海湾生态系统健康状况评价指标标准 表3-33

评价指标（健康指数）	等级		
	健康	亚健康	不健康
水环境 W_{indx}	$11 \leqslant W_{indx} \leqslant 15$	$8 \leqslant W_{indx} < 11$	$5 \leqslant W_{indx} < 8$
沉积物环境 S_{indx}	$7 \leqslant S_{indx} \leqslant 10$	$3 \leqslant S_{indx} < 7$	$1 \leqslant S_{indx} < 3$
生物残毒 R_{indx}	$7 \leqslant R_{indx} \leqslant 10$	$4 \leqslant R_{indx} < 7$	$1 \leqslant R_{indx} < 4$
生物栖息地 E_{indx}	$11 \leqslant E_{indx} \leqslant 15$	$8 \leqslant E_{indx} < 11$	$5 \leqslant E_{indx} < 8$
生物 B_{indx}	$35 \leqslant B_{indx} \leqslant 50$	$20 \leqslant B_{indx} < 35$	$10 \leqslant B_{indx} < 20$
海洋生态系统（生态健康指数 CEH_{indx}）	$CEH_{indx} \geqslant 75$	$50 \leqslant CEH_{indx} < 75$	$CEH_{indx} < 50$

3.6.2 评价方法

1. 水环境

(1) 评价指标及赋值

水环境评价指标及赋值见表3-34。

水环境评价指标、要求与赋值　　表3-34

序号	指标	Ⅰ	Ⅱ	Ⅲ
1	溶解氧含量(mg/L)	≥6	≥5且<6	<5
2	pH值	>7.5且≤8.5	>7.0且≤7.5,或>8.5且≤9.0	≤7.0,或>9.0
3	活性磷酸盐含量(μg/L)	≤15	>15且≤30	>30
4	无机氮含量(μg/L)	≤200	>200且≤300	>300
5	石油类含量(μg/L)	≤50	>50且≤300	>300
赋值		15	10	5

(2) 指标赋值计算及水环境评价方法

水环境每项评价指标的赋值按式(3-14)计算:

$$W_q = \frac{\sum_{i=1}^{n} W_i}{n} \tag{3-14}$$

式中:W_q——第q项评价指标赋值;

W_i——第i个测站第q项评价指标赋值(表3-34);

n——评价区域测站总数。

水环境健康指数按式(3-15)计算:

$$W_{\text{indx}} = \frac{\sum_{q=1}^{m} W_q}{m} \tag{3-15}$$

式中:W_{indx}——水环境健康指数;

W_q——第q项评价指标赋值;

m——评价区域评价指标总数。

2. 沉积物环境

(1) 评价指标及赋值

沉积物环境评价指标及赋值见表3-35。

沉积物环境评价指标、要求与赋值 表3-35

序号	指标	Ⅰ	Ⅱ	Ⅲ
1	有机碳含量	≤2.0%	>2.0%且≤3.0%	>3.0%
2	硫化物含量(μg/g)	≤300	>300且≤500	>500
赋值		10	5	1

(2)指标赋值计算与沉积物环境评价方法

沉积物环境各项评价指标赋值按式(3-16)计算:

$$S_q = \frac{\sum_{i=1}^{n} S_i}{n} \tag{3-16}$$

式中:S_q——第q项评价指标赋值;

S_i——第i个测站第q项评价指标赋值(表3-35);

n——评价区域测站总数。

沉积物环境健康指数按式(3-17)计算:

$$S_{\mathrm{indx}} = \frac{\sum_{q=1}^{m} S_q}{m} \tag{3-17}$$

式中:S_{indx}——沉积物环境健康指数;

S_q——第q项评价指标赋值;

m——评价指标总数。

3. 生物残毒

(1)评价指标及赋值

生物残毒评价指标及赋值见表3-36。

生物残毒评价指标与赋值 表3-36

序号	指标	Ⅰ	Ⅱ	Ⅲ
1	汞含量(μg/g)	≤0.05	>0.05且≤0.10	>0.10
2	镉含量(μg/g)	≤0.2	>0.2且≤2.0	>2.0
3	铅含量(μg/g)	≤0.1	>0.1且≤2.0	>2.0
4	砷含量(μg/g)	≤1.0	>1.0且≤5.0	>5.0
5	石油烃含量(μg/g)	≤15	>15且≤50	>50
赋值		10	5	1

(2)指标赋值计算与生物残毒评价方法

每个生物样品生物残毒的赋值按式(3-18)计算

$$R_q = \frac{\sum_{i=1}^{n} R_i}{n} \tag{3-18}$$

式中：R_q——第 q 份样品赋值；

R_i——第 i 项评价指标赋值(表 3-36)；

n——评价的污染物指标总数。

生物残毒健康指数按式(3-19)计算：

$$R_{indx} = \frac{\sum_{q=1}^{m} R_q}{m} \tag{3-19}$$

式中：R_{indx}——生物残毒健康指数；

R_q——评价区域第 q 份样品赋值；

m——评价区域生物样品总数。

4. 生物栖息地

(1)评价指标及赋值

生物栖息地评价指标及赋值见表 3-37。

栖息地评价指标、要求与赋值 表 3-37

序号	指标	Ⅰ	Ⅱ	Ⅲ
1	5 年内滨海湿地生境减少	≤5%	>5%且≤10%	>10%
2	沉积物主要组分含量年度变化	≤2%	>2%且≤5%	>5%
赋值		15	10	5

(2)指标赋值计算及栖息地评价方法

滨海湿地生境减少赋值按式(3-20)计算：

$$EA = \frac{EA_{-5} - EA_0}{EA_{-5}} \times 100\% \tag{3-20}$$

式中：EA——分布面积减少赋值(表 3-37)；

EA_{-5}——前 5 年的分布面积；

EA_0——评价时的分布面积。

沉积物主要组分含量年度变化赋值按式(3-21)计算：

$$EG = \frac{\sum_{i=1}^{n} EG_i}{n} \tag{3-21}$$

式中：EG——评价区域沉积物主要组分含量年度变化赋值；

EG_i——第 i 个测站沉积物主要组分含量年度变化赋值（表 3-37）；

n——评价区域测站总数。

5. 生物

(1) 评价指标及赋值

生物评价指标及赋值见表 3-38。

生物评价指标、要求与赋值 表 3-38

序号	指标	Ⅰ	Ⅱ	Ⅲ
1	浮游植物密度（个/m^3）	>50%A 且≤150%A	>10%A 且≤50%A，或>150%A 且≤200%A	≤10%A，或>200%A
2	浮游动物密度（个/m^3）	>75%B 且≤125%B	>50%B 且≤75%B，或>125%B 且≤150%B	≤50%B，或>150%B
3	浮游动物生物量（mg/m^3）	>75%C 且≤125%C	>50%C 且≤75%C，或>125%C 且≤150%C	≤50%C，或>150%C
4	鱼卵及仔鱼密度（个/m^3）	>50	>5 且≤50	≤5
5	底栖生物密度（个/m^2）	>75%D 且≤125%D	>50%D 且≤75%D，或>125%D 且≤150%D	≤50%D，或>150%D
6	底栖生物生物量（mg/m^2）	>75%E 且≤125%E	>50%E 且≤75%E，或>125%E 且≤150%E	≤50%E，或>150%E
赋值		50	30	10

注：根据《近岸海洋生态健康评价指南》附录 A，参照渤海湾 2012 年 5 月数据取值，具体为：$A = 3\times10^5$ 个/m^3；$B = 10\times10^3$ 个/m^3；$C = 400mg/m^3$；$D = 150$ 个/m^2；$E = 25g/m^2$。

(2) 指标赋值计算及生物评价方法

生物各项指标平均值按式(3-22)计算：

$$\overline{D} = \frac{\sum_{i=1}^{n} D_i}{n} \tag{3-22}$$

式中：$\overline{D}$——评价区域生物各项指标平均值；

D_i——第 i 个测站生物各项指标测值；

n——评价区域测站总数。

根据 $\overline{D}$ 值及赋值要求（表 3-38）对相应指标进行赋值。

生物健康指数按式(3-23)计算：

$$B_{\text{indx}} = \frac{\sum_{i=1}^{q} B_i}{q} \tag{3-23}$$

式中：B_{indx}——生物健康指数；

B_i——第 i 项生物评价指标赋值；

q——生物评价指标总数。

6. 生态健康指数计算

生态健康指数按式(3-24)计算：

$$\text{CEH}_{\text{indx}} = \sum_{i=1}^{p} \text{INDX}_i \tag{3-24}$$

式中：CEH_{indx}——生态健康指数；

INDX_i——第 i 类评价指标健康指数；

p——评价指标类群数。

3.6.3 2014 年生态健康指数评价

利用 2014 年春季的调查资料，分析得到渤海新区近岸海域各项环境指标评价结果，如表 3-39～表 3-43 所示。

水环境评价 表 3-39

分区编号	指标赋值					水环境健康指数	等级
	溶解氧含量	pH 值	活性磷酸盐含量	无机氮含量	石油类含量		
Ⅰ区	15.00	15.00	11.67	7.92	15.00	12.92	健康
Ⅱ区	15.00	15.00	12.50	6.88	15.00	12.88	健康
Ⅲ区	15.00	15.00	13.44	5.00	15.00	12.69	健康
Ⅳ区	15.00	15.00	14.38	5.63	15.00	13.00	健康
Ⅴ区	15.00	15.00	11.67	5.00	15.00	12.33	健康
Ⅵ区	15.00	15.00	15.00	5.00	15.00	13.00	健康

渤海新区自 2007 年开始围填海，主要围填海区域集中在Ⅲ区，使得Ⅲ区近岸海域的滨海湿地大面积丧失，Ⅲ区滨海湿地面积减少的指标赋值为 5，其他区域不涉及围填海，滨海湿地面积减少的指标赋值为 15。

沉积物环境评价　　表 3-40

分区编号	指标赋值		沉积物环境健康指数	等级
	硫化物含量	有机碳含量		
Ⅰ区	10	10	10	健康
Ⅱ区	10	10	10	健康
Ⅲ区	10	10	10	健康
Ⅳ区	10	10	10	健康
Ⅴ区	10	10	10	健康
Ⅵ区	10	10	10	健康

生物残毒评价　　表 3-41

分区编号	指标赋值					生物残毒健康指数	等级
	汞含量	镉含量	铅含量	砷含量	石油烃含量		
Ⅰ区	10	10	10	10	10	10	健康
Ⅱ区	10	10	10	10	10	10	健康
Ⅲ区	10	10	10	10	10	10	健康
Ⅳ区	10	10	10	10	10	10	健康
Ⅴ区	10	10	10	10	10	10	健康
Ⅵ区	10	10	10	10	10	10	健康

生物栖息地评价　　表 3-42

分区编号	指标赋值		生物栖息地健康指数	等级
	5 年内滨海湿地生境减少	沉积物主要组分含量年度变化		
Ⅰ区	15.00	5.00	10.00	亚健康
Ⅱ区	15.00	5.00	10.00	亚健康
Ⅲ区	5.00	5.00	5.00	不健康
Ⅳ区	15.00	5.00	10.00	亚健康
Ⅴ区	15.00	5.00	10.00	亚健康
Ⅵ区	15.00	5.00	10.00	亚健康

生物评价 表 3-43

分区编号	指标赋值						生物健康指数	等级
	浮游植物密度	浮游动物密度	浮游动物生物量	底栖生物密度	底栖生物生物量	鱼卵和仔鱼密度		
Ⅰ区	10	10	30	10	30	10	16.67	不健康
Ⅱ区	10	10	50	10	10	10	16.67	不健康
Ⅲ区	10	10	10	50	30	10	20	亚健康
Ⅳ区	10	10	30	30	50	10	23.33	亚健康
Ⅴ区	10	10	10	10	10	10	10	不健康
Ⅵ区	50	10	10	10	30	10	20	亚健康

根据2006年黄骅港表层沉积物分析结果,黄骅港航道以南区域以砂质粉砂、粉砂为主,平均中值粒径0.0383mm;黄骅港航道以北以砂质粉砂、粉砂及黏土质粉砂为主,平均中值粒径0.0204mm。2017年(2014年没有调查数据,考虑到沉积物粒度3年内不会发生明显变化,因此选用2017年数据作为参考)调查结果主要有砂质粉砂、粉砂和黏土质粉砂三个类型,平均中值粒径小于0.01mm,沉积物粒度细化,因此各分区沉积物主要组分含量变化的指标赋值均为5。

渤海新区近岸海域海洋生态系统评价结果见表3-44。

海洋生态系统评价 表 3-44

分区编号	水环境健康指数	沉积物环境健康指数	生物残毒健康指数	生物栖息地健康指数	生物健康指数	海洋生态系统健康指数	等级
Ⅰ区	12.92	10.00	10.00	10.00	16.67	59.59	亚健康
Ⅱ区	12.88	10.00	10.00	10.00	16.67	59.55	亚健康
Ⅲ区	12.69	10.00	10.00	5.00	20.00	57.69	亚健康
Ⅳ区	13.00	10.00	10.00	10.00	23.33	66.33	亚健康
Ⅴ区	12.33	10.00	10.00	10.00	10.00	52.33	亚健康
Ⅵ区	13.00	10.00	10.00	10.00	20.00	63.00	亚健康

3.6.4 2017年生态健康指数评价

利用2017年春季调查资料,分析得到渤海新区近岸海域各项环境指标评价结果,如表3-45~表3-49所示。

水环境评价 表 3-45

分区编号	指标赋值					水环境健康指数	等级
	溶解氧含量	pH 值	活性磷酸盐含量	无机氮含量	石油类含量		
Ⅰ区	15.00	15.00	15.00	5.00	13.75	12.75	健康
Ⅱ区	15.00	15.00	15.00	5.00	15.00	13.00	健康
Ⅲ区	15.00	15.00	14.44	5.00	12.78	12.44	健康
Ⅳ区	15.00	15.00	15.00	5.00	15.00	13.00	健康
Ⅴ区	15.00	15.00	15.00	5.00	14.00	12.80	健康
Ⅵ区	15.00	15.00	15.00	5.00	15.00	13.00	健康

沉积物环境评价 表 3-46

分区编号	指标赋值		沉积物环境健康指数	等级
	硫化物含量	有机碳含量		
Ⅰ区	10	10	10	健康
Ⅱ区	10	10	10	健康
Ⅲ区	10	10	10	健康
Ⅳ区	10	10	10	健康
Ⅴ区	10	10	10	健康
Ⅵ区	10	10	10	健康

生物残毒评价 表 3-47

分区编号	指标赋值					生物残毒健康指数	等级
	汞含量	镉含量	铅含量	砷含量	石油烃含量		
Ⅰ区	5	5	5	10	10	7	健康
Ⅱ区	5	5	5	10	10	7	健康
Ⅲ区	5	5	5	10	10	7	健康
Ⅳ区	5	5	5	10	10	7	健康
Ⅴ区	5	5	5	10	10	7	健康
Ⅵ区	5	5	5	10	10	7	健康

生物栖息地评价 表3-48

分区编号	指标赋值		生物栖息地健康指数	等级
	5年内滨海湿地生境减少	沉积物主要组分含量年度变化		
Ⅰ区	15.00	5.00	10.00	亚健康
Ⅱ区	15.00	5.00	10.00	亚健康
Ⅲ区	5.00	5.00	5.00	不健康
Ⅳ区	15.00	5.00	10.00	亚健康
Ⅴ区	15.00	5.00	10.00	亚健康
Ⅵ区	15.00	5.00	10.00	亚健康

生物评价 表3-49

分区编号	指标赋值						生物健康指数	等级
	浮游植物密度	浮游动物密度	浮游动物生物量	底栖生物密度	底栖生物生物量	鱼卵和仔鱼密度		
Ⅰ区	10	10	30	10	10	10	13.33	不健康
Ⅱ区	10	10	10	10	50	10	16.67	不健康
Ⅲ区	10	10	10	30	10	10	13.33	不健康
Ⅳ区	10	10	50	10	30	10	20.00	亚健康
Ⅴ区	10	10	30	50	10	10	20.00	亚健康
Ⅵ区	10	10	50	10	50	10	23.33	亚健康

滨海湿地面积减少和沉积物主要组分含量变化的指标赋值同2014年。

渤海新区近岸海域海洋生态系统评价结果见表3-50。

海洋生态系统评价 表3-50

分区编号	水环境健康指数	沉积物环境健康指数	生物残毒健康指数	生物栖息地健康指数	生物健康指数	海洋生态系统健康指数	等级
Ⅰ区	12.75	10	7	10	13.33	53.08	亚健康
Ⅱ区	13.00	10	7	10	16.67	56.67	亚健康
Ⅲ区	12.44	10	7	5	13.33	47.78	不健康
Ⅳ区	13.00	10	7	10	20.00	60.00	亚健康
Ⅴ区	12.80	10	7	10	20.00	59.80	亚健康
Ⅵ区	13.00	10	7	10	23.33	63.33	亚健康

3.6.5 小结

为了使评价结果更直观,将其绘制成等值线图,详见图 3-128。

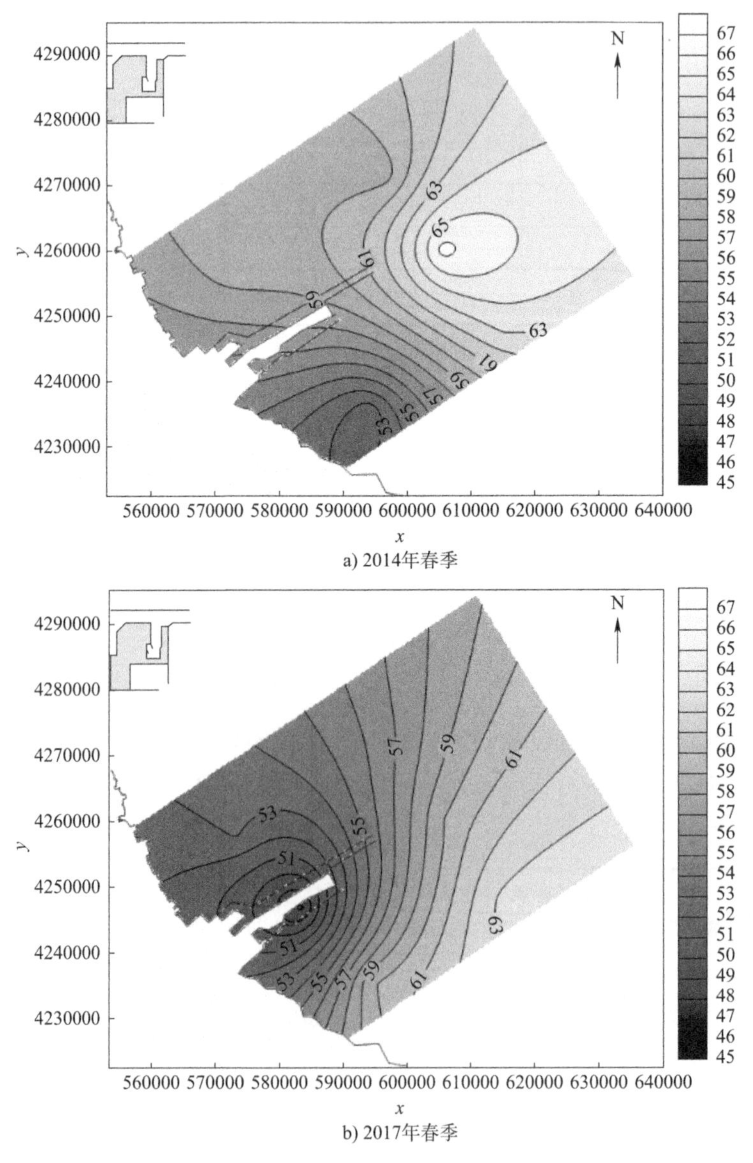

a) 2014年春季

b) 2017年春季

图 3-128 生态健康指数评价等值线图

从图3-128中2014年和2017年两次生态健康指数评价结果来看,整个调查区域基本处于亚健康状态。在区域分布上近岸低于外海,围填海区处于低值区内,主要原因是填海造地导致滨海湿地生境减少,进而造成其生物栖息地健康指数低于周边区域,这也是造成其生态健康指数偏低的主要原因。年际比较发现,2017年生态系统健康指数总体上低于2014年,年际差异主要是由2017年生物残毒健康指数均低于2014年造成。

4 围填海项目生态损害研究

4.1 海洋生态系统服务价值的损害研究

根据《海洋生态资本评估技术导则》(GB/T 28058—2011)和国内外相关资料,将围填海的生态系统服务价值损害研究归纳为海洋供给服务研究、海洋调节服务研究、海洋文化服务研究、海洋支持服务研究四大类。根据上述标准,通过数据资料收集及文献查询,对渤海新区的围填海区域进行海洋生态系统服务价值的损害研究。

4.1.1 研究范围

渤海新区围填海项目涉及用海面积76.9788km^2,其中实际围填面积76.0899km^2。海洋生态系统服务价值损害研究范围即76.0899km^2的围填海区域,具体见表4-1。

渤海新区围填海阶段及围填面积统计　　表4-1

围填海阶段	围填面积(km^2)	围填海阶段	围填面积(km^2)
2007年前	1.1711	2012—2014年	27.5708
2007—2008年	25.0985	2015—2016年	5.2332
2009—2011年	17.0163	合计	76.0899

4.1.2 研究方法

1. 海洋供给服务研究

海洋供给服务研究包括养殖生产、捕捞生产和氧气生产三方面。

(1)养殖生产

①养殖生产物质量研究。

养殖生产的物质量应采用研究海域的主要养殖水产品的年产量进行研究,分鱼类、甲壳类、贝类、藻类、其他等五类。

②养殖生产价值量研究。

养殖生产的价值量应采用市场价格法进行研究。计算公式如下：

$$V_{SM} = \sum(Q_{SMi} \times P_{Mi}) \times 10^{-1} \tag{4-1}$$

式中：V_{SM}——养殖生产价值，万元/a；

Q_{SMi}——第 i 类养殖水产品的产量，t/a，$i=1,2,3,4,5$，分别代表鱼类、甲壳类、贝类、藻类和其他；

P_{Mi}——第 i 类养殖水产品的平均市场价格，元/kg。

养殖水产品平均市场价格应采用研究海域邻近海产品批发市场的同类海产品批发价格进行计算。

(2)捕捞生产

①捕捞生产物质量研究。

如研究海域存在商业捕捞，则捕捞生产的物质量应采用捕捞年产量进行研究。

如研究海域存在商业捕捞或者非商业捕捞活动，但是没有捕捞产量统计数据，捕捞生产的物质量应根据邻近海域同类功能区主要品种的捕捞量与资源量的比例推算。

如缺少研究海域渔业资源现存量数据，可采用邻近海域同类功能区单位面积海域渔业资源现存量数据推算。

②捕捞生产价值量研究。

捕捞生产的价值量应采用市场价格法进行研究。计算公式如下：

$$V_{SC} = \sum(Q_{SCi} \times P_{Ci}) \times 10^{-1} \tag{4-2}$$

式中：V_{SC}——捕捞生产价值，万元/a；

Q_{SCi}——第 i 类捕捞水产品的产量，t/a，$i=1,2,3,4,5,6$，分别代表鱼类、甲壳类、贝类、藻类、头足类和其他；

P_{Ci}——第 i 类捕捞水产品的平均市场价格，元/kg。

捕捞水产品的平均市场价格应采用研究海域邻近海产品批发市场的同类海产品批发价格进行计算。

(3)氧气生产

①氧气生产物质量研究。

氧气生产的物质量应采用海洋植物通过光合作用产生的氧气量进行研究。包括两个部分，分别是浮游植物初级生产提供的氧气量和大型藻类初级生产提供的氧气量。

氧气生产的物质量计算公式为

$$Q_{O_2} = Q'_{O_2} \times S \times 365 \times 10^{-3} + Q''_{O_2} \tag{4-3}$$

式中：Q_{O_2}——氧气生产的物质量，t/a；

Q'_{O_2}——单位时间单位面积水域浮游植物产生的氧气量，mg/(m^2·d)；

S——研究海域的水域面积，km^2；

Q''_{O_2}——大型藻类产生的氧气量，t/a。

浮游植物初级生产提供的氧气量的计算公式为

$$Q'_{O_2} = 2.67 \times Q_{O_2} \tag{4-4}$$

式中：Q'_{O_2}——单位时间单位面积水域浮游植物产生的氧气量，mg/(m^2·d)；

Q_{O_2}——浮游植物的初级生产力，mg/(m^2·d)。

浮游植物的初级生产力数据宜采用研究海域实测初级生产力数据的平均值。若研究海域内初级生产力空间变化较大，宜采用按克里金插值后获得的分区域初级生产力平均值进行分区计算，再进行加总。

大型藻类初级生产提供的氧气量的计算公式为

$$Q''_{O_2} = 1.19 \times Q_A \tag{4-5}$$

式中：Q''_{O_2}——大型藻类提供的氧气量，t/a；

Q_A——大型藻类的干重，t/a。

②氧气生产价值量研究。

氧气生产的价值量应采用替代成本法进行研究。计算公式如下：

$$V_{O_2} = Q_{O_2} \times P_{O_2} \times 10^{-4} \tag{4-6}$$

式中：V_{O_2}——氧气生产价值，万元/a；

Q_{O_2}——氧气生产的物质量，t/a；

P_{O_2}——人工生产氧气的单位成本，元/t。

人工生产氧气的单位成本宜采用研究年份钢铁业液化空气法制造氧气的平均生产成本，主要包括设备折旧费用、动力费用、人工费用等。

2.海洋调节服务研究

(1)气候调节

基于海洋吸收大气二氧化碳的原理计算，适用于有海气界面二氧化碳通量监测数据的大面积海域研究。气候调节的物质量等于评价海域的水域面积乘单位面积水域吸收二氧化碳的量。

气候调节的价值量应采用替代市场价格法进行研究。计算公式如下：

$$V_{CO_2} = Q_{CO_2} \times P_{CO_2} \times 10^{-4} \tag{4-7}$$

式中：V_{CO_2}——气候调节价值，万元/a；

Q_{CO_2}——气候调节的物质量，t/a；

P_{CO_2}——二氧化碳排放权的市场交易价格，元/t。

二氧化碳排放权的市场交易价格宜采用研究年份我国环境交易所或类似机构二氧化碳排放权的平均交易价格。

(2)废弃物处理

海洋可以去除、净化人类排放的多种废弃物，围填海造地对海洋生态系统废弃物处理服务的损害主要表现为减小海域面积、纳潮量从而减少海域环境容量。采用影子工程法间接估算本项目填海造地导致的污染物处理服务价值损失，本项目主要考虑COD、氮处理，计算公式为

$$V_2 = \sum CSH\rho v \tag{4-8}$$

式中：C——污染物的处理成本，元/t；

S——填海面积，hm^2；

H——项目所在海域平均水深，m，本项目取3m；

ρ——项目所在海域的污染物浓度，mg/L；

v——海水每天降解常数，d^{-1}，根据研究结果水体COD的降解常数取0.050/d，无机氮取0.15/d，无机磷取0.07/d。

3.海洋文化服务研究

根据《海洋生态资本评估技术导则》(GB/T 28058—2011)，海洋文化服务研究内容主要考虑休闲娱乐、科研服务。

(1)休闲娱乐

休闲娱乐服务研究主要考虑研究海域以自然海洋景观为主体的海洋旅游景区；休闲娱乐的物质量采用海洋旅游景区的年旅游人数进行研究，若旅游人数很少可不进行该项研究。

(2)科研服务

科研服务的物质量宜采用公开发表的以研究海域为调查区域或实验场所的海洋类科技论文数量进行研究。

海洋科研服务价值＝单位面积海洋科研服务价值×海域面积

4. 海洋支持服务研究

支持功能包括生态系统所提供的保证供给、调节和文化服务功能，本研究重点考虑初级生产服务损失和生态系统多样性维持。

（1）初级生产服务损失

围填海造成的初级生产服务损失可采用市场价值法进行估算。根据海域初级生产力与软体动物的转化关系、软体动物与贝类产品重量关系及贝类产品在市场上的销售价格、销售利率等建立初级生产力的价值研究模型。根据《海湾围填海规划环境影响评价技术导则》（GB/T 29726—2013），用市场价格法计算初级生产价值模型，计算公式如下：

$$D_{hr} = P_o \times \frac{E}{\delta} \times \sigma \times P_s \times \rho_s \times S \tag{4-9}$$

式中：D_{hr}——围填海导致的初级生产服务损失，元/a；

P_o——单位面积被填海域的初级生产力，[kgC/(m^2·a)]；

E——初级生产力转化为软体动物的转化效率，%；

δ——贝类产品中鲜肉的混合含碳率，%；

σ——贝类产品的鲜肉重与含壳重之比；

P_s——贝类产品平均市场价格，元/kg；

ρ_s——贝类产品销售利润率，%；

S——围填海的面积，m^2。

（2）生态系统多样性维持

海洋生态系统多样性维持服务价值 = 单位面积海洋生态系统多样性维持服务价值 × 海域面积

本研究采取成果参照法估算生物多样性价值，根据谢高地对我国各类生态系统多样性维持服务价值平均单价的估算结果，我国湿地、农田、森林生态系统单位面积的生物多样性维持服务价值分别为 2122.2 元/(hm^2·a)、628.2 元/(hm^2·a)、2884.6 元/(hm^2·a)。

4.1.3 研究结果

1. 海洋供给服务研究

根据《海洋生态资本评估技术导则》（GB/T 28058—2011），海洋供给服务研究指标主要考虑渔业供给（养殖生产、捕捞生产）和氧气生产。

(1)养殖生产和捕捞生产

黄骅港海域2007年渔业相关数据见表4-2,海水养殖面积统计见表4-3。

2007年黄骅港海域海洋捕捞和海水养殖产量统计(单位:t) 表4-2

海洋捕捞产量		海水养殖产量	
鱼类	45471	鱼类	1886
甲壳类	3296	甲壳类	2994
贝类	1088	贝类	0
藻类	0	藻类	0
其他	9930	其他	346
总计	59785	总计	5226

2007年黄骅港海域海水养殖面积统计(单位:km^2) 表4-3

海水养殖面积		海水养殖面积	
海上养殖	0	陆基养殖	37.94
滩涂养殖	0	总计	37.94

由表4-3可以看出黄骅港海域的海水养殖均为陆基养殖,海上和滩涂并无养殖分布,因此本研究仅考虑海水捕捞。

根据《沧州市海洋功能区划》,沧州海域面积总计955.60km^2,按围填海区域面积占比折算黄骅港海域养殖生产价值损害。海水捕捞平均市场价格参考当地市场价格,甲壳类、鱼类按15元/kg,贝类及其他按10元/kg计算。

因此捕捞生产价值损害=(45471t×15元/kg+3296t×15元/kg+1088t×10元/kg+9930t×10元/kg)×76.0899km^2/955.60km^2=6701.94万元/a。

(2)氧气生产

根据历史资料,填海区的初级生产力均值为90.34mgC/(m^2·d),本项目围填海面积为76.0899km^2,历史调查资料显示该海域没有出现大型藻类,所以此项不计算大型藻类的产氧量。

①研究方法。

氧气生产的物质量计算公式见式(4-3)。

浮游植物初级生产提供的氧气量的计算公式见式(4-4)。

②研究结果。

$$Q'_{O_2}=90.34\times2.67=241.2[mg/(m^2\cdot d)]$$

$$Q_{O_2}=241.2\times76.0899\times365\times10^{-3}+0\approx6698.8(t/a)$$

人工生产氧气的单位成本宜采用研究年份钢铁业液化空气法制造氧气的平均生产成本,主要包括设备折旧费用、动力费用、人工费用等。根据王燕等人的研究,工业制氧平均价格为400元/t,计算得本项目占用海域氧气生产价值约为267.95万元/a。

2. 海洋调节服务研究

(1)气候调节

我国各海域每年吸收二氧化碳的量分别是:渤海36.88t/km^2,北黄海35.21t/km^2,南黄海20.94t/km^2,东海2.50t/km^2,南海4.76t/km^2。从《北京碳市场年度报告2017》获悉,北京碳市场价格最为稳定,四年间最高日成交均价为77元/t(2014年7月16日),最低日成交均价为32.40元/t(2016年1月25日),年度成交均价基本在50元/t上下浮动。

基于海洋吸收大气二氧化碳的原理进行计算,得到渤海每年吸收二氧化碳的量为36.88t/km^2,围填海面积是76.0899km^2,参考欧盟气候交易市场价格,结合我国实际情况,取二氧化碳排放权的市场交易价格为50元/t。因此渤海新区围填海建设造成气候调节损失$V_{CO_2}=36.88\times76.0899\times50\times10^{-4}\approx14.03$(万元/a)。

(2)废弃物处理

根据现状调查结果,围填海阶段及COD、无机氮含量、磷酸盐含量统计见表4-4。

围填海阶段及COD、无机氮含量、磷酸盐含量统计　　表4-4

围填海阶段	围填面积(km^2)	无机氮含量(mg/L)	磷酸盐含量(mg/L)	COD(mg/L)	备注
2007年前	10.0515	0.86	0.0516	1.9	2006年4月
2007—2008年	16.2271	0.86	0.0516	1.9	2006年4月
2009—2011年	17.0163	0.66	0.0316	1.52	2006年和2008年均值
2012—2014年	27.5708	0.45	0.0188	1.53	2006年、2008年、2011年均值
2015—2016年	5.2332	0.45	0.0157	1.62	2006年、2008年、2010年、2011年、2012年、2014年均值

本项目主要考虑COD、氮处理,计算公式见式(4-8)。

围填海面积为76.0899km^2,$H=3$m;本项目氮、磷去除成本取5000元/t,COD处理成本取4300元/t。

则:

$$V_{氮}=5000元/t\times(10.0515km^2\times0.86mg/L+16.2271km^2\times0.86mg/L+17.0163km^2\times0.66mg/L+27.5708km^2\times0.45mg/L+5.2332km^2\times$$

$0.45\ mg/L)\times 3\ m\times 0.15\times 365\approx 3990.63$(万元)

$V_{磷}=5000$ 元/t ×($10.0515km^2\times 0.0516mg/L+16.2271km^2\times 0.0516mg/L+17.0163km^2\times 0.0316mg/L+27.5708km^2\times 0.0188mg/L+5.2332km^2\times 0.0157mg/L)\times 3m\times 0.07\times 365\approx 95.59$(万元)

$V_{COD}=4300$ 元/t ×($10.0515km^2\times 1.9mg/L+16.2271km^2\times 1.9mg/L+17.0163km^2\times 1.52mg/L+27.5708km^2\times 1.53mg/L+5.2332km^2\times 1.62mg/L)\times 3m\times 0.050\times 365\approx 2977.07$(万元)

$V_2=3990.63+95.59+2977.07=7063.29$(万元)

计算得本项目造成的废弃物处理服务价值损失为7063.29(万元/a)。

3.海洋文化服务研究

根据《海洋生态资本评估技术导则》(GB/T 28058—2011),海洋文化服务研究内容主要考虑休闲娱乐、科研服务。

黄骅港海域无海洋旅游景区分布,本研究不再研究其休闲娱乐服务价值损失,仅对科研服务进行研究。

根据陈仲新等的研究,我国单位面积生态系统的科研服务价值为3.55万元/($km^2\cdot a$),渤海新区围填海面积为$76.0899km^2$,因此其科研服务价值损失为$3.55\times 76.0899\approx 270.12$(万元/a)。

4.海洋支持服务研究

(1)初级生产服务损失

根据历史资料,填海区的初级生产力均值为$90.34mgC/(m^2\cdot d)$。本项目围填海面积为$76.0899km^2$。有关研究结果表明,沿岸海域的能量约10%转化为软体动物;根据卢振彬的测定结果,软体动物鲜肉重混合含碳率为8.33%;各种贝类的鲜肉重与含壳重的比值为1:5.52;贝类产品平均市场价格按10元/kg计算,贝类销售利润率按25%计算。

由此,本项目围填海造成的初级生产损失 $D_{hr}=P_o\times E/\delta\times\sigma\times P_s\times\rho_s\times S=(90.34\times 10^{-6}\times 365)\times 10\%/8.33\%\times 1/5.52\times 10\times 25\%\times 76.0899\times 10^6=136.41$(万元/a)。

(2)生态系统多样性维持

根据谢高地对我国各类生态系统多样性维持服务价值平均单价的估算结果,我国湿地、农田、森林生态系统单位面积的生物多样性维持价值分别为:2122.2元/($hm^2\cdot a$)、628.2元/($hm^2\cdot a$)、2884.6元/($hm^2\cdot a$),这里取单位面积湿地生态系统的生物多样性维持服务价值2122.2元/($hm^2\cdot a$)进行估算。

渤海新区围填海面积为76.0899km²,则项目造成多样性维持服务价值损失为76.0899km² ×2122.2 元/(hm² · a) =1614.78(万元/a)。

5. 小结

研究结果表明,渤海新区围填海的生态系统服务功能价值损失总计每年16068.52 万元(表4-5)。

渤海新区围填海工程的海域生态服务功能价值损失 表4-5

项目		服务价值变化(万元)
物质供给功能	捕捞生产	6701.94
	氧气生产	267.95
环境调节功能	气候调节	14.03
	废弃物处理	7063.29
文化娱乐功能	休闲娱乐	—
	科研服务	270.12
服务支持功能	初级生产服务损失	136.41
	生态系统多样性维持	1614.78
总计		16068.52

4.2 海洋生物资源损失研究

4.2.1 海洋生物资源损失研究范围和生物量取值

1. 海洋生物资源损失研究范围

根据《中华人民共和国渔业法》《中华人民共和国海洋环境保护法》《防治海洋工程建设项目污染损害海洋环境管理条例》的相关规定,占用渔业水域并造成海洋生态环境和渔业资源损害的海洋活动,需按照《建设项目对海洋生物资源影响评价技术规程》(SC/T 9110—2007)的技术方法,结合相关技术标准研究海洋活动对海洋生物资源的影响和造成的海洋生物资源损失,海洋生物资源损失研究范围为海洋活动破坏和污染影响的海洋自然生态区域。

渤海新区围填海项目海洋生物资源影响损害研究范围为76.0899km²的围填海区域。

2. 海洋生物资源生物量取值

根据《建设项目对海洋生物资源影响评价技术规程》(SC/T 9110—2007)的技术要求,渤海新区围填海工程需研究其造成的海洋底栖生物、游泳生物、鱼卵和仔鱼等渔业资源的损失。由于渤海新区规划围填海工程已完成,需采用围填海实施前的海洋生物资源调查资料,确定符合渤海新区填海造地区的底栖生物、游泳动物、鱼卵和仔鱼等渔业资源的资源量,依据相关标准估算海洋生物资源损失情况。

根据前文调查结果并结合区域围填海阶段,分阶段整理数据,得到海洋生物资源生物量、生物密度、资源量取值,见表4-6~表4-8。

围填海阶段底栖生物生物量取值统计表 表4-6

围填海阶段	围填面积(km^2)	底栖生物生物量(g/m^2)	备注
2007年前	1.1711	6.88	2006年4月
2007—2008年	25.0985	6.88	2006年4月
2009—2011年	17.0163	8.17	2006年和2008年均值
2012—2014年	27.5708	10.98	2006年、2008年、2011年均值
2015—2016年	5.2332	21.47	2006年、2008年、2011年、2012年、2014年均值

围填海阶段鱼卵、仔鱼生物密度取值统计表 表4-7

围填海阶段	围填面积(km^2)	鱼卵生物密度(粒/m^3)	仔鱼生物密度(尾/m^3)	备注
2007年前	1.1711	2.3	2.0	2007年5月
2007—2008年	25.0985			
2009—2011年	17.0163			
2012—2014年	27.5708	1.765	1.385	2007年5月、2012年5月均值
2015—2016年	5.2332	1.72	1.07	2007年5月、2012年5月、2014年5月均值

围填海阶段游泳动物资源量取值统计表 表4-8

围填海阶段	围填面积(km^2)	游泳动物资源量(kg/km^2)	备注
2007年前	1.1711	1129	由于2007年调查结果明显低于正常水平,本研究收集天津市水产研究所在邻近天津海域2007年4月和2007年10月调查数据
2007—2008年	25.0985		
2009—2011年	17.0163		

续上表

围填海阶段	围填面积（km^2）	游泳动物资源量（kg/km^2）	备注
2012—2014年	27.5708	726.15	2011年7月和10月调查均值
2015—2016年	5.2332	639.59	2011年、2012年、2014年春、秋两季均值

4.2.2 海洋生物资源损失研究方法

根据《建设项目对海洋生物资源影响评价技术规程》(SC/T 9110—2007)，因工程建设占用渔业水域，使渔业水域功能被破坏或海洋生物资源栖息地丧失的，各种类生物资源受损量研究适用该技术规程中公式(5)计算，公式如下：

$$W_i = D_i \times S_i \tag{4-10}$$

式中：W_i——第i种类生物资源受损量，尾(个、kg)；

D_i——研究区域内第i种类生物资源密度，尾(个)/km^2、尾(个)/km^3、kg/km^2；

S_i——第i种类生物占用的渔业水域面积或体积，km^2或km^3。

4.2.3 海洋生物资源损失研究结果

1. 底栖生物损失量估算

填海造地永久性改变海域属性，造成底栖生物损失量按20年计算，根据表4-6中底栖生物生物量取值，计算如下：

$$W_{底栖生物} = (1.1711km^2 \times 6.88g/m^2 + 25.0985km^2 \times 6.88g/m^2 + 17.0163km^2 \times 8.17g/m^2 + 27.5708km^2 \times 10.98g/m^2 + 5.2332km^2 \times 21.47g/m^2) \times 20a = 14696.84t$$

2. 鱼卵、仔鱼损失量估算

鱼卵、仔鱼生物密度取值参见表4-7，影响水深按3m计算，则：

$$W_{鱼卵} = (1.1711km^2 \times 2.3\text{粒}/m^3 + 25.0985km^2 \times 2.3\text{粒}/m^3 + 17.0163km^2 \times 2.3\text{粒}/m^3 + 27.5708km^2 \times 1.765\text{粒}/m^3 + 5.2332km^2 \times 1.72\text{粒}/m^3) \times 3m \times 20a = 9.43 \times 10^9\text{尾}$$

$$W_{仔鱼} = (1.1711km^2 \times 2.0\text{尾}/m^3 + 25.0985km^2 \times 2.0\text{尾}/m^3 + 17.0163km^2 \times 2.0\text{尾}/m^3 + 27.5708km^2 \times 1.385\text{尾}/m^3 + 5.2332km^2 \times 1.07\text{尾}/m^3) \times 3m \times 20a = 7.82 \times 10^9\text{尾}$$

根据《建设项目对海洋生物资源影响评价技术规程》(SC/T 9110—2007)，鱼卵生长到商品鱼苗按1%成活率计算,仔鱼生长到商品鱼苗按5%成活率计算,则填海造成的鱼卵和仔鱼损失折算为商品鱼苗损失的量为:9.43×10^9尾$\times1\%+7.82\times10^9$尾$\times5\%=4.85\times10^8$尾。

3. 游泳动物损失量估算

游泳动物生物量取值参见表4-8。

$$W_{游泳动物}=(1.1711\text{km}^2\times1129\text{kg/km}^2+25.0985\text{km}^2\times1129\text{kg/km}^2+17.0163\text{km}^2\times1129\text{kg/km}^2+27.5708\text{km}^2\times726.15\text{kg/km}^2+5.2332\text{km}^2\times639.59\text{kg/km}^2)\times20\text{a}=1444.748\text{t}$$

4.2.4 海洋生物资源损失价值估算

根据渤海新区本地市场价,底栖生物价格1万元/t,鱼苗价格1元/尾,游泳动物价格15元/kg,据此估算围填海造成的海洋生物资源损害价值量,见表4-9。

渤海新区围填海海洋生物资源损害价值量估算表 表4-9

项目	生物损失量	单价	核算金额(万元)
底栖生物	14696.84t	1万元/t	14696.84
鱼卵和仔鱼	4.85×10^8尾	1.0元/尾	48500
游泳生物	1444.748t	1.5万元/t	2167.122
合计			65363.962

综上,渤海新区围填海造成的海洋生物资源损害价值约为65363.962万元。

4.3 小结

渤海新区围填海给区域社会经济和就业带来了巨大的经济利益和发展空间,对黄骅港的发展发挥了重要的作用。但围填海工程压缩了近海海域生物资源生存空间,改变了局部海域自然属性和海洋生物的生存环境,造成一定程度的海洋生物生态资源和功能的损失。

根据《建设项目对海洋生物资源影响评价技术规程》(SC/T 9110—2007)的技术标准,估算出渤海新区规划围填海造成海洋生物资源20年损失总量为65363.962万元,应按照国家相关法规补偿国家资源的损失。根据《海洋生态资本评估技术导则》(GB/T 28058—2011)等,渤海新区围填海的生态系统服务功能价值损失总计每年达到16068.52万元。

5　海洋生态环境影响综合研究

本书以沧州渤海新区围填海为例，首先介绍了围填海的现状，其次对水文动力环境、地形地貌与冲淤环境、海水水质和沉积物环境、海洋生物生态受到的影响进行了研究，对围填海的海洋生态环境影响进行了研究。主要结论如下。

5.1　围填海现状

神华集团于1997年开始在黄骅建港，渤海新区成立前(2007年前)围填海面积总计1.1711km^2，2007年开始大规模围填海，2007—2008年围填海面积为25.0985km^2，2009—2011年围填海面积为17.0163km^2，2012—2014年围填海面积为27.5708km^2，2015—2016年围填海面积为5.2332km^2，至2016年围填海活动基本停止，累计围填海面积76.0899km^2。

渤海新区围填海调查图斑显示，围填状态主要包括已填成陆、批而未填、围而未填三种状态。

已取得相关权属证书[已取得相关权属证书主要指用海审批状态为取得海域使用权属证书(含不动产登记证)、已换发土地权属证书、已登记备案未发证]的围填海项目92个，批准围填海面积20.7979km^2，实际围填海面积19.9090km^2，未围填面积0.8889km^2，其中，已填成陆项目89个，批而未填项目3个。已利用面积12.9131km^2，未利用面积7.8848km^2，未利用面积约占批准围填海面积的37.91%。

5.2　围填海生态影响研究

5.2.1　水文动力环境影响研究

通过对2006年和2017年两次实测潮流资料对比分析发现，在-15m等深线往外，围填海实施前后潮流流速和流向基本没有变化；在-10m等深线附近，围填海实施前后潮流流速基本没有变化，流向逆时针偏北旋转；在黄骅港围填海附近海域，流速、流向有一定变化。

围填海工程实施后，防波堤口门、围填海工程北侧近岸处以及北围堰东端流速增大，平均增幅为3～5cm/s；港池内部、南防沙堤东侧以及北防波堤以北流速减小，平均减幅分别为2～7cm/s；大口河口平均流速变化在1cm/s以下。

围填海工程的实施使得黄骅港港池内和港区北侧有效波高明显减小，影响面积约75.2km²，其他海域的有效波高未发生明显变化。

围填海工程的实施使围填海北侧和南港工业区南侧之间的区域以及黄骅港东南侧近岸区域的水体交换能力略有减小，减小幅度在1%以下，其他区域的水体交换能力基本没有受到影响。

渤海新区围填海实施后，渤海湾纳潮面积减小76.09km²，减小比例约0.66%，纳潮量减少0.51亿m³，减小比例约0.18%。

渤海新区围填海工程实施后，黄骅港北防波堤北侧区域潮差增加2～3cm，面积为23.49km²；黄骅港港池内部和综合保税区西侧潮差减小，其中黄骅港港池内部潮差最大减小值约为9cm，整个港池区域平均减小值为5cm，面积为43.83km²；综合保税区西侧潮差减小1～7cm，面积为1.17km²。除此以外，研究范围内其他海域潮差变化均小于0.02m，大口河口通道内潮差增加约0.01m。

渤海新区围填海工程全部位于河口左治导线北侧，未占用河口泄洪通道，对大口河口水位、冲淤环境、流量及水动力条件影响很小，渤海新区围填海工程实施不会对大口河口行洪产生明显影响。

5.2.2 地形地貌与冲淤环境影响研究

研究海域含沙量从近岸至外海递减，具有明显的层次性；风浪对研究海域悬沙分布的总体变化起着决定性作用，在无风或小风天气条件下，港口附近海域含沙量较低，沿岸高含沙带宽度较窄；而在风浪比较大的天气（主风况为E向风且风力在5级以上时），沿岸高含沙带则明显变宽。

研究海域2003—2013年，除大口河口位置由于工程建设，北侧区域略有围垦外，岸线整体保持稳定。2004—2017年0m、-2m和-5m等深线向岸蚀退，-10m等深线航道附近有所淤涨。

数值模拟结果显示，渤海新区围填海工程实施后，黄骅港港池及航道平均淤积厚度为2cm/a，南防沙堤东侧平均淤积厚度为10cm/a，北防沙堤北侧平均淤积厚度为0.5cm/a，大口河口平均淤积厚度为0.1cm/a；黄骅港防波堤口门平均冲刷厚度为6cm/a，神华码头防波堤口门附近平均冲刷厚度为1cm/a，综合保税区北侧平均冲刷厚度为3cm/a，北围堰折角岬角处平均冲刷厚度为3cm/a。围填海项目使黄骅港防波堤口门和南防沙堤东侧冲淤变化相对较明显，对其他区域影响很小。

研究区域内除黄骅港防波堤口门和神华码头防波堤口门附近地貌稳定性较差外,其余区域地貌稳定性较好。

5.2.3 海水水质、沉积物环境影响研究

围填海工程实施后,除水体铅、锌含量平均值上升外,其余监测指标施工前后无明显变化或有所下降。外部因素是水体铅、锌含量增加的主因,围填海工程实施以及由此带来的人类活动的增加是造成水体石油类指标出现上升趋势的原因。另外围填海活动强度较大时,水体悬浮物含量也相应升高,表明围填海施工与水体悬浮物含量增加有关,但这种影响是暂时的,随着施工结束,水体悬浮物含量也逐渐恢复至正常水平。

围填海工程实施后,沉积物中硫化物、锌、铜、铅含量逐年上升,沉积物有机碳、砷、石油类和镉含量在施工前后无明显变化或出现下降,沉积物汞含量施工前和施工中无明显变化,施工后上升。地表径流和陆源污染是沉积物中硫化物、锌、铜、汞和铅含量增加的主因,围填海工程对沉积物环境影响不显著。

综上所述,渤海新区围填海工程施工对海水水质和沉积物质量存在一定程度的影响,但影响较小且会逐渐恢复,海水水质和沉积物质量未产生明显恶化。

5.2.4 海洋生物生态影响研究

围填海建设对该区域海洋生物生态造成了一定的影响,项目围填海占用76.0899km^{2}的水域,使其永久变为陆地,失去了海洋属性,对栖息在占用海域内的海洋生物特别是底栖生物造成的影响是显而易见的。

围填海建设对周边海域的生物生态也有一定的影响,主要表现为围填海施工期间浮游植物的群落指数和种类数、浮游动物均匀度、潮间带生物种类和密度均有所下降,随着施工结束,各项指标逐渐恢复,但仍未恢复至施工前水平。

底栖生物的生物量虽呈上升趋势,但围填海区域平均值普遍低于区域平均水平。

研究区域生物体质量较好,施工中和施工后调查与施工前比较,生物体质量有所好转,围填海施工对生物体质量影响不显著。

综上,围填海对周边海域海洋生物生态的影响主要体现在种类数减少、群落指数下降等方面。浮游植物、潮间带生物、底栖生物受影响较明显,浮游动物受影响程度较小。

5.2.5 生态敏感目标影响研究

由于距离较远,围填海工程建设对部分敏感目标即渤海湾(南排河南海域)种质资源保护区、大口河口岸段和滨州贝壳堤岛与湿地系统限制区、鱼类“三场一通道”没有影响,对距离较近的敏感目标造成的影响主要如下。

①围填海工程施工对海水水质、浮游植物和浮游动物群落指数、底栖生物生物量、潮间带以及鱼卵和仔鱼的种类数、密度等有一定影响,项目距离滨州贝壳堤海洋保护区180m,距滨州贝壳堤岛与湿地系统限制区500m,距大口河口旅游区980m,这三个敏感目标因距离围填海工程较近会受到一定的影响。

②围填海工程全部位于辽东湾渤海湾莱州湾国家级水产种质资源保护区内,使得水产种质资源保护区内76.0899km^{2}的水域转变为陆地,失去了海洋属性,该范围内的底栖生物、浮游生物、鱼卵和仔鱼等几乎全部丧失,对该水产种质资源保护区有一定的影响。

总之,围填海工程对所在的辽东湾渤海湾莱州湾国家级水产种质资源保护区和距离较近的滨州贝壳堤海洋保护区、大口河口旅游区会有一定的影响,对渤海湾(南排河南海域)种质资源保护区、大口河口岸段、鱼类“三场一通道”没有影响。

5.3 围填海生态损害研究

根据《建设项目对海洋生物资源影响评价技术规程》(SC/T 9110—2007)的技术标准,估算出渤海新区规划围填海造成海洋生物资源20年损失总量为65363.962万元,应按照国家相关法规补偿国家资源的损失。根据中华人民共和国国家标准《海洋生态资本评估技术导则》(GB/T 28058—2011)等,渤海新区围填海的生态系统服务功能价值损失总计每年达到16068.52万元。

5.4 围填海海洋生态环境影响综合研究

综合项目对水文动力环境、地形地貌与冲淤环境、海水水质和沉积物环境、海洋生物生态等生态影响研究的结果,具体如下:

①渤海新区围填海项目对附近海域水文动力环境有一定影响,但主要局限在填海区邻近海域,随着距离的增大,填海区对水动力及波浪环境的影响逐渐减弱。从纳潮量变化情况来看,渤海新区填海活动造成渤海湾纳潮量减小的比例为0.18%。

围填海活动使围填海北侧和南港工业区南侧之间的区域以及黄骅港东南侧近岸区域的水体交换能力略有减小,减小幅度在1%以下,其他区域的水体交换能力基本没有受到影响。

渤海新区围填海工程全部位于河口左治导线北侧,未占用河口泄洪通道,对大口河口水位、冲淤环境、流量及水动力条件影响很小,渤海新区围填海工程实施不会对大口河口行洪产生明显影响。

②渤海新区海域地形地貌稳定性较好,围填海工程实施后黄骅港防波堤口门和南防沙堤东侧冲淤变化相对较明显,对其他区域影响很小。

③渤海新区围填海工程施工对海水水质和沉积物质量存在一定程度的影响,但影响较小且会逐渐恢复,海水水质和沉积物质量未产生明显恶化。

④项目围填海占用部分浅海水域,并使其失去了海洋自然属性,占用海域范围内的海洋生物特别是底栖生物受到损失,围填海建设对周边海域的生物生态也有一定的影响,主要体现在种类数减少、密度降低、群落指数下降等方面,但是生物多样性没有明显降低。因此,围填海建设对所在地及附近海域海洋生态系统的结构和功能造成了一定程度的影响。

⑤围填海工程对所在的辽东湾渤海湾莱州湾国家级水产种质资源保护区和距离较近的滨州贝壳堤海洋保护区、滨州贝壳堤岛与湿地系统限制区、大口河口旅游区会有一定的影响,对渤海湾(南排河南海域)种质资源保护区、大口河口岸段、鱼类“三场一通道”没有影响。

参 考 文 献

[1] 李宁,张威,苏世兵. 辽东半岛碧流河口潮间带表层沉积物中重金属分布规律、环境评价及溯源研究[J]. 河南师范大学学报(自然科学版),2022,50(6):60-70.

[2] 曹宏梅,李广楼,张光玉,等. 舟山港海域海洋生物体内主要污染物分析[J]. 水道港口,2009,30(6):437-439.

[3] 彭士涛,胡焱弟,白志鹏. 渤海湾底质重金属污染及其潜在生态风险评价[J]. 水道港口,2009,30(1):57-60.

[4] 余朝毅,王妍,王楠. 金塘岛附近海域表层沉积物中重金属污染评价[J]. 水道港口,2023,44(5):837-843.

[5] 刘丽华. 福建省西南近岸海域表层沉积物重金属污染特征与风险评价[J]. 海洋环境科学,2022,41(2):200-207.

[6] 许艳,王秋璐,曾容,等. 渤海湾表层沉积物重金属污染状况及年际变化分析[J]. 中国环境科学,2022,42(9):4255-4263.

[7] 刘海英,王鸣岐. 港口沉积物污染的生物修复研究进展[J]. 水道港口,2023,44(4):655-660.

[8] ZAREI S,KARBASSI A,SADRINASAB M,et al. Investigating heavy metal pollution in Anzali coastal wetland sediments:a statistical approach to source identification[J]. Marine pollution bulletin,2023,194:115376.

[9] ZHANG M,SUN X,HU Y,et al. The influence of anthropogenic activities on heavy metal pollution of estuary sediment from the coastal East China Sea in the past nearly 50 years[J]. Marine pollution bulletin,2022,181:113872.

[10] DING X G,YE S Y,LAWS E A,et al. The concentration distribution and pollution assessment of heavy metals in surface sediments of the Bohai Bay,China[J]. Marine pollution bulletin,2019,149:110497.

[11] 韩旭东,马海深,薛菲菲,等. 黄骅港及其邻近海域水质和营养盐分布特征[J]. 上海船舶运输科学研究所学报,2020,43(3):79-84.

[12] 李家兵,赖月婷,吴如林,等. 河口潮间带沉积物重金属累积及生态风险评价

[J]. 生态学报,2020,40(5):1650-1662.

[13] 潘玉龙,孙萍,张珺,等. 黄骅港附近海域浮游植物群落结构特征及其与环境因子的关系[J]. 海洋环境科学,2022,41(1):142-148.

[14] 杨士超. 河北黄骅近岸海域环境质量演变规律研究[J]. 绿色科技,2021,23(12):68-70.

[15] 刘宪斌,朱浩然,郭夏青,等. 河北黄骅近岸海域表层海水重金属污染特征及生态风险评价[J]. 安全与环境学报,2020,20(2):747-755.

[16] KOWALSKA J B, MAZUREK R, GASIOREK M, et al. Pollution indices as useful tools for the comprehensive evaluation of the degree of soil contamination-a review [J]. Environmental geochemistry and health,2018,40:2395-2420.

[17] LIU R, JIANG W W, LI F J, et al. Occurrence, partition, and risk of seven heavy metals in sediments, seawater, and organisms from the eastern sea area of Shandong Peninsula, Yellow Sea, China [J]. Journal of environmental management, 2021,279:111771.

[18] ABRAHIM G M S, PARKER R J. Assessment of heavy metal enrichment factors and the degree of contamination in marine sediments from Tamaki Estuary, Auckland, New Zealand[J]. Environmental monitoring and assessment,2008,136:227-238.

[19] HAKANSON L. An ecological risk index for aquatic pollution control: a sedimentological approach[J]. Water Research,1980,14:975-1001.

[20] 郑培佳,施泽明,王建明,等. 成都市三岔湖表层沉积物重金属地球化学特征及生态风险评价[J]. 地球与环境,2023,51(3):318-329.

[21] 迟清华,鄢明才. 应用地球化学元素丰度数据手册[M]. 北京:地质出版社,2007.

[22] JIANG G B, SHI J B, FENG X B. Mercury pollution in China[J]. Environmental science and technology,2006,40(12):3673-3678.

[23] ZHU A M, LIU J H, QIAO S Q. Quantitative source apportionment of heavy metals in sediments from the Bohai Sea, China [J]. Marine pollution bulletin, 2023, 196:115620.

[24] KUANG Z X, WANG H J, HAN B B, et al. Coastal sediment heavy metal(loid) pollution under multifaceted anthropogenic stress: insights based on geochemical baselines and source-related risks[J]. Chemosphere,2023,339:139653.

[25] 蔡於杞,毛龙江,邹春辉,等. 盐城新洋港河表层沉积物重金属污染评价与源

解析[J].海洋地质前沿,2023,39(5):33-42.

[26] 朱学韬,林海英,冯庆革,等.广西北部湾表层沉积物重金属污染水平、生态风险评价和源分析[J].环境工程,2021,39(8):69-76.

[27] TIAN K,WU Q M,LIU P,et al. Ecological risk assessment of heavy metals in sediments and water from the coastal areas of the Bohai Sea and the Yellow Sea[J]. Environment international,2020,136:105512.

[28] CHEN M S,DING S M,GAO S S,et al. Efficacy of dredging engineering as a means to remove heavy metals from lake sediments[J]. Science of the total environment,2019,665:181-190.

[29] AGHADADASHI V,NEYESTANI M R,MEHDINIA A,et al. Spatial distribution and vertical profile of heavy metals in marine sediments around Iran's special economic energy zone:arsenic as an enriched contaminant[J]. Marine pollution bulletin,2019,138:437-450.

[30] GUO S,ZHANG Y Z,XIAO J Y,ZHANG Q Y,et al. Assessment of heavy metal content,distribution, and sources in Nansi Lake sediments,China[J]. Environmental science pollution research,2021,28:30929-30942.

[31] QIN Y H,TAO Y Q. Pollution status of heavy metals and metalloids in Chinese lakes:distribution,bioaccumulation and risk assessment[J]. Ecotoxicology and environmental safety,2022,248:114293.

[32] WANG L F,YANG L Y,KONG L H,et al. Spatial distribution,source identification and pollution assessment of metal content in the surface sediments of Nansi Lake,China[J]. Journal of geochemical exploration,2014,140:87-95.

[33] XU H,YANG H H,GE Q Y,et al. Long-term study of heavy metal pollution in the northern Hangzhou Bay of China:temporal and spatial distribution,contamination evaluation,and potential ecological risk[J]. Environmental science and pollution, research,2021,28:10718-10733.

[34] 侯庆华,李汶霖,叶映仪,等.湛江湾及邻近海域重金属污染研究进展[J].广东化工,2023,50(9):105-109.

[35] 曹瀚升,邓忆雯,陈法锦,等.湛江湾表层沉积物微量元素特征及生态风险评价[J].海洋技术学报,2020,39(2):71-77.

[36] 孙妮,黄蔚霞,于红兵.湛江港海区沉积物和海洋生物中重金属的富集特征分析与评价[J].海洋环境科学,2015,34(5):669-672.

[37] 刘芳文,颜文,苗莉,等.湛江港海域海水和表层沉积物重金属分布特征及其

污染评价[J]. 海洋技术学报,2015,34(2):74-82.

[38] CUI M K,XU S L,SONG W Q,et al. Trace metals,polycyclic aromatic hydrocarbons and polychlorinated biphenyls in the surface sediments from Sanya River, China: distribution, sources and ecological risk [J]. Environmental pollution, 2022,294:118614.

[39] 赵一阳,鄢明才. 中国浅海沉积物化学元素丰度[J]. 中国科学(B辑 化学 生命科学 地学),1993(10):1084-1090.

[40] TOMLINSON D L,WILSON J G,HARRIS C R,et al. Problems in the assessment of heavy- metal levels in estuaries and the formation of a pollution index[J]. Helgoländer meeresuntersuchungen,1980,33:566-575.

[41] SURESH G,SUTHARSAN P,RAMASAMY V,et al. Assessment of spatial distribution and potential ecological risk of the heavy metals in relation to granulometric contents of Veeranam lake sediments,India[J]. Ecotoxicology and environmental safety,2012,84:117-124.

[42] 戴树桂. 环境化学[M]. 2 版. 北京:高等教育出版社,2006.